交通职业教育教学指导委员会推荐教材
高职高专院校道路桥梁工程技术专业教学用书

U0891652

高等职业教育规划教材

工程结构

Gongcheng Jiegou

主编 白淑毅
主审 杨 平

人民交通出版社

内 容 提 要

本书是交通职业教育教学指导委员会推荐教材，由路桥工程学科委员会组织编写。书中介绍了钢筋混凝土结构、预应力混凝土结构和圬工结构的设计计算原理及方法，内容包括如何合理选择构件截面尺寸及配筋，构件承载力、稳定性、刚度和裂缝计算等。书中内容紧密结合最新规范，并编入较多的计算示例和设计计算图表，每章后附有复习思考题和练习题。

本书是高职高专院校道路桥梁工程技术专业教学用书，也可供相关专业教学使用，或作为有关专业继续教育及职业培训教材。

图书在版编目(CIP)数据

工程结构/白淑毅主编. —北京：人民交通出版社，2005.8(重印 2007.7)

ISBN 978-7-114-05746-5

Ⅰ.工… Ⅱ.白… Ⅲ.土木工程－工程结构 Ⅳ.TU3

中国版本图书馆 CIP 数据核字(2005)第 101323 号

书　　名：工程结构
著 作 者：白淑毅
责任编辑：袁　方
出版发行：人民交通出版社
地　　址：(100011)北京市朝阳区安定门外外馆斜街 3 号
网　　址：http://www.ccpress.com.cn
销售电话：(010)59757973
总 经 销：人民交通出版社发行部
经　　销：各地新华书店
印　　刷：北京武英文博科技有限公司
开　　本：787×1092　1/16
印　　张：13
字　　数：276 千
版　　次：2005 年 10 月　第 1 版
印　　次：2021 年 12 月　第 17 次印刷
书　　号：ISBN 978-7-114-05746-5
定　　价：22.00 元

出版说明

CHUBAN SHUOMING

为深入贯彻落实《高等教育面向21世纪教学内容和课程体系改革计划》及全国普通高等学校教学工作会议的有关精神，深化教育教学改革，提高道路桥梁工程技术专业的教学质量，按照教育部“以教育思想、观念改革为先导，以教学改革为核心，以教学基本建设为重点，注重提高质量，努力办出特色”的基本思路，交通职业教育教学指导委员会路桥工程学科委员会在总结教育部路桥专业教学改革试点的6所交通高职高专院校办学实践经验的基础上，经过反复调研和讨论，制定了三年制“高职高专院校道路桥梁工程技术专业教学指导方案”，随后又组织全国20多所交通高职高专院校道路桥梁工程技术专业的教师编写了18门课程的规划教材。

本套教材依据教育部对高职高专人才培养目标、培养规格、培养模式及与之相适应的知识、技能、能力和素质结构的要求进行编写。为使教材中所阐述的内容反映最新的技术标准和规范，路桥工程学科委员会还组织有关人员参加了新技术和新规范学习班。

按照2004年10月路桥工程学科委员会所确定的编写原则，本套教材力求体现如下特点：

1. 结构合理性。按照道路桥梁工程技术专业以培养技能型人才为主线的要求，对传统的专业技术基础课和专业课程进行了整合，教材的体系设计合理，循序渐进，符合学生心理特征和认知及技能养成规律。所编写的教材更适合高职教育的特点，强调现代教学技术应用的需要和教学课件的应用，以节省教学成本和提高教学效果。每章列有教学要求、本章小结和复习思考题，便于学生学习本章核心内容。

2. 知识实用性。体现以职业能力为本位，以应用为核心，以实用、实际、实效为原则，紧密联系生活、生产实际，及时反映现阶段公路交通行业发展和公路交通科技进步对道路桥梁工程技术专业人才的需要，采用最新的技术标准、规范和规程。加强教学针对性，与相应的职业资格标准相互衔接。在内容的取舍方面，在以适应当前工作岗位群实际需要为主基调的同时，为将来的发展趋势留有接口。

3. 职业教育性。渗透职业道德和职业意识教育，体现就业导向，有助于学生树立正确的择业观。教材中所选编的习题、例题均来自工程实际，不仅代表性强，而且对解决实际问题具有较强的针对性。在教材编写中注重培养学生爱岗敬业、团队精神和创业精神，树立安全意识和环保意识。

4. 使用灵活性。本套教材体现了教学内容弹性化，教学要求层次化，教材结构模块化，有利于按需施教，因材施教。

《工程结构》是高职高专院校道路桥梁工程技术专业规划教材之一，内容包括：钢筋混凝土结构、预应力混凝土结构和圬工结构的设计计算原理及方法，如何合理选择构件截面尺寸及配筋，构件承载力、刚度、稳定性和裂缝计算等。

参加本书编写工作的有：广东交通职业技术学院白淑毅（编写绪论，第一、二、三章）、戴洁（编写第八、九、十章），甘肃交通职业技术学院陈彪来（编写第四章），四川交通职业技术学院姜海燕（编写第五、六章），广西交通职业技术学院谢军（编写第七、十一、十二章）。全书由白淑毅担任主编，四川交通职业技术学院杨平担任主审。

本套教材是路桥工程学科委员会委员及长期从事道路桥梁工程技术专业教学与工程实践的教师们工作经验的总结。但是，随着各项改革的逐步深化，书中难免有错误之处，敬请广大读者批评指正。

本套教材在编写过程中，得到了交通职业教育教学指导委员会的关心与指导，全国各交通职业技术学院的领导也给予了大力支持，在此，向他们表示诚挚的谢意。

交通职业教育教学指导委员会

路桥工程学科委员会

2005年5月

目 录

MULU

绪　论

教学要求

1. 结合工程实际和所学过的课程，阐明本课程的性质、任务以及与其他课程的关系；

2. 结合实际详细介绍结构的概念、组成和基本构件的分类；

3. 结合实际阐述各种材料结构的特点及使用范围。

一、本课程的性质、任务以及与其他课程的关系

《工程结构》主要研究钢筋混凝土、预应力混凝土、砖石及混凝土（通称圬工）结构的构件设计原理，其主要内容包括如何合理选择构件截面尺寸及其联结方式，并根据承受荷载的情况验算构件的承载力、稳定性、刚度和裂缝等问题，它是学习桥梁工程和其他人工构造物设计的基础。本课程是介于基础课和专业课之间的技术基础课。

桥梁、隧道、涵洞、挡土墙等都是公路及城市道路工程中常见的构造物，它们不同程度地受到各种荷载及其他作用，例如桥梁结构承受车辆、人群、土压力和结构自重等荷载以及地震、基础沉降和混凝土收缩徐变等作用。通常我们把桥梁或道路构造物中承受荷载和传递荷载的各个部件统称为结构。例如桥梁结构由板、横梁、桥墩（台）、拱、索等基本构件所组成。《工程结构》课程就是以这些基本构件为主要研究对象的一门学科。

构件的形式虽然多种多样，但根据其受力与变形的主要特点可分为受弯构件（梁和板）、受压构件、受拉构件、受扭构件等基本构件。在实际工程中，有些构件的受力和变形比较简单，但有些构件的受力和变形则比较复杂，有可能是几种受力状态的组合。本教材重点介绍受弯构件和受压构件。

在外荷载作用下，构件有可能由于强度不足而破坏或变形过大而不能正常使用。因而，在设计基本构件时，要求构件本身必须具有一定的抵抗变形的能力，即“承载能力”。构件承载能力的大小与构件的材料性质、几何形状、截面尺寸、受力特点、工作条件、构造特点及施工质量等因素有关。在一定条件下，如果构件的尺寸过小，则结构将有可能因产生过大的变形而不能正常使用，或因材料强度不足而导致结构物的破坏。反之，如果截面尺寸过大，则构件的承载能力又过分富裕，从而造成人力、物力上的过大耗费。为此，研究如何正确地处理荷载与承载能力之间的关系，是本课程的主要任务。

《工程结构》是一门重要的技术基础课。它是在学习《材料力学》、《道路建筑材料》等先

修课程的基础上，结合实际桥梁工程来研究结构构件设计的一门学科，并为学习《桥梁工程》课程奠定基础。本教材以2004年交通部颁布的公路桥涵设计系列规范——《公路桥涵设计通用规范》(JTG D60—2004)、《公路钢筋混凝土及预应力混凝土桥涵设计规范》(JTG D62—2004)、《公路圬工桥涵设计规范》(JTG D61—2005)(送审稿)为主要依据。由于新桥规采用了以概率理论为基础的极限状态设计方法，故本教材在编写过程中均以按极限状态设计法为主，同时，适当地编入了按容许应力法设计的内容。

二、各种工程结构的特点及使用范围

由于各种工程结构采用的建筑材料的性质不同，形成了不同的特点，从而决定了它们在实际工程中的使用范围。

1. 钢筋混凝土结构

钢筋混凝土结构是由钢筋和混凝土两种物理力学性能不同的材料组成的。混凝土结硬后抗压强度很高，而抗拉强度极低，在破坏时表现出脆性。而钢材是一种抗拉和抗压强度都很高的材料，但其价格昂贵，且易于生锈。根据构件的受力情况，在混凝土中合理地配置适量的钢筋，可使构件的承载能力大大提高。

钢筋混凝土结构所用的混凝土材料中占比例较大的是砂、石材料，这便于就地取材，而且材料经济；混凝土强度是随龄期而增长的，钢筋受混凝土保护不致于生锈，与钢结构相比耐久性好，养护维修费用低；混凝土可模性较好，结构造型灵活多变，可以根据需要浇筑成各种形状，且形成的结构整体性强。因而，钢筋混凝土结构广泛用于桥梁、隧道、地下结构、房屋建筑、水利、港口等工程中。但是，由于混凝土材料的抗拉强度甚低(约是其抗压强度的1/18～1/8)，因而正常使用条件下，其受拉区一般都存在裂缝，正是由于对裂缝宽度的限制，通常不能充分发挥高强度钢材和高强混凝土的作用，从而使结构的截面尺寸偏大，相应地自重也就较大。

2. 预应力混凝土结构

预应力混凝土结构是为解决钢筋混凝土结构在使用阶段容易开裂的问题而发展起来的结构。混凝土构件受载之前预先对受拉区施加适当的压应力，从而使其在使用荷载作用下，截面上不出现拉应力或只出现很小拉应力，从而延缓了裂缝的发生和发展，使构件全截面参加工作，这种结构称为预应力混凝土结构。

预应力混凝土结构由于使用高强度钢筋和高强度混凝土，因而可显著减小构件截面尺寸，节省材料，减轻构件自重，因而使预应力混凝土构件比钢筋混凝土构件更轻巧，尤其适合于建造恒载占比重较大的大跨径桥梁；预应力混凝土结构由于在使用阶段不出现拉应力，在腐蚀性环境下可保护钢筋免受侵蚀，因此可用于海洋环境和有防渗透要求的结构；预应力技术可作为装配式施工的一种可靠手段，能很好地将各部件结合成整体，从而形成了悬臂浇筑和悬臂拼装等无支架施工方法。正因为有这些优点，近年来预应力混凝土结构在国内外都得到了迅速发展，并成为桥梁结构中应用最为广泛的结构之一。

必须指出，尽管预应力混凝土结构有诸多优点，由于该结构高强度材料的单价也高，施工工艺要求高，需要比较专业的队伍实施，且要求有较为完善的现场质量监督和检查制度。因此，不是在任何场合都可以用预应力混凝土结构来代替普通钢筋混凝土结构，而是两者各有其合理的适用范围。

3. 砌体结构

砌体结构是人类社会使用最早的结构。它是用胶结材料将砖、天然石料等块材按一定规则砌筑而成的整体结构，其特点是材料经济、易于就地取材。当块材采用天然石料时，则具有良好的耐久性。但是砌体结构的自重一般都较大，施工中机械化程度较低，工期较长。在公路与桥梁工程中，砌体结构多于中小跨径的拱桥、桥墩(台)、挡土墙、涵洞和道路护坡等工程中。

三、课程特点和学习方法

1. 课程的特点

与其他基础课相比，本课程主要有以下几个特点：

1)半理论、半经验性

《工程结构》中的计算公式与《材料力学》等基础课中的公式有所不同，《材料力学》所涉及的材料都是理想的弹性材料，而《工程结构》中的材料是非均质、非弹性的钢筋混凝土材料，其计算公式是根据理论分析及试验研究得到的半理论、半经验公式，有些则是工程经验的总结。因此在学习和运用这些公式时，要正确理解公式的本质，特别注意公式的适用范围及限制条件。

2)设计的多方案性

在数学和力学等基础学科中，问题的答案一般是唯一的。而结构设计则是要综合考虑总体布置、结构形式、材料选择和构件选型等多个方面，是一个多因素的综合性问题，应遵循安全、经济、适用、美观和有利环保的原则。同一构件在给定荷载作用下，可以采用不同的截面形式，选择不同的截面尺寸和配筋方式等，进而可得到不同的设计结果。合理的设计往往要经过多方案的技术经济比较，从施工、造价、使用、维护和环保等方面综合考虑。事实上，不同的设计理念造就了不同的设计结果。

2. 学习方法

学习时要注意以下几点：

1)重视构造要求

结构设计包括结构计算及构造设计两个方面，结构计算是对结构进行假定简化的基础上进行的，因而计算结果与实际情况仍有一定差距；而构造要求是构件受力性能的保证措施，是长期的科学实验和工程实践的总结。因此，一定要重视构造细节的设计，理解构造原理，懂得计算和构造同等重要。

2)重视实践和规范应用

《工程结构》课程是一门理论性和实践性都较强的课程，学习时一方面应重视基础知识及理论学习，另一方面还应有针对性地到预制厂及施工现场参观学习，增强感性认识，积累工程经验。此外，在学习本课程中要认识规范、学会应用设计规范。设计规范是相关领域进行系统的科学研究和长期工程经验的总结，有相对的科学性，它是工程技术人员进行设计时应该或必须遵守的规程。我国交通部颁布的最新设计规范主要有：《公路桥涵设计通用规范》(JTG D60—2004)(以下简称《通用规范》)、《公路钢筋混凝土及预应力混凝土桥涵设计规范》(JTG D62—2004)(以下简称《桥规》)、《公路圬工桥涵设计规范》(JTG D61—2004)(以下简称《圬工规范》)。

上述这些问题都是在已修课程中所未遇到过的，只有很好地认识它们，才能更好地掌握。

第一章 钢筋混凝土结构的基本概念及材料的物理力学性能

教学要求

1. 结合实际详细介绍钢筋混凝土结构的基本概念及特点；

2. 阐述混凝土及钢筋的物理力学性能及主要强度指标，理解混凝土及钢筋在工程实际当中的应用；

3. 论述钢筋与混凝土之间的黏结及相互影响。

● 第一节 钢筋混凝土结构的基本概念及特点 ●

一、钢筋混凝土结构的基本概念

钢筋混凝土是由两种力学性能完全不同的材料——钢筋和混凝土结合成整体，共同发挥作用的一种建筑材料。

混凝土是一种典型的脆性材料，其抗压强度很高，但抗拉强度很低（约为抗压强度的1/18～1/8）。以素混凝土梁为例，当它承受两个对称的集中力时，梁的上部受压，下部受拉。取跨中纯弯曲段为研究对象，随着荷载的增加，当荷载达到某一数值 P 时，梁的受拉区边缘混凝土的拉应变达到极限拉应变，即出现竖向弯曲裂缝。这时，裂缝截面处的受拉区混凝土退出工作，该截面处的受压区高度减小，即使荷载不增加，竖向弯曲裂缝也会急速向上发展，导致梁骤然断裂。这种破坏是突然的，也就是说，当荷载达到 P 的瞬间，梁立即发生破坏。由此可见，素混凝土梁的承载能力是由混凝土的抗拉强度控制的，而受压区混凝土的抗压强度远未被充分利用。在制造混凝土梁时，倘若在梁的受拉区配置适量的抗拉强度高的纵向钢筋，就构成钢筋混凝土梁。试验表明，和素混凝土梁有相同截面尺寸的钢筋混凝土梁承受竖向荷载作用时，荷载略大于 P 时，梁的受拉区仍会出现裂缝。在出现裂缝的截面处，受拉区混凝土虽退出工作，但配置在受拉区的钢筋将可承担几乎全部的拉力。这时，钢筋混凝土梁不会像素混凝土梁那样立即断裂，而能继续承受荷载作用直至受拉钢筋的应力达到屈服强度，继而受压区的混凝土也被压碎，梁才破坏。因此，钢筋混凝土梁中混凝土的抗压强度和钢筋的抗拉强度都能得到充分的利用。

综上所述，根据构件受力状况配置钢筋构成钢筋混凝土构件后，可以充分利用钢筋和混凝土各自的材料特点，把它们有机地结合在一起共同工作，从而提高构件的承载能力，改善构件的受力性能。

钢筋和混凝土这两种不同性质的材料之所以能结合在一起共同工作，主要是因为：

(1)混凝土和钢筋之间有足够的黏结力，使两者结合成整体共同受力。

(2)混凝土和钢筋的温度线膨胀系数大致相同，不会因温度变化而破坏黏结。

(3)混凝土包裹在钢筋外围，可以防止钢筋的锈蚀，从而具有足够的耐久性。

二、钢筋混凝土结构的特点

(1)在钢筋混凝土结构中，混凝土的强度是随时间不断增长的，同时，钢筋被混凝土所包裹而不易锈蚀，所以，钢筋混凝土结构的耐久性是较好的。钢筋混凝土结构的刚度较大，在使用荷载作用下的变形很小，可用于对变形要求较高的结构物中。

(2)钢筋混凝土结构既可以整体现浇也可以预制装配，并且可以根据需要浇制成各种形状和截面尺寸的构件。

(3)钢筋混凝土结构所用的原材料中，砂、石所占的比重较大，而砂、石易于就地取材，可以降低工程造价。

(4)钢筋混凝土结构抗裂性能较差，在正常使用时往往是带裂缝工作的。

(5)钢筋混凝土结构的截面尺寸较大，自重也较大。

(6)钢筋混凝土结构施工受气候条件影响较大，且施工中需耗用较多的模板。

●第二节　混　凝　土●

一、混凝土强度

混凝土强度是混凝土的重要力学性能，是设计钢筋混凝土结构的重要依据，它直接影响结构的安全性和耐久性。

混凝土强度是指混凝土材料达到破坏或开裂极限状态时所能承受的应力。混凝土的强度除受材料的组成、养护条件及龄期等因素影响外，还与受力状态有关。

1.混凝土的抗压强度

1)立方体抗压强度

我国规范习惯于用立方体抗压强度作为混凝土强度的基本指标。新修订的《桥规》(JTG D62—2004)规定的立方体抗压强度标准值系指采用按标准方法制作、养护28d龄期的边长为150mm立方体试件，以标准试验方法(试件支承面不涂油脂)测得的具有95%保证率的抗压强度(以MPa计)，记为$f_{cu,k}$，同时用此值来表示混凝土的强度等级，并冠以C表示，如C30表示30级混凝土，其抗压强度标准值为30MPa。

按照立方体抗压强度的大小将混凝土强度划分为C15、C20、C25、C30、C35、C40、C45、C50、C55、C60、C65、C70、C75和C80共14个级别。

实际工程中如采用边长200mm或100mm的立方体试块，测得的立方体抗压强度分别乘以换算系数1.05和0.95。

公路桥涵受力构件的混凝土强度等级的选择应按下列规定采用:

(1)钢筋混凝土构件不应低于 C20,当采用 HRB400、KL400 级钢筋配筋时,不应低于 C25。

(2)预应力混凝土构件不应低于 C40。

2)轴心抗压强度

在实际结构中,绝大多数受压构件的高度比其支承面的边长要大得多,所以,采用棱柱体抗压强度能更好地反映混凝土的实际受力状态。同时,由于试件的高宽比较大($h/b \geqslant 3$),可摆脱端部摩阻力的影响,所测强度趋于稳定。我国采用 150mm × 150mm × 450mm 的棱柱体作为混凝土的混凝土轴心抗压试验的标准试件,按与上述立方体试件相同的制作、养护条件和标准试验方法测得的具有 95% 保证率的抗压强度称轴心抗压(或棱柱体抗压)强度(以 MPa 计),记为f_c。

2. 混凝土抗拉强度

混凝土抗拉强度是混凝土的基本力学特征之一,其值约为立方体抗压强度的 1/18 ~ 1/8。混凝土抗拉强度的测试方法各国不尽相同,我国较多采用的测试方法是用浇筑成型的 100mm × 100mm × 500mm 的柱体试件,通过预埋在试件轴线两端的钢筋,对试件施加拉力,试件破坏时的平均应力即为混凝土的轴心抗拉强度f_t(图 1-1)。

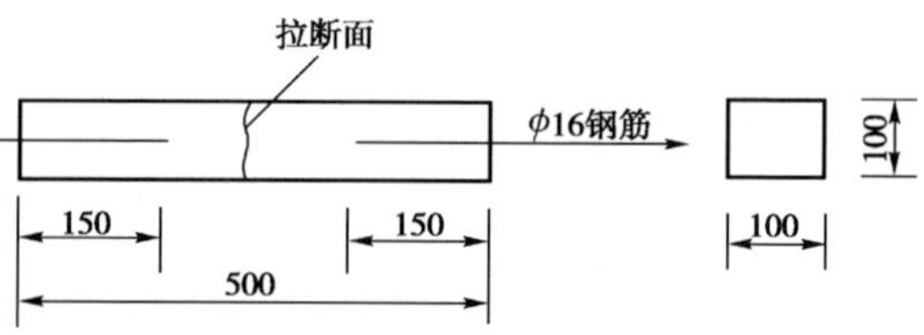

图 1-1　混凝土抗拉实验(尺寸单位:mm)

3. 混凝土强度标准值与设计值

考虑到材料实际强度有时大、有时小的这种离散性,及生产过程中某些不可统计因素的影响,规定出材料的标准强度和结构设计计算所取的材料的设计强度。

混凝土轴心抗压强度标准值f_{ck}、轴心抗拉强度标准值f_{tk}应按表 1-1 采用。

混凝土强度标准值(MPa)　　表 1-1

强度种类＼强度等级	C15	C20	C25	C30	C35	C40	C45
f_{ck}	10.0	13.4	16.7	20.1	23.4	26.8	29.6
f_{tk}	1.27	1.54	1.8	2.01	2.20	2.40	2.51
强度种类＼强度等级	C50	C55	C60	C65	C70	C75	C80
f_{ck}	32.4	35.5	38.5	41.5	44.5	47.4	50.2
f_{tk}	2.65	2.74	2.85	2.93	3.00	3.05	3.10

混凝土轴心抗压强度设计值f_{cd}和轴心抗拉强度设计值f_{td}应按表 1-2 采用。

混凝土强度设计值(MPa)　　表 1-2

强度种类＼强度等级	C15	C20	C25	C30	C35	C40	C45
f_{cd}	6.9	9.2	11.5	13.8	16.1	18.4	20.5
f_{td}	0.88	1.06	1.23	1.39	1.52	1.65	1.74

续上表

强度种类 \ 强度等级	C50	C55	C60	C65	C70	C75	C80
f_{cd}	22.4	24.4	26.5	28.5	30.5	32.4	34.6
f_{td}	1.83	1.89	1.96	2.02	2.07	2.10	2.14

注:计算现浇钢筋混凝土轴心受压和偏心受压构件时,如截面的长边或直径小于300mm,表中数值应乘以系数0.8;当构件质量(混凝土成型、截面和轴线尺寸等)确有保证时,可不受此限。

二、混凝土的变形性能

混凝土的变形可分为两类:一类是荷载作用下产生的受力变形,其数值和变化规律与加载方式及荷载作用持续时间有关,包括单次短期加载、多次重复加载以及荷载长期作用下的变形等;另一类是体积变形,包括混凝土收缩、膨胀和由于温度、湿度变化产生的变形。

1. 混凝土的受力变形

1)混凝土在一次短期加载时的应力—应变曲线

从试验分析得知(图1-2):

当应力小于其极限强度30%~40%(*A*点)时,应力—应变关系接近直线;

当应力继续增大时,应力—应变曲线就逐渐向下弯曲,呈现出塑性性质;当应力增大到接近极限强度的80%左右(*B*点)时,应变增加得更快;

当应力达到极限强度(*C*点)时,试件表面出现与压力方向平行的纵向裂缝,试件开始破坏,这时达到的最大应力称为混凝土轴心抗压强度,相应的应变为ε_0,一般为0.002左右。

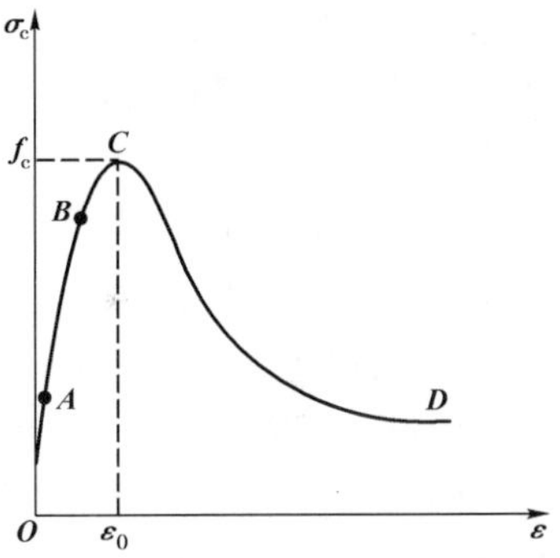

图1-2　混凝土一次短期荷载作用下应力—应变曲线

试件在普通材料试验机上进行抗压试验时,达到最大应力后试件就立即崩碎,呈脆性破坏特征,所得的应力—应变曲线中的曲线段*OABCD*下降段曲线*CD*无一定规律,这种突然性破坏是由于试验机的刚度不足所导致的,因为试验机在加载过程中产生变形,试件受到试验机的冲击而急速破坏;如果在普通压力机上用高强弹簧(或油压千斤顶)与试件共同受压,用以吸收试验机内所积蓄的应变能,防试验机的回弹对试件的冲击造成的突然破坏,达到最大应力后,随试件变形的增大,高强弹簧承受的压力所占的比例增大,对试件起到卸载作用,使试件受的压力稳定下降,就可以测出混凝土的应力—应变全过程曲线,如图1-2中的曲线段*OABCD*;曲线中*OC*段称为上升段,*CD*段称为下降段;相应于曲线末端的应变称为混凝土的极限压应变,极限压应变越大,表示塑性变形能力大,也就是延性越好。

混凝土受压时应力—应变曲线的形态与混凝土强度等级和加载速度等因素有关,混凝土强度等级越高,曲线下降段越不明显;加载速度越快,曲线的曲率越小。

2)混凝土在重复荷载作用下的应力—应变曲线

混凝土在多次重复荷载作用下,其应力、应变性质与短期一次加载情况有显著不同。由于混凝土是弹塑性材料,初次卸载至应力为零时,应变不可能全部恢复。可恢复的部分称之为弹

性应变 ε_e，弹性应变包括卸载时瞬时恢复的应变和卸载后弹性后效两部分；不可恢复的部分称之为残余应变(图 1-3a))。因此在一次加载卸载过程中，混凝土的应力—应变曲线形成一个环状。

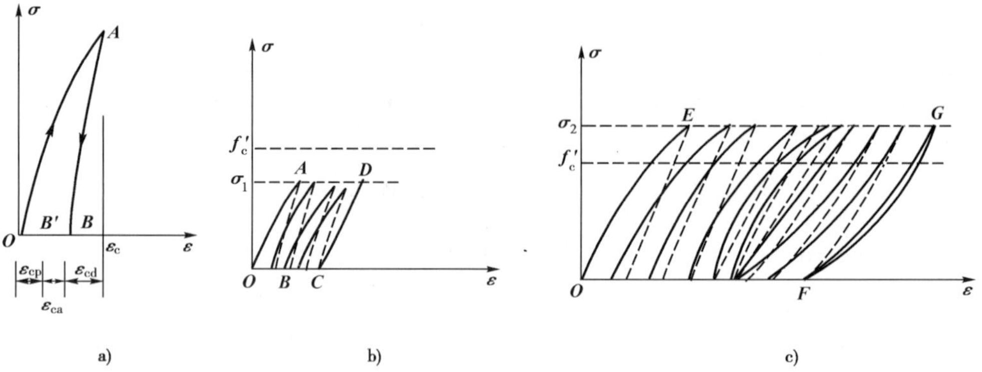

图 1-3　混凝土在重复荷载下的应力—应变曲线

混凝土在多次重复荷载作用下的应力—应变曲线示于图 1-3b)。当加载应力相对较小(一般认为 σ_1 或 $\sigma_2 < 0.5f_c$)时，随着加载卸载重复次数的增加，残余应变会逐渐减小，一般重复5 ~ 10次后，加载的卸载应力—应变曲线环就越来越闭合，并接近一直线，混凝土呈现弹性工作性质。

如果加载应力超过某一个限值(如图中 $\sigma_3 \geqslant 0.5f_c$，但仍小于 f_c)时，经过几次重复加载卸载，应力—应变曲线就变成直线，再经过多次重复加载卸载后，应力—应变曲线出现反向弯曲，逐渐凸向应变轴，斜率变小，变形加大，重复加载卸载到一定次数时，混凝土试件将因严重开裂或变形过大而破坏，这种因荷载多次重复作用而引起的破坏称为疲劳破坏。

桥梁工程中，通常要求能承受 200 万次以上反复荷载并不得产生疲劳破坏，这一强度称为混凝土的疲劳强度 f'_c，一般取 $f'_c \approx 0.5f_c$。

3)混凝土在荷载长期作用下的变形性能

在不变的应力长期持续作用下，混凝土的变形随时间而不断增长的现象，称为混凝土的徐变(图 1- 4)。混凝土的徐变对结构构件的变形、承载力以及预应力钢筋的应力损失都将产生重要的影响。

图 1- 4 所示为铁道部科学院所做的混凝土棱柱体试件徐变的试验曲线，试件加载至应力达 $0.5f_c$ 时，保持应力不变。由图可见，混凝土的总应变由两部分组成，即加载过程中完成的瞬时应变 ε_{ela} 和荷载持续作用下逐渐完成的徐变应变 ε_{cr}。徐变开始增长较快，以后逐渐减慢，经过长时间后基本趋于稳定。通常条件在前 4 个月内增长较快，半年内可完成总徐变量的 70% ~80%，第一年内可完成 90% 左右，其余部分持续几年才能完成。

由分析可知，影响徐变的因素有以下几个方面：

(1)混凝土的徐变与混凝土的应力有着密切的关系，应力越大，徐变也越大。

(2)混凝土的徐变与时间参数有关。

(3)混凝土加荷龄期愈短，徐变越大。

(4)水泥用量越多，徐变越大。

(5)集料越坚硬、养护相对湿度越高,徐变越小。

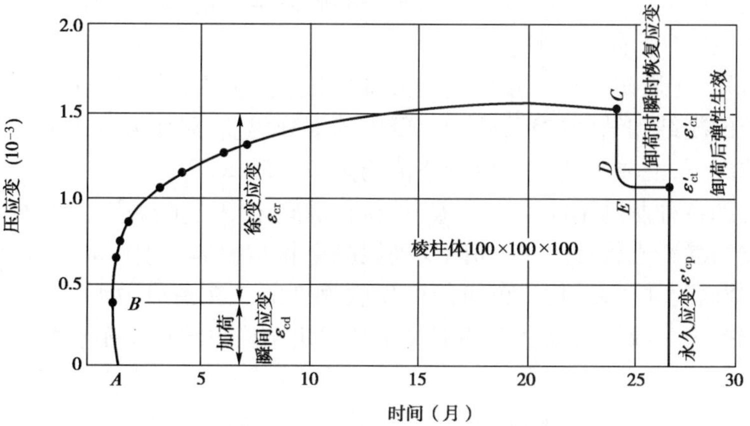

图1-4　混凝土徐变与时间的关系

4)混凝土的变形模量

混凝土的变形模量有三种表示方法(图1-5):

(1)原点弹性模量,简称弹性模量

混凝土的弹性模量,相当于应力—应变图上过原点所作的切线的斜率(正切值),其符号为 E_c。

(2)割线模量

混凝土的割线模量相当于应力—应变图上过原点至任意应力 σ_c 相对应的曲线点处割线的斜率(正切值),其符号为 E'_c。

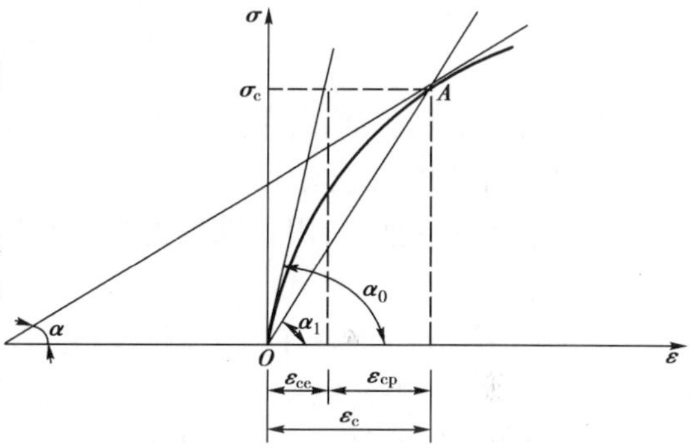

图1-5　混凝土的变形模量

(3)切线模量

混凝土的切线模量相当于应力—应变曲线上某一处所作切线的斜率(正切值),即应力增量与应变增量的比值,其符号为 E''_c。

我国工程上所取用的变形模量为弹性模量,混凝土受压或受拉时的弹性模量 E_c 应按表1-3采用。

混凝土的弹性模量(MPa)　　表1-3

混凝土强度等级	C15	C20	C25	C30	C35	C40	C45
E_c	2.20×10^4	2.55×10^4	2.80×10^4	3.00×10^4	3.15×10^4	3.25×10^4	3.35×10^4
混凝土强度等级	C50	C55	C60	C65	C70	C75	C80
E_c	3.45×10^4	3.55×10^4	3.60×10^4	3.65×10^4	3.70×10^4	3.75×10^4	3.80×10^4

注:①当采用引气剂及较高砂率的泵送混凝土且无实测数据时,表中C50~C80的 E_c 值应乘以折减系数0.95;

②混凝土的剪变模量 G_c 可按本表数值的0.4倍采用,混凝土的泊松比 ν_c 可采用0.2。

2. 混凝土的收缩和膨胀

混凝土在空气中的结硬时其体积会缩小,这种现象称为混凝土收缩;混凝土在水中结硬时体积会膨胀，称为混凝土的膨胀。一般来说，混凝土的收缩值比膨胀值大得多。

混凝土产生收缩的原因，一般认为是由水泥凝胶体本身的体积收缩（凝缩）以及混凝土因失水产生的体积收缩（干缩）共同造成的。

通过实验可知，在最初半年内收缩量较大，以后逐渐减慢。蒸气养护时，由于高温高湿条件能加速混凝土的凝结和结硬过程，减少混凝土的水分蒸发，因而混凝土的收缩值要比常温养护时小。一般情况下，混凝土的收缩应变终值约为$(2\sim5)\times10^{-4}$。

当混凝土受到各种制约不能自由收缩时，将在混凝土中产生拉应力，甚至导致混凝土产生收缩裂缝。在钢筋混凝土构件中，钢筋因受到混凝土收缩影响产生压应力，而混凝土则产生拉应力，如果构件截面配筋过多，构件就可能产生收缩裂缝。在预应力混凝土构件中，混凝土收缩将引起预应力损失。收缩对某些钢筋混凝土超静定结构也将产生不利影响。

●第三节　钢　　筋●

一、钢筋的种类

（1）钢筋混凝土结构所采用的钢筋按其化学成分，可分为碳素钢及普通低合金钢两大类。

（2）按钢筋的加工方法，钢筋可分为热轧钢筋、冷拉钢筋、冷轧带肋钢筋、热处理钢筋和钢丝五大类。《桥规》推荐，用于钢筋混凝土桥梁结构的钢筋主要选取热轧钢筋、碳素钢丝和精轧螺纹钢筋三大类。

①热轧钢筋是将钢材在高于再结晶温度状态下，用机械方法轧制成不同外形的钢筋。热轧钢筋按外形可分为光圆钢筋和带肋钢筋两大类。

光圆钢筋的强度等级代号为 R235，相当于原标准的 I 级钢筋。R235 钢筋为低碳钢，其强度较低，但塑性和可焊性能较好，广泛用于钢筋混凝土结构中。带肋钢筋按强度分为 HRB335、HRB400、KL400。HRB335 钢筋相当于原标准的 II 级钢筋，厂家生产的公称直径范围为 6～50mm，推荐直径一般不超过 32mm。HRB335 钢筋为普通低合金钢，强度、塑性和可焊性等综合性能都较好，钢筋表面带肋与混凝土黏结性能也较好。HRB400 和 KL400 钢筋相当于原标准的 III 级钢筋。其中 HRB400 为按国家标准《钢筋混凝土用热轧带肋钢筋》（GB 1499—1998）生产的热轧钢筋，KL400 为按国家标准《钢筋混凝土用余热处理钢筋》（GB 13014—1991）生产的余热处理钢筋。

②碳素钢丝又称高强钢丝。碳素钢丝按其外形分为光面钢丝、螺旋肋钢丝和刻痕钢丝等三种类型。

光面钢丝一般以多根钢丝组成钢丝束或由若干根钢丝扭结成钢绞线的形式应用。桥梁工程中常用的钢绞线有：1×2（二股）、1×3（三股）、1×7（七股）。钢绞线截面集中，盘卷运输方便，与混凝土黏结性能良好，现场配束方便，是预应力混凝土桥梁广泛采用的钢筋。螺旋肋钢丝和刻痕钢丝，与混凝土之间的黏结性能好，适用于先张法预应力混凝土结构。

③精轧螺纹钢筋是按企业标准（Q/YB3125—1996）和（Q/ASB 116—1997）生产的高强度钢筋，主要用于中小跨径的预应力混凝土桥梁构件。

④冷轧带肋钢筋和冷轧扭钢筋是近年来在建筑工程中应用的新的钢筋。冷轧带肋钢筋是

用热轧圆盘条经冷轧或冷拔减小直径后，冷扎成表面有肋钢筋。冷轧扭钢筋是用低碳钢轧圆盘条经专用钢筋冷轧扭机调直、冷轧并冷扭一次成型，具有规定截面形状和节距的连续螺旋状钢筋。

（3）根据《桥规》可知，公路混凝土桥涵的钢筋应按下列规定采用：

①钢筋混凝土及预应力混凝土构件中的普通钢筋宜选用热轧 R235、HRB335、HRB400 和 KL400 钢筋，预应力混凝土构件中的箍筋应选用其中的带肋钢筋；按构造要求配置的钢筋网可采用冷轧带肋钢筋。

②预应力混凝土构件中的预应力钢筋应选用钢绞线、钢丝；中、小型构件或竖、横向预应力钢筋，也可选择精轧螺纹钢筋。

二、钢筋的强度和变形

1. 钢筋的应力—应变曲线

根据钢筋在单向受拉时的应力—应变曲线特点，可将钢筋分为有明显屈服点和无明显屈服点两类。

1）有明显屈服点的钢筋应力—应变曲线

一般热轧钢筋属于有明显屈服点的钢筋，工程上习惯称为软钢，其拉伸试验的典型应力-应变曲线如图 1-6a）所示。

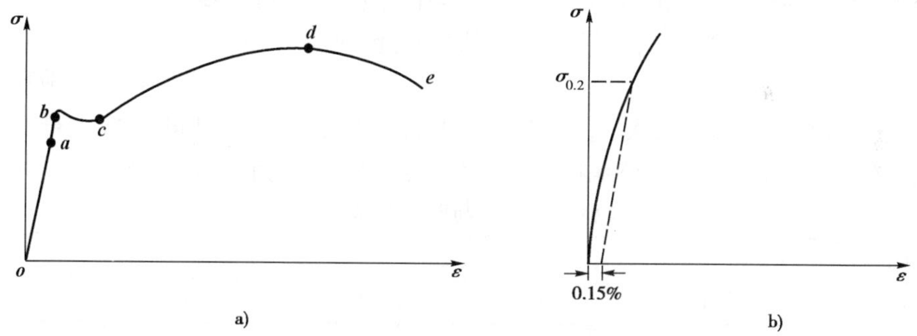

图 1-6　钢筋的应力—应变曲线

从图 1-6a）可以看出，软钢从加载到拉断，共经历四个阶段。自开始加载至应力达到 a 点以前，应力—应变呈线性关系，a 点应力称为比例极限，oa 段称为弹性工作阶段；过 a 点后，应变的增长速度略快于应力，应力达到 b 点后，钢筋进入屈服阶段，产生很大的塑性变形，在应力—应变图上呈现一水平段 bc，称为屈服台阶段或流幅，b 点应力称为屈服强度或流限；过 c 点后，钢筋应力开始重新增长，应力—应变关系表现为上升的曲线，曲线最高点 d，d 点对应的应力为钢筋的抗拉极限强度，cd 段称为强化阶段。曲线通过 d 点后钢筋截面将突然急剧缩小，发生局部颈缩现象，应力—应变关系呈下降曲线，应变继续增加，直到 e 点钢筋断裂，de 段称为破坏阶段。

有明显屈服点的钢筋有两个强度指标：一是 b 点所对应的屈服强度，另一个是 d 点对应的极限强度。工程上取屈服强度作为钢筋强度取值的依据，因为钢筋屈服后产生了较大的塑性变形，将使构件变形和裂缝宽度大大增加，以至无法使用。钢筋的极限强度是钢筋的实际破坏强度,不能作为设计中钢筋强度取值的依据。

2)无明显屈服点的钢筋应力—应变曲线

各种类型的钢丝属于无明显屈服点的钢筋,工程上习惯称为硬钢。硬钢拉抻试验时的典型应力—应变曲线示于图1-6b)。

从图1-6b)可以看出,无明显屈服点的钢筋(硬钢)只有一个强度指标,即极限抗拉强度。在工程设计中,极限抗拉强度不能作为钢筋强度取值的依据,一般取残余应变为0.2%所对应的应力$\sigma_{0.2}$为无明显屈服点钢筋的强度限值,通常称为条件屈服强度。

2. 钢筋的塑性性能

钢筋除应具有足够的强度外,还应具有一定的塑性变形能力。钢筋的塑性性能通常用延伸率和冷弯性能两个指标来衡量。

钢筋延伸率是指钢筋试件上标距为$10d$或$5d$(d为钢筋试件直径)范围内的极限伸长率,记为δ_{10}或δ_5,钢筋的延伸率越大,表明钢筋的塑性越好。

冷弯是将直径为d的钢筋围绕某个规定直径D(规定D为$1d$、$2d$、$3d$、$4d$、$5d$)的辊轴弯曲成一定的角度(90°或80°)后,钢筋应无裂纹、鳞落或断裂现象(图1-7)。

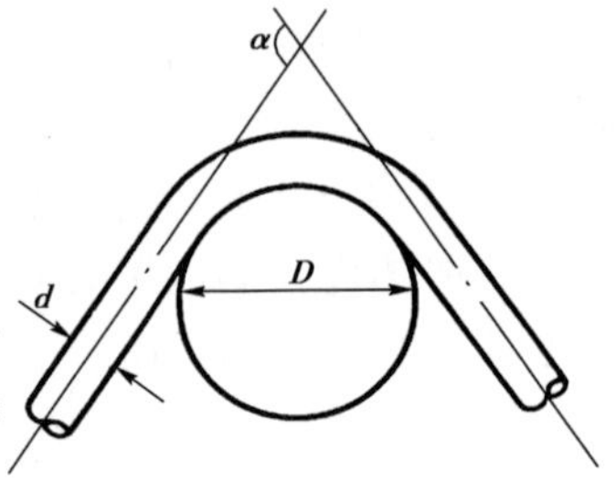

图1-7 钢筋的冷弯

3. 钢筋的松弛现象

钢筋受力长度保持不变的情况下,应力随时间增长而降低的现象称为松弛(又称为徐舒)。预应力混凝土结构中,预应力钢筋张拉后长度基本保持不变,将产生松弛现象,从而引起预应力损失。

钢筋的松弛随时间增长而加大,总的趋势是初期发展较快,10~20d完成大部分,1~2个月基本完成。《桥规》给出的钢筋松弛损失中间值与终极值的比值见表1-4。

钢筋的松弛与时间关系　　表1-4

时间(d)	2	10	20	30	40
比值	0.5	0.61	0.74	0.87	1.0

钢筋的松弛还与初始应力大小、温度和钢筋品种等因素有关。初始应力越大则松弛也越大。温度对松弛也有很大影响,应力松弛值随温度的升高而增加,同时这种影响还会长期存在。因此,对蒸汽养生的预应力混凝土构件应考虑温度对钢筋松弛的影响。不同钢种的钢筋松弛值差异很大。低合金钢热轧钢筋的松弛值相对较小,热处理钢筋次之,高强钢丝和钢绞线的松弛值相对较大。目前我国生产的高强钢丝和钢绞线按其生产工艺不同分为I级松弛(普通松弛)和II级松弛(低松弛)两种类型。低松弛钢丝和钢绞线的松弛值,约为普通松弛值的1/3。

4. 钢筋的冷加工

为了节省钢筋和扩大钢筋的应用范围,常对热轧钢筋进行冷拉、冷拔等机械冷加工。经冷加工后,钢筋的力学性能发生了很大的变化。

冷拉是在常温下用机械方法将具有明显屈服点的钢筋拉到超过屈服强度,即强化阶段中的某一个应力值,然后卸载至零。钢筋经冷拉后,屈服强度提高,但塑性降低,这种现象称为冷拉硬化。

如果卸去荷载后，在自然条件下停放一段时间或进行人工加热后，再重新进行拉伸，其应力—应变关系将沿着曲线变化，屈服强度提高，并恢复了屈服台阶，这种现象称为时效硬化。冷拉后屈服强度提高和塑性性能降低的程度与冷拉控制应力的大小有关。冷拉控制应力越高，屈服强度提高的幅度越大，随之而来的塑性性能降低得也越多。因此，对钢筋进行冷拉时，必须合理地选择冷拉控制点，兼顾屈服强度提高和塑性性能降低两个方面的要求，使得既能适当提高屈服强度，又使塑性性能不致降低太多。

5. 钢筋的标准强度和设计强度

（1）普通钢筋的抗拉强度标准值 f_{sk} 和预应力钢筋的抗拉强度标准值 f_{pk}，应分别按表 1-5 和表 1-6 采用。

普通钢筋的抗拉强度标准值（MPa）　　表 1-5

钢筋种类	符号	f_{sk}	钢筋种类	符号	f_{sk}
R235　$d=8\sim12$	ϕ	235	HRB400　$d=6\sim50$	Φ	400
HRB335　$d=6\sim50$	Φ	335	KL400　$d=8\sim40$	Φ^{R}	400

注：表中 d 系指国家标准中的钢筋公称直径，单位 mm。

预应力钢筋的抗拉强度标准值（MPa）　　表 1-6

钢筋种类			符号	f_{pk}
钢绞线	1×2（二股）	$d=8.0$、10.0 $d=12.0$	ϕ^{S}	1470、1570、1720、1860 1470、1570、1720
	1×3（三股）	$d=8.6$、10.8 $d=12.9$		1470、1570、1720、1860、 1470、1570、1720
	1×7（七股）	$d=9.5$、11.1、12.7 $d=15.2$		1860 1720、1860
消除应力钢丝	光面 螺旋肋	$d=4$、5 $d=6$ $d=7$、8、9	ϕ^{P} ϕ^{H}	1470、1570、1670、1770 1570、1670 1470、1570
	刻痕	$d=5$、7	ϕ^{I}	1470、1570
精轧螺纹钢筋		$d=40$ $d=18$、25、32	JL	540 540、785、930

注：表中 d 系指国家标准中钢绞线、钢丝和精轧螺纹钢筋的公称直径，单位 mm。

（2）普通钢筋的抗拉强度设计值 f_{sd} 和抗压强度设计值 f'_{sd} 应按表 1-7 采用，预应力钢筋的抗拉强度设计值 f_{pd} 和抗压强度设计值 f'_{pd} 按表 1-8 采用。

普通钢筋抗拉、抗压强度设计值（MPa）　　表 1-7

钢筋种类	f_{sd}	f'_{sd}	钢筋种类	f_{sd}	f'_{sd}
R235　$d=8\sim20$	195	195	HRB400　$d=6\sim50$	330	330
HRB335　$d=6\sim50$	280	280	KL400　$d=8\sim40$	330	330

注：①钢筋混凝土轴心受拉和小偏心受拉构件的钢筋抗拉强度设计值大于 330MPa 时，仍应按 330MPa 取用；

②构件中配有不同种类的钢筋时，每种钢筋应采用各自的强度设计值。

预应力钢筋抗拉、抗压强度设计值(MPa)　　表 1-8

钢筋种类		f_{pd}	f'_{pd}
钢绞线 1×2(二股) 1×3(三股) 1×7(七股)	$f_{pk}=1470$	1000	390
	$f_{pk}=1570$	1070	
	$f_{pk}=1720$	1170	
	$f_{pk}=1860$	1260	
消除应力光面钢丝和螺旋肋钢丝	$f_{pk}=1470$	1000	410
	$f_{pk}=1570$	1070	
	$f_{pk}=1670$	1140	
	$f_{pk}=1770$	1200	
消除应力刻痕钢丝	$f_{pk}=1470$	1000	410
	$f_{pk}=1570$	1070	
精轧螺纹钢筋	$f_{pk}=540$	450	400
	$f_{pk}=785$	650	
	$f_{pk}=930$	770	

(3)普通钢筋的弹性模量 E_s 和预应力钢筋的弹性模量 E_p 应按表 1-9 采用。

钢筋的弹性模量(MPa)　　表 1-9

钢筋种类	E_s	钢筋种类	E_p
R235	2.1×10^5	消除应力光面钢丝、螺旋肋钢丝、刻痕钢丝	2.05×10^5
HRB335、HRB400、KL400、精轧螺纹钢筋	2.0×10^5	钢绞线	19.5×10^5

三、钢筋的接头、弯钩和弯折

1. 钢筋的接头

为了运输方便,工厂生产的钢筋除小直径钢筋按盘圆供应外,一般长度为 10 ~ 12m。因此,在使用时就需要用钢筋接头接长至设计长度。钢筋接头有焊接接头、绑扎接头和机械连接接头等三种形式。钢筋接头宜优先采用焊接接头和机械连接接头。当施工或构造条件有困难时,也可采用绑扎接头。

1)焊接接头

焊接接头是钢筋混凝土结构中采用最多的接头,钢筋焊接方法很多,工程上应用最多的是闪光接触对焊和电弧搭接焊。

闪光接触对焊是将两根钢筋安放成对接形式,利用电阻热使接触点金属熔化,产生强烈飞溅,形成闪光迅速施加顶锻力完成的一种压焊方法。闪光接触对焊质量高,加工简单。

电弧搭接焊是以焊条作为一极,钢筋为另一极,利用焊接电流通过产生的电弧热进行焊接的一种熔焊方法。钢筋电弧焊可采用搭接焊和帮条焊两种形式。电弧焊一般应采用双面焊缝,施工有困难时亦可采用单面焊缝。电弧焊接头的焊缝长度,双面焊缝不应小于 $5d$,单面焊缝不应小于 10d(d 为钢筋直径)。

在任一焊接接头中心至长度为钢筋直径的 35 倍,且不小于 500mm 的区段内,同一根钢筋的截面面积占受力钢筋总截面面积的比例应不超过 50%,对受压区的钢筋可不受此限。帮条焊或搭接焊接头部分钢筋的横向净距不应小于钢筋直径,且不小于 25mm。

2)机械连接接头

钢筋机械连接接头是近年来我国所研制开发的钢筋连接新技术。钢筋机械连接接头与传统的焊接头和绑扎接头相比较,具有接头性能可靠、质量稳定、不受气候及焊工技术水平的影响,连接速度快、安全、无明火、不需要大功率电源,可焊与不可焊钢筋均能可靠连接等优点。《桥规》推荐采用套筒挤压接头和镦粗直螺纹接头。

(1)套筒挤压接头

套筒挤压接头是将两根待连接的带肋钢筋用钢套筒作为连接体,套于钢筋端部,使用挤压设备沿套筒径向挤压,使钢套筒产生塑性变形,依靠变形的钢套筒与钢筋紧密结合为一个整体。套筒挤压接头适用于直径为 16 ~ 14mm 的 HRB335 和 HRB400 带肋钢筋。

(2)镦粗直螺纹接头

镦粗直螺纹接头是将钢筋的连接端先行镦粗,再加工出圆柱螺纹,并用连接套筒连接的钢筋接头。镦粗直螺纹接头适用于直径为 18 ~ 40mm 的 HRB335 和 HRB400 钢筋的连接。

3)绑扎接头

绑扎接头是将两根钢筋搭接一定长度并用铁丝绑扎,连接钢筋必须具有足够的搭接长度。为此,《桥规》对绑扎接头的应用范围、搭接长度及接头布置都作了严格的规定,见表 1-10 所示。

受拉钢筋绑扎接头搭接长度　　表 1-10

钢 筋 种 类	混凝土强度等级		
	C20	C25	> C25
R235	35d	30d	25d
HRB335	45d	40d	35d
HRB400、KL400	55d	50d	45d

注:①当带肋钢筋直径 d 大于 25mm 时,其受拉钢筋的搭接长度应按表值增加 5d 采用;当带肋钢筋直径 d 小于 25mm 时,搭接长度应按表值减少 5d 采用;

②当混凝土在凝固过程中受力钢筋易受扰动时,其搭接长度应增加 5d;

③在任何情况下,受拉钢筋的搭接长度不应小于 300mm;受压钢筋的搭接长度不应小于 200mm;

④环氧树脂涂层钢筋的绑扎接头搭接长度,受拉钢筋按表值的 1.5 倍采用;

⑤受拉区段内,R235(Q235)钢筋绑扎接头的末端应做成弯钩,HRB335、HRB400 和 KL400 钢筋的末端可不做成弯钩。

绑扎接头的钢筋直径不宜大于 28mm,但轴心受拉和偏心受压构件中的受压钢筋,可不大于 32mm。轴心受拉和小偏心受拉构件不得采用绑扎接头。

受拉钢筋绑扎接头的搭接长度,应符合表 1-10 的规定;受压钢筋绑扎接头的搭接长度应取受拉钢筋绑扎接头搭接长度的 0.7 倍。

2. 钢筋的弯钩和弯折

为了防止钢筋在混凝土中的滑动,对于承受拉力的光面钢筋,需在端头设置半圆弯钩;受压的光面钢筋可不设弯钩,这是因为受压时钢筋横向产生变形而改用直角形弯钩。弯钩的内

侧弯曲直径 D 不宜过小，对光面钢筋 D 一般应大于 $2.5d$；带肋钢筋 D 一般应大于 $(4\sim5)d$（d 为钢筋的直径）。

按照受力的要求，钢筋有时需按设计要求弯转方向，为了避免在弯转处混凝土局部压碎，在弯折处钢筋内侧弯曲直径 D 不得小于 $20d$。

●第四节　钢筋与混凝土的特性●

一、钢筋与混凝土的黏结力

1. 黏结的作用和黏结力的组成

钢筋和混凝土之间有相当大的黏结力，是这两种材料能共同工作的必要条件。黏结力能阻止钢筋与混凝土两者间的相对滑动，能承受沿接触面上作用着的剪应力。

试验研究指出，黏结力的强弱可能在相当大的范围内变动，它主要由下列三项组成：

(1)摩擦力：混凝土收缩后紧握钢筋，有相对滑动趋势时便有摩擦力阻止滑动。

(2)胶着力：它是水泥浆的胶黏性所提供的。

(3)咬合力：由于钢筋表面不平整，带肋钢筋更有凹凸不平的纹和槽，混凝土便和钢筋互相咬合嵌锁而连在一起。要实现相对滑动，至少要使混凝土受力变形。

2. 确保黏结力的措施

为了保证钢筋和混凝土之间有足够的黏结力，可采用以下一些措施：

(1)选用适宜的混凝土等级。

(2)多采用带肋钢筋，对光圆钢筋应在钢筋末端加弯钩。

(3)钢筋周围的混凝土应有足够的厚度。

(4)设置一定数量的横向钢筋。

(5)保证受力钢筋具有足够的锚固长度。钢筋最小锚固长度 l_a 应按下列公式计算得出：

$$l_a = f_{sk}\frac{\pi d^2}{4}\times\frac{1}{\pi d\tau} = \frac{f_{sk}d}{4\tau}$$

式中：f_{sk}——钢筋抗拉强度标准值；

d——钢筋直径；

τ——钢筋与混凝土极限锚固黏结应力，其值如表 1-11 所示。

钢筋与混凝土极限锚固黏结应力(MPa)　　表 1-11

钢　筋	混凝土强度等级			
	C20	C25	C30	≥C40
光圆钢筋受拉	1.2	1.4	1.6	1.9
光圆钢筋受压	1.5	1.7	1.9	2.3
带肋钢筋受拉	2.2	2.5	2.8	3.3
带肋钢筋受压	2.7	3.1	3.5	4.1

二、钢筋混凝土的收缩

混凝土中有钢筋存在时,则混凝土不能自由收缩,因此钢筋混凝土的收缩变形要比混凝土小得多。混凝土收缩时,受到钢筋的阻碍,它本身受到拉力,而钢筋则受到压力。这就引起两者间的初应力。对较长的钢筋混凝土结构则应用伸缩缝断开。

三、钢筋混凝土的徐变

钢筋的存在大大减少了混凝土的徐变。在受力的钢筋混凝土结构中,徐变将引起钢筋和混凝土应力重分布。钢筋混凝土轴心受压构件中,混凝土的徐变引起的应力重分布现象特别显著。

本章小结

(1)钢筋混凝土结构的基本概念及特点。
(2)混凝土及钢筋的物理力学性能及主要强度指标。
(3)钢筋与混凝土之间为什么具有黏结作用及相互影响。

复习思考题

1. 钢筋混凝土结构有些什么特点?主要应用于哪些地方?
2. 钢筋和混凝土为何能共同有效地工作?
3. 混凝土的立方体抗压强度如何测定?
4. 什么是混凝土的徐变?影响徐变的因素有哪些?
5. 常用的钢筋种类有哪些?选择钢筋时有何要求?
6. 简述软钢的应力—应变曲线的特点。
7. 钢筋混凝土结构中钢筋对混凝土影响有哪些?

第二章

钢筋混凝土结构设计基本原理

教学要求

1. 描述结构可靠度、可靠性指标及安全等级的概念；
2. 结合学过的力学知识详细阐明极限状态法的概念及基本计算原理；
3. 进行承载能力极限状态和正常使用极限状态的设计计算；
4. 结合实际介绍桥梁结构的作用(或荷载)效应及组合。

钢筋混凝土结构构件的"设计"是指在预定的荷载及材料性能条件下，确定构件按功能要求所需要的截面尺寸、配筋和构造要求。

自从19世纪末钢筋混凝土结构在土木建筑工程中出现以来，随着生产实践的经验积累和科学研究的不断深入，钢筋混凝土结构的设计理论在不断地发展和完善。公路桥梁结构设计由长期沿用的、不甚合理的"定值设计法"转变为"概率极限状态设计法"，现行的《桥规》是以概率理论为基础的极限状态设计方法。即引入了结构可靠性理论，把影响结构可靠性的各种因素均视为随机变量，以大量调查实测资料和实验数据为基础，运用统计数学的方法，寻求各随机变量的统计规律，确定结构的失效概率(或可靠指标)来度量结构的可靠性。这种方法称为"可靠度设计法"，用于结构的极限状态设计也可称为"概率极限状态设计法"。即在度量结构可靠性上由经验方法转变为运用统计数学的方法，这无疑是设计思想和设计理论的一大进步，使结构设计更符合客观实际情况。

• 第一节　结构概述 •

一、结构的功能、可靠性和可靠度

1. 结构的功能

所有的工程结构在设计时，必须符合安全可靠、适用耐久、经济合理的要求。

1)安全性

结构的安全性是指在规定的期限内，在正常施工和正常使用情况下，结构能承受可能出现的各种作用(指直接施加于结构上的荷载及间接施加于结构的引起结构外加变形或约束变形的原因)，在偶然事件(如罕遇地震、撞击等)发生时及发生后，结构发生局部损坏，但不致出现整体破坏和连续倒塌，仍能保持必需的整体稳定性。

2)适用性

结构的适用性是指结构在正常使用情况下,结构具有良好的工作性能,结构或结构构件不发生过大的变形或振动。

3)耐久性

结构的耐久性是指结构在正常维护情况下,材料性能虽然随时间变化,但结构仍能满足设计的预定功能要求。在正常维护情况下,结构具有足够的耐久性,构件不出现过大的裂缝;在化学的、生物的或其他不利环境因素作用下,不导致结构可靠度降低,甚至失效。

2. 结构的可靠性和可靠度

结构的可靠性是结构的安全性、适用性和耐久性的统称。结构可靠性的定义为:结构在规定的时间内,在规定的条件下,完成预定功能的能力。

度量结构可靠性的数量指标称为结构可靠度。结构可靠度的定义是指结构在规定的时间内,在规定条件下,完成预定功能的概率。结构可靠度是结构可靠性的概率度量,它是建立在统计数学基础上,经过调查、统计、计算分析确定的。工程结构设计的目的就是要使结构能以适当的可靠度满足各项预定功能要求,也就是要使所设计的结构失效概率小到可以被接受的程度。

二、设计基准期

结构可靠度与结构的使用期长短有关。作用于结构上的各种荷载是随时间而变动的随机过程。结构材料性能也是以时间为变量的随时函数,所以结构可靠度也应是时间函数。但是在实际操作时,通常假定结构恒载和材料性能不随时间变化,按随机变量分析;只有可变荷载认为是随时间变化,用随机过程概率模型来描述,其随机过程的时域取为基准期。例如,《公路工程结构可靠度设计统一标准》(GB/T 50283)(以下简称《公路统一标准》)规定的桥梁结构取100年的设计基准期,就是主要根据汽车荷载和人群荷载按100年的随机过程分析得出的。

• 第二节　极限状态法设计的基本概念 •

一、极限状态的定义和分类

极限状态的定义是:整体结构或结构的一部分超过某一特定状态就不能满足设计规定的某一功能要求时,此特定状态为该功能的极限状态。

极限状态实际上是结构可靠或失效的界限,所以,对结构的各种极限状态都应有明确标志或限值。

国际标准化组织(ISO)和我国各专业颁布的统一标准将极限状态分为承载能力极限状态和正常使用极限状态两类。

这两类极限状态作为设计的要求,应视结构所处状况灵活的对待。《桥规》(JTG D62—2004)规定公桥涵应根据不同种类的作用(或荷载)及其对桥涵的影响、桥涵所处的环境条件,考虑设计状况及其相应极限状态的设计。一般地说,当结构处于持久状况(使用阶段),由于持续的时间很长,结构要承受可能同时出现的多种作用(或荷载),对结构需要进行承载能力极限状态和正常使用极限状态设计；当结构处于短暂状况（施工阶段），持续时间相对于持久状况是短暂的，作用于结构的荷载也较简单，除有特别要求外，一般只作承载能力极限状态设计；当结构处于偶然状况（罕遇地震、撞击等），由于出现的概率极小，且持续的时间极短，结构只需作承载能力极限状态设计。

二、承载能力极限状态

承载能力极限状态对应于结构或结构构件达到最大承载能力或出现不适于持续承载的变形或变位。当结构或结构构件出现下列状态之一时，即认为超过了承载能力极限状态：

（1）结构或结构的一部分作为刚体失去平衡（例如，倾覆、滑移等）。

（2）结构构件或其连接，应超过材料长度而破坏（包括疲劳破坏），或因过度的塑性变形而不能继续承载。

（3）结构转变为机动体系。

（4）结构或构件丧失稳定（如压屈等）。

承载能力极限状态涉及结构的安全问题，可能导致人员伤亡和大量财产损失，所以必须具有较高的可靠度（安全度）或较低的失效概率。

在承载能力极限状态设计时，按照《公路统一标准》的规定，应根据结构破坏可能产生的后果的严重程度，划分为以下三个安全等级：

（1）特大桥、重要大桥的安全等级为一级，其破坏后果很严重，设计可靠度最高。

（2）大桥、中桥、重要小桥的安全等级为二级，其破坏后果严重，设计可靠度中等。

（3）小桥、涵洞的安全等级为三级，其破坏后果不严重，设计可靠度较低。

三、正常使用极限状态

正常使用极限状态对应于结构或结构构件达到正常使用或耐久性能的某项规定的限值。当结构或结构构件出现下列状态之一时，即认为超过了正常使用极限状态：

（1）影响正常使用或外观的变形。

（2）影响正常使用或耐久性能的局部损坏（如出现过大的裂缝）。

（3）影响正常使用的振动。

（4）影响正常使用的其他特定状态。

正常使用极限状态涉及结构使用性和耐久性问题，可以理解为对结构使用功能的损害，导致结构质量的恶化，当对人身生命的危害较小，与承载能力极限状态比较，其可靠度可适当降低。尽管如此，当设计时仍需引起足够重视。例如，如果桥梁的主梁竖向挠度过大，将会造成桥梁不平整，引起行车时很大的冲击和振动；如果出现过大的裂缝，不但会引起人们心理的不安全感，而且也会导致钢筋锈蚀，有可能带来重大的工程事故。

正常使用极限状态的可靠度，由于其影响的因素比较复杂，尤其缺乏足够可靠度评价及有关设计参数，主要还是根据工程经验确定。

四、作用与作用分类

作用，一般指施加在结构上的集中力或分布力，如汽车、结构自重等，或引起结构外形或约束、变形的原因如地震、基础不均匀层降、温度变化等。前者为直接作用,也可称为荷载;后者为间接作用(不宜称为荷载)。

1. 永久作用

在设计使用期内,其值不随时间变化,或其变化与平均值相比可忽略不计的荷载。

2. 可变作用

在结构使用期间,其量值随时间变化,且其变化值与平均值比较不可忽略的作用。

3. 偶然作用

在结构使用期间,出现的概率很小,一旦出现,其值很大且持续时间很短的作用。

各类作用列于表 2-1。

荷载分类表 表 2-1

编号	作用分类	作用名称
1	永久作用	结构重力(包括结构附加重力)
2		预加力
3		土的重力
4		土侧压力
5		混凝土收缩及徐变作用
6		水的浮力
7		基础变位作用
8	可变作用	汽车荷载
9		汽车冲击力
10		汽车离心力
11		汽车引起的土侧压力
12		人群荷载
13		汽车制动力
14		风荷载
15		流水压力
16		冰压力
17		温度(均匀温度和梯度温度)作用
18		支座摩阻力
19	偶然作用	地震作用
20		船舶或漂流物的撞击作用
21		汽车撞击作用

五、作用代表值、作用效应及作用效应设计值

1. 作用代表值

结构或结构构件设计时,针对不同设计目的所采用的各种作用规定值,它包括作用标准值、准永久值和频遇值等。

1)作用标准值

结构或构件设计时,采用的各种作用的基本代表值,其值可根据作用在设计基准期内最大值概率分布的某一分位确定。

2)作用准永久值

结构与构件按正常使用极限状态长期效应组合设计时,采用的另一种可变作用代表值,其值根据在足够长观测期内作用任意时点概率分布的0.5(或高于0.5)分位值确定。

3)作用频遇值

结构或构件按正常使用极限状态短期效应组合设计时,采用的一种可变作用代表值,其值可根据在足够长观测期内作用任意时点概率分布的0.95分位值确定。

2. 作用效应与作用效应设计值

作用效应是指结构对所受作用的反应,如弯矩、扭矩、位移等。作用效应设计值是指作用标准值效应与作用分项系数的乘积。

分项系数是指为保证所设计的结构具有规定的可靠度而在设计表达式中采用的系数,分作用分项系数和抗力分项系数两类。

3. 作用效应组合

上述的永久作用、可变作用和偶然作用不是在同样的条件下同时出现在桥涵结构上的,其发生的几率也不尽相同。这样,在进行结构计算时,应根据结构物的特性,考虑作用同时出现的可能性,选择下列相对应的作用效应组合,即将结构上几种作用分别产生的效应随机叠加。

1)基本组合

承载能力极限状态设计时,永久作用设计值效应与可变作用设计值效应组合。

2)偶然组合

承载能力极限状态设计时,永久作用标准值效应与可变作用某种代表值效应、一种偶然作用标准值效应的组合。

3)作用短期效应组合

正常使用极限状态设计时,永久作用标准值效应与可变作用频遇值效应的组合。

4)作用长期效应组合

正常使用极限状态设计时,永久作用标准值效应与可变作用准永久值效应的组合。

• 第三节　承载能力极限状态设计原则 •

一、荷载标准值及分项系数

1. 荷载标准值

荷载标准值是荷载代表值之一,是结构设计的主要参数。它是一个定值,但来源于实际调查,经数理统计分析,已赋予概率意义。

1)永久荷载(结构自重)标准值

结构自重包括桥面铺装重和结构构件重,设计时它们都是由结构尺寸和材料重度(容重)计算所得。从统计的角度出发,结构自重标准值应考虑结构尺寸和材料重力两者的变异性。

构件自重及恒载的标准值可按构件设计尺寸乘以材料标准重度计算。

2)可变荷载标准值

汽车荷载、人群荷载、风荷载等,这些基本变量均按随机过程进行统计分析,它们的标准值与设计基准期有密切关系。最新颁布的《公路工程技术标准》(JTG B01—2003)和《通用规范》规定:

汽车荷载分为公路Ⅰ级和公路Ⅱ级两个等级。汽车荷载由车道荷载和车辆荷载组成。桥梁结构的整体计算采用车道荷载,桥梁结构的局部加载、涵洞、桥台和挡土墙土压力等的计算采用车辆荷载,车道荷载与车辆荷载的作用不得叠加。

2. 作用(或荷载)分项系数

与"标准"确定目标可靠指标时一样,作用(或荷载)分项系数也是在荷载最简单的组合下,用优化的方法确定的。确定的原则是:在恒载和汽车荷载标准值已给定的前提下,选取一级分项系数 γ_G、γ_Q,使所设计的各构件的可靠指标与规定的目标可靠指标 β_k 之间在总体上误差最小。

按照上述原则,《通用规范》给出的作用(或荷载)分项系数为:

(1)γ_G——永久作用(或荷载)分项系数。

对于恒载(结构及附加物自重),取 $\gamma_G=1.2$;当永久作用(或荷载)效应的增大对结构的承载力有利时(即永久作用效应与可变作用效应异号),则其分项系数取值不应大于1.0,对于恒载(结构及附加物质量)取 $\gamma_G=1.0$;

(2)γ_Q——主导可变作用(或荷载)效应分项系数。

一般为汽车荷载效应的分项系数,$\gamma_Q=1.4$。

3. 作用(或荷载)设计值

结构按承载能力极限状态设计时,作用(或荷载)应采用设计值。作用(或荷载)设计值为作用(或荷载)标准值乘以相应的作用(或荷载)分项系数:

$$F_d = \gamma_m F_k \tag{2-1}$$

式中:F_d——作用(或荷载)设计值;

F_k——作用(或荷载)标准值;

γ_m——作用(或荷载)的分项系数。

二、作用效应组合

公路桥涵结构按承载能力极限状态设计时,应采用以下两种作用效应组合:

1. 基本组合

永久作用的设计值效应与可变作用设计值效应相结合,其效应组合表达式为:

$$\gamma_0 S_{ud} = \gamma_0\left(\sum_{i=1}^{m}\gamma_{Gi}S_{Gik} + \gamma_{Q1}S_{Q1k} + \psi_c\sum_{j=2}^{n}\gamma_{Qj}S_{Qjk}\right) \tag{2-2}$$

或

$$\gamma_0 S_{ud} = \gamma_0\left(\sum_{i=1}^{m}S_{Gid} + S_{Qid} + S_{Q1d} + \psi_c\sum_{j=2}^{n}S_{Qjd}\right) \tag{2-3}$$

式中:S_{ud}——承载能力极限状态下作用基本组合的效应组合设计值;

γ_0——结构重要性系数,按规范规定的结构设计安全等级采用,对应于设计安全等级一级、二级和三级分别取 1.1、1.0、0.9；

γ_{Gi}——第 i 个永久作用效应的分项系数，应按表 2-2 的规定采用；

S_{Gik}、S_{Gid}——第 i 个永久作用效应的标准值和设计值；

γ_{Q1}——汽车荷载效应（含汽车冲击力、离心力）的分项系数，取 $\gamma_{Q1}=1.4$；当某个可变作用在效应组合中其值超过汽车荷载效应时，则该作用取代汽车荷载，其分项系数应采用汽车荷载的分项系数；对专为承受某作用而设置的结构或装置，设计时该作用的分项系数取与汽车荷载同值；计算人行道板和人行道栏杆的局部荷载，其分项系数也与汽车荷载取同值；

S_{Q1k}、S_{Q1d}——汽车荷载效应（含汽车冲击力、离心力）的标准值和设计值；

γ_{Qj}——在作用效应组合中除汽车荷载效应（含 汽车冲击力、离心力）、风荷载外的其他第 j 个可变作用效应的分项系数，取 $\gamma_{Qj}=1.4$，但风荷载的分项系数取 $\gamma_{Qj}=1.1$；

S_{Qjk}、S_{Qjd}——在作用效应组合中除汽车荷载效应（含汽车冲击力、离心力）外的其他可变第 j 个可变作用效应的标准值和设计值；

ψ_c——在作用效应组合中除汽车荷载效应（含汽车冲击力、离心力）外的其他可变作用效应的组合系数，当永久作用与汽车荷载和人群荷载（或其他一种可变作用）组合时，人群荷载（或其他一种可变作用）的组合系数取 $\psi_c=0.80$；当除汽车荷载（含汽车冲击力、离心力）外尚有两种其他可变作用参与组合时，其组合系数取 $\psi_c=0.70$；尚有三种可变作用参与组合时，其组合系数取 $\psi_c=0.60$；尚有四种及多于四种的可变作用参与组合时，取 $\psi_c=0.50$。

设计弯桥时，当离心力与制动力同时参与组合时，制动力标准值或设计值按 70% 取用。

永久作用效应的分项系数 表 2-2

<table>
<tr><th rowspan="2">编号</th><th rowspan="2" colspan="2">作 用 类 型</th><th colspan="2">永久作用效应分项系数</th></tr>
<tr><th>对结构的承载能力不利时</th><th>对结构的承载能力有利时</th></tr>
<tr><td rowspan="2">1</td><td colspan="2">混凝土和圬工结构重力
（包括结构附加重力）</td><td>1.2</td><td rowspan="2">1.0</td></tr>
<tr><td colspan="2">钢结构重力
（包括结构附加重力）</td><td>1.1 或 1.2</td></tr>
<tr><td>2</td><td colspan="2">预加力</td><td>1.2</td><td>1.0</td></tr>
<tr><td>3</td><td colspan="2">土的重力</td><td>1.2</td><td>1.0</td></tr>
<tr><td>4</td><td colspan="2">混凝土的收缩及徐变作用</td><td>1.0</td><td>1.0</td></tr>
<tr><td>5</td><td colspan="2">土侧压力</td><td>1.4</td><td>1.0</td></tr>
<tr><td>6</td><td colspan="2">水的浮力</td><td>1.0</td><td>1.0</td></tr>
<tr><td rowspan="2">7</td><td rowspan="2">基础变位作用</td><td>混凝土和圬工结构</td><td>0.5</td><td>0.5</td></tr>
<tr><td>钢结构</td><td>1.0</td><td>1.0</td></tr>
</table>

注：本表编号 1 中，当钢桥采用钢桥面板时，永久作用效应分项系数取 1.1；当采用混凝土桥面板时，取 1.2。

2. 偶然组合

指永久作用标准值效应与可变作用某种代表值效应、一种偶然作用标准值效应组合。偶然作用的效应分项系数取 1.0；与偶然作用同时出现的可变作用，可根据观测资料和工程经验取用适当的代表值。地震作用标准值及表达式按现行《公路工程抗震设计规范》规定采用。

三、材料强度分项系数

1. 混凝土强度的分项系数

混凝土强度的分项系数是通过对轴心受压构件的可靠度计算分析得出的。《桥规》采用的混凝土强度分项系数 $\gamma_c = 1.45$，其数值是通过可靠度分析，结合原规范的设计经验最后确定。

2. 钢筋强度的分项系数

普通钢筋因有较完整的统计资料，其抗拉强度的分项系数及设计值，主要根据可靠度分析确定。分析时，采用轴心抗拉构件，取安全等级为二级的延性破坏构件的目标可靠指标。《桥规》给出的普通钢筋抗拉强度分项系数 $\gamma_s \approx 1.2$。预应力钢筋的钢丝和钢绞线的抗拉强度分项系数为 $\gamma_s = 1.25/0.85 = 1.47$。

• 第四节 正常使用极限状态设计原则 •

一、荷载及其效应组合

按照《公路统一标准》的规定，正常使用极限状态设计时，除永久荷载采用标准值外，可变荷载在一般情况下采用频遇值和准永久值。可变荷载的频遇值和准永久值比其标准值小。这是因为正常使用极限状态只涉及结构的适用性和耐久性，不涉及结构的安全性，可靠度较低，荷载也无需采用结构设计的最大值。

1. 活载的频遇值、准永久值

活载频遇值是指结构上较频繁出现的，且量值较大的荷载取值，是可变荷载的代表值之一。频遇值是按在观测期 t 内荷载达到的超过该值 $\psi_1 Q_K$ 的总和 $\sum t_i$ 与 t 的比值 $\sum t_i/t$ 确定。国际上认为此比值在一般情况下可取 0.05，相当于荷载截面（任意时点）概率密度函数上的 0.95 分位值（图 2-1）。《桥规》规定，凡经统计分析的活载其频遇值均按前者确定。荷载频遇值实际上是对荷载标准值 Q_k 的折减，折减系数就是不大于 1.0 的频遇值系数 ψ_1。

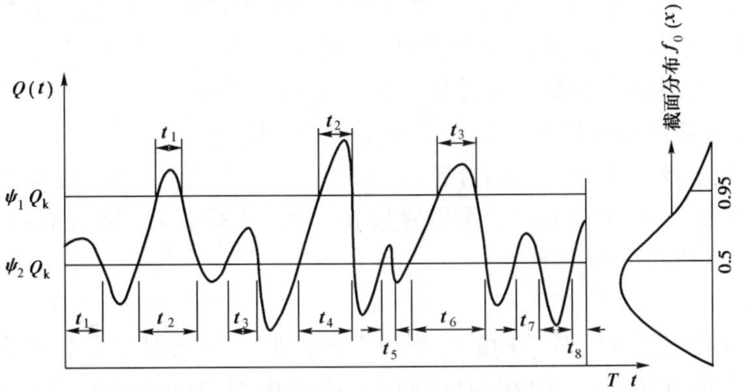

图 2-1 活载频遇值和准永久值取值示意图

活载的准永久值是指在结构上经常出现的，且量值较小的荷载取值，也是活载的一个代表值。准永久值的确定方法与确定频遇值的第一种方法相同，只是达到和超过准永久值的总和相对比值$\sum t_i/t$有所提高，国际上认为可取0.5，相当于荷载截面概率密度函数上的0.5分位值。可见，准永久值系数ψ_2是一个小于ψ_1的折减系数。

2. 荷载效应的组合

公路桥涵结构按正常使用极限状态设计时，应根据不同的设计要求，采用以下两种效应组合：

(1)作用短期效应组合。永久作用标准值效应与可变作用频遇值效应相组合，其效应组合表达式为：

$$S_{sd} = \sum_{i=1}^{m} S_{Gik} + \sum_{j=1}^{m} \psi_{1j} S_{Qjk} \tag{2-4}$$

式中：S_{sd}——作用短期效应组合设计值；

ψ_{1j}——第j个可变作用效应的频遇值系数，汽车荷载(不计冲击力)$\psi_1=0.7$，人群荷载$\psi_1=1.0$，风荷载$\psi=0.75$，温度梯度作用$\psi_1=0.8$，其他作用$\psi_1=1.0$；

$\psi_{1j}S_{Qjk}$——第j个可变作用效应的频遇值。

(2)作用长期效应组合。永久作用标准值效应与可变作用准永久值效应相组合，其效应组合表达式：

$$S_{1d} = \sum_{i=1}^{m} S_{Gik} + \sum_{j=1}^{n} \psi_{2j} S_{Qjk} \tag{2-5}$$

式中：S_{1d}——作用长期效应组合设计值；

ψ_{2j}——第j个可变作用效应的准永久值作用，汽车荷载(不计冲击力)$\psi_2=0.4$，人群荷载$\psi_2=0.4$，风荷载$\psi_2=0.75$，温度梯温作用$\psi_2=0.8$，其他作用$\psi_2=1.0$；

$\psi_{2j}S_{Qjk}$——第j个可变作用效应的准永久值。

二、结 构 抗 力

结构抗力是指结构构件截面功效限值，可分为裂缝宽度限值、挠度限值或抗裂限值(即抗裂弯矩M_{cr})等。

1. 裂缝控制

为了保证结构的适用性和耐久性，对结构构件的抗裂性和裂缝宽度有所限制。

公路桥梁钢筋混凝土及预应力混凝土结构的裂缝控制分为两种情况：

(1)不允许出现裂缝的全预应力混凝土和部分应力混凝土A类构件，其抗裂度采用在作用(或荷载)短期效应组合作用下的截面混凝土拉应力控制。

(2)钢筋混凝土及允许开裂的部分预应力混凝土B类构件，其裂缝宽度应小于规范规定的某一限值(一般为0.1~0.2mm)。裂缝宽度按作用(或荷载)短期效应组合计算，并考虑作用(或荷载)长期效应组合的影响。

2. 变形控制

为了满足结构的适用性，对结构的变形应有所限制。钢筋混凝土和预应力混凝土构件的变形，可按结构力学方法计算，但在刚度取值时应考虑裂缝开展的影响。变形按作用(或荷载)短期效应组合计算，并考虑作用(或荷载)长期效应组合的影响。

桥涵结构构件在正常使用情况下的允许挠度值,根据结构构件正常使用要求和工程经验确定。

本章小结

(1)结构可靠度、可靠性指标、作用(或荷载)及安全等级等基本概念。

(2)极限状态法的基本概念及计算原理和方法。

(3)承载能力极限状态和正常使用极限状态的设计原则及桥梁结构的作用(或荷载)效应及组合。

复习思考题

1. 结构功能的要求有哪些?

2. 什么是结构的可靠性和可靠度?

3. 什么是极限状态? 如何分类?

4. 简述承载能力极限状态和正常使用极限状态的设计原则。

5. 什么是可变作用的频遇值和准永久值?

第三章

钢筋混凝土受弯构件正截面承载力计算

教学要求

1. 通过实例介绍钢筋混凝土受弯构件的构造要求；
2. 分析钢筋混凝土梁的破坏形态；
3. 详细介绍钢筋混凝土梁正截面承载力计算的基本假定及计算公式；
4. 进行单筋矩形截面、双筋矩形截面和T形截面正截面承载力计算，通过讲解计算示例，使学生能够应用公式进行受弯构件正截面设计与计算。

钢筋混凝土受弯构件是桥梁结构中应用最为广泛的构件之一，其基本形式主要有板和梁两种，虽然它们的外形不同，但其受力没有本质区别。本章主要讨论板和梁的构造要求和正截面承载力计算。

第一节　钢筋混凝土受弯构件的构造要求

一、钢筋混凝土板的构造

小跨径钢筋混凝土板，一般为实心矩形截面；跨径较大时，为减轻自重和节省混凝土常做成空心板，截面形式示于图3-1。

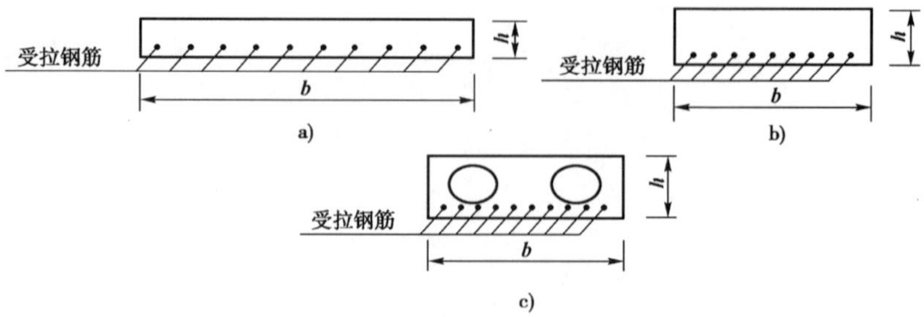

图3-1　钢筋混凝土板的截面形式

a)整体式板；b)装配式实心板；c)装配式空心板

1. 板厚

钢筋混凝土板的厚度根据跨径内最大弯矩和构造要求确定。为了保证施工质量，对板的最小厚度加以控制：

行车道板：跨间厚度不应小于 120mm，悬臂端厚度不应小于 100mm；

人行道板：就地浇筑的混凝土板不应小于 80mm，预制的混凝土板不应小于 60mm；

空心板梁：底板和顶板厚度均不应小于 80mm。

2. 钢筋

板的钢筋由主钢筋（即受力钢筋）和分布钢筋组成（图 3-2）。

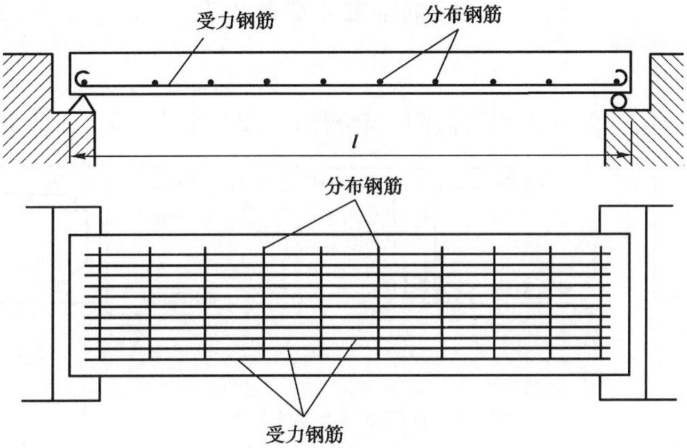

图 3-2 板的钢筋

主钢筋布置在板的受拉区，行车道板内的主钢筋直径不应小于 10mm，人行道板内的主钢筋直径不应小于 8mm，板内主钢筋的间距应不大于 200mm。

分布钢筋垂直于主钢筋方向布置，在交叉处用铁丝绑扎或点焊，以固定相互位置。

分布钢筋的作用是将荷载均匀分布在主钢筋上，同时还能防止因混凝土收缩和温度变化而出现的裂缝。分布钢筋应设在钢筋的内侧，其直径不应小于 8mm，间距不应大于 200mm，其截面面积不应小于板截面面积的 0.1%。在所有主钢筋弯折处，均应设置分布钢筋。

3. 混凝土保护层

为了防止钢筋外露锈蚀，钢筋边缘到构件边缘的混凝土保护层厚度，应符合《桥规》规定的最小保护层厚度要求。

行车道板、人行道板主钢筋最小保护层厚度：

I 类环境条件为 30mm；

II 类环境条件为 40mm；

III、IV 类环境条件为 45mm。

分布钢筋的最小保护层厚度：

I 类环境条件为 15mm；

II 类环境条件为 20mm；

III、IV 类环境条件为 25mm。

环境类别及条件见表 3-1。

环境类别及条件　　表 3-1

环境类别	环境条件	环境类别	环境条件
I	温暖或寒冷地区的大气环境、与无侵蚀性的水或土接触的环境	III	海水环境
II	严寒地区的大气环境、使用除冰盐环境、滨海环境	IV	受侵蚀物质影响的环境

二、钢筋混凝土梁的构造

1. 截面形式及尺寸

小跨径钢筋混凝土梁一般采用矩形截面；当跨径较大时，采用T形、工形和箱形截面(图3-3)。

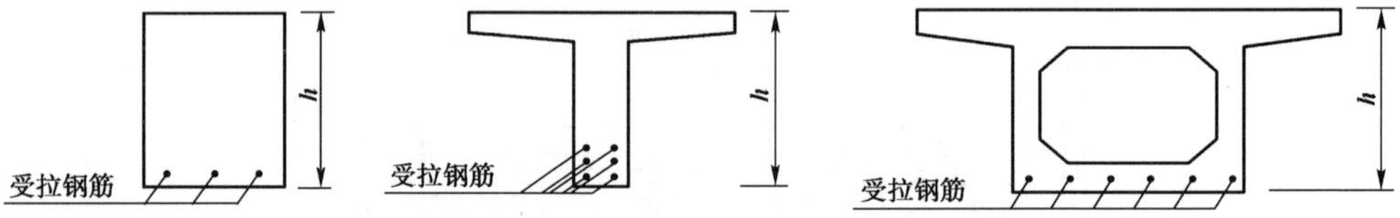

图 3-3　钢筋混凝土梁的截面形式

a)箱形；b)T形；c)工形

考虑到施工制模的方便，截面尺寸应模数化。矩形梁的截面宽度，一般取150mm、180mm、200mm、220mm、250mm，以后按50mm为一级增加。当梁高超过800mm时，以100mm为一级。矩形梁的高宽比一般为2.5～3.0。T形截面梁的高度与梁的跨度、间距及荷载大小有关。公路桥梁中大量采用的T形简支梁桥，其梁高与跨径之比约为1/20～1/10。腹板(梁肋)宽度与配筋形式有关：当采用焊接骨架配筋时，腹板宽度不应小于140mm，一般取160～220mm；当采用单根钢筋配筋时，腹板宽度较大，具体尺寸应根据布置钢筋的要求确定。

2. 钢筋构造

梁内的钢筋骨架由纵向受力钢筋、弯起钢筋(斜筋)、箍筋、架立钢筋和水平纵向钢筋构成如图3-4所示。

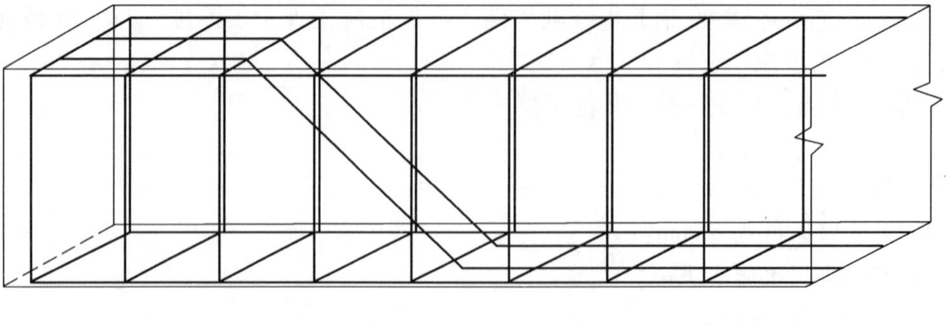

图 3-4　钢筋混凝土梁绑扎钢筋骨架

1)纵向受力钢筋

布置在梁受拉区的纵向受力钢筋，是梁的主要受力钢筋，一般又称为主筋。当梁的高度受限制时，亦可在受压区布置纵向受压钢筋，用以协助混凝土承担压力。纵向受力钢筋的直径一般为 14 ~ 32mm，同一梁内宜采用相同直径的钢筋，以简化施工。有时为了节省钢筋，也可采用两种直径，但直径相差应不小于 2mm，以便于识别。

梁内的纵向受力钢筋可以采用单根钢筋，也可采用束筋，还可采用竖向不留空隙的焊接钢筋骨架。采用单根配筋时，钢筋层数不宜多于三层，上、下层钢筋的排列应注意对齐，以便于混凝土的浇筑；采用束筋时，组成束筋的单根钢筋直径不应大于 28mm，根数不应多于三根；当其直径大于 28mm 时应为两根；采用焊接钢筋骨架时，焊接骨架的钢筋层数不应多于六层，单根钢筋直径不应大于 32mm。纵向钢筋与弯起钢筋之间的焊缝，宜采用双面焊缝，其长度为 $5d$，纵向钢筋之间的短焊缝，其长度为 $2.5d$，此处 d 为纵向钢筋的直径（图 3-5）。

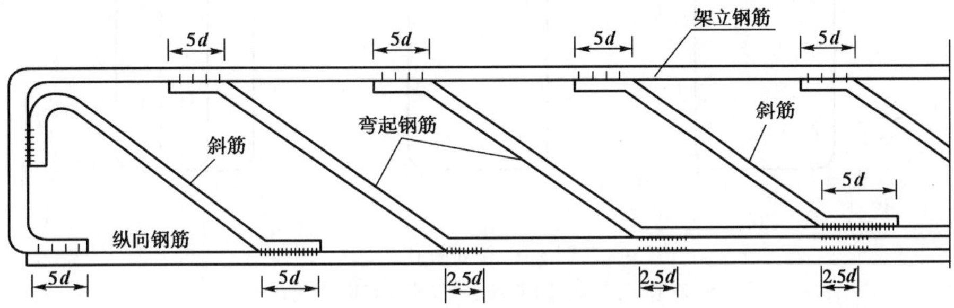

图 3-5　焊接钢筋骨架示意图

为了防护钢筋免于锈蚀，主钢筋至构件边缘的净距，应符合《桥规》规定的钢筋最小混凝土保护层厚度要求。主钢筋的最小混凝土保护层厚度：I 类环境条件为 30mm，II 类环境条件为 40mm，III、IV 类环境条件为 45mm。

为了便于浇筑混凝土，使振捣器能顺利插入，保证混凝土质量和增加混凝土与钢筋之间的粘着力，梁内主钢筋间或层与层之间应有一定的距离。各主钢筋间横向净距和层与层之间的竖向净距，当钢筋为三层及以下时，不应小于 30mm，并不小于钢筋直径；当钢筋为三层以上时，不应小于 40mm，并不小于钢筋直径的 1.25 倍（图 3-6）。对于束筋，此处采用等代直径（$d_e = \sqrt{n}d$，其中 n 为组成束筋的钢筋根数，d 为单根钢筋直径）。

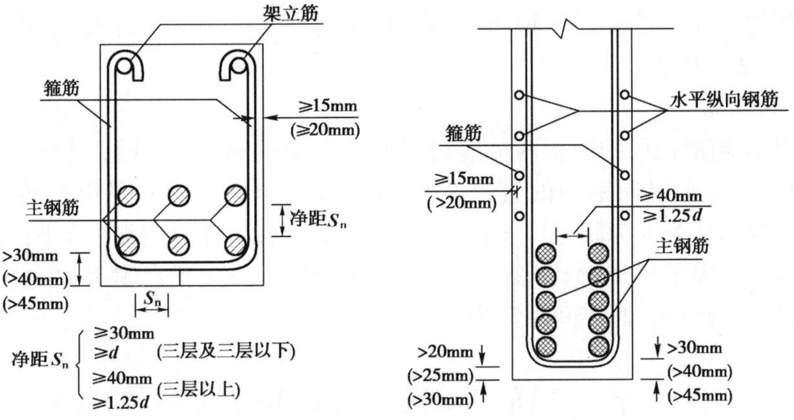

图 3-6　梁内钢筋位置与保护层

2）弯起钢筋

弯起钢筋大多由纵向受力钢筋弯起而成，主要用以承担主拉应力，并增加钢筋骨架的稳定性。当将多余的纵向钢筋全部弯起仍不能满足受力和构造要求时，可以采用专设的斜短钢筋焊接，但不得采用不与主钢筋焊接的浮筋。弯起钢筋与梁的纵轴线宜成45°角，在特殊情况下，可取不小于30°或不大于60°角弯起。弯起钢筋以圆弧弯折，圆弧直径不宜小于20倍钢筋直径。

3）箍筋

箍筋除了承受主拉应力外，在构造上还起固定纵向钢筋位置的作用。因此，无论计算上是否需要，梁内均应设置箍筋。梁内采用的箍筋形式如图3-7所示。

a)　　b)　　c)

图3-7　箍筋的形式

a）双肢、开口式；b）双肢、闭口式；c）四肢、闭口式

梁内只配置纵向受拉钢筋时，可采用开口箍筋；梁内除纵向受拉钢筋还有受压钢筋等时用封闭式箍筋。

箍筋直径应不小于8mm或主钢筋直径的1/4。固定受拉钢筋的箍筋的间距不应大于梁高的1/2，且不大于400mm；固定受压钢筋的箍筋，其间距还不应大于受压钢筋直径的15倍，且不应大于400mm。在钢筋绑扎搭接接头范围内的箍筋间距，当绑扎搭接钢筋受拉时不应大于主钢筋直径的5倍，且不大于100mm；当搭接钢筋受压时不应大于主钢筋直径的10倍，且不大于200mm。在支座中心向跨径方向长度相当于不小于一倍梁高范围内，箍筋间距不宜大于100 mm。箍筋的配筋率ρ_{sv}对R235钢筋不应小于0.18%，HRB335钢筋不应小于0.12%。

4）架立钢筋

架立钢筋根据构造要求设置，其作用是架立箍筋、固定箍筋位置，把钢筋绑扎（或焊接）成骨架，架立钢筋的直径一般取10～14mm。采用焊接骨架时，为保证骨架具有一定的刚度，架立钢筋的直径应适当加大。

5）水平纵向钢筋

T形截面梁及箱形截面的腹板两侧应设置水平纵向钢筋，以防止因混凝土收缩及温度变化而产生的裂缝。水平纵向钢筋的直径为6～8mm，每个腹板内水平纵向钢筋截面面积为（0.001～0.002）bh，此处b为腹板厚度，h为梁的高度。水平纵向钢筋的间距，在受拉区应不大于腹板厚度，且不大于200mm；在受压区应不大于300mm；在支点附近剪力较大区段，水平纵向钢筋截面面积应予增加，其间距宜为100～150mm。

• 第二节　钢筋混凝土梁正截面破坏特征 •

为了研究钢筋混凝土梁的弯曲性能，探讨正截面的应力和应变分布规律，通常是采用图

3-8 所示的试验方案,进行钢筋混凝土梁试验研究。

试验采用两点对称加载,在梁的 *CD* 段剪力为零(忽略梁的自重影响),弯矩为常数,称为纯弯曲段。在梁的纯弯曲段,布置应变测点,测量各点的应变。在跨中截面布置百分表,量测挠度值。

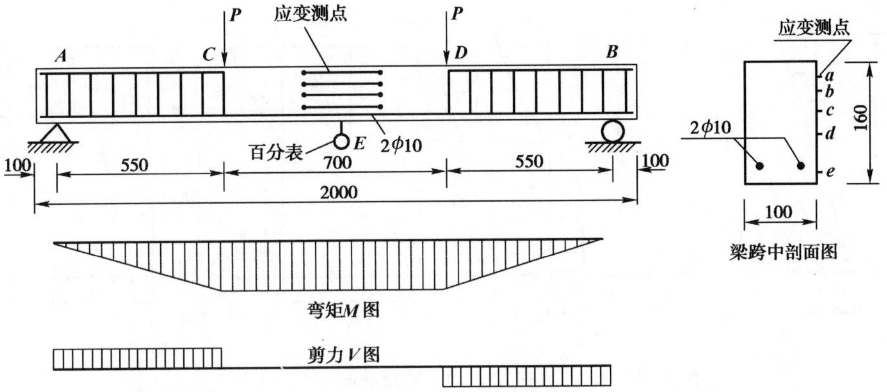

图 3-8　钢筋混凝土试验梁(尺寸单位:mm)

试验测得的跨中截面的荷载-挠度关系曲线示于图 3-9。

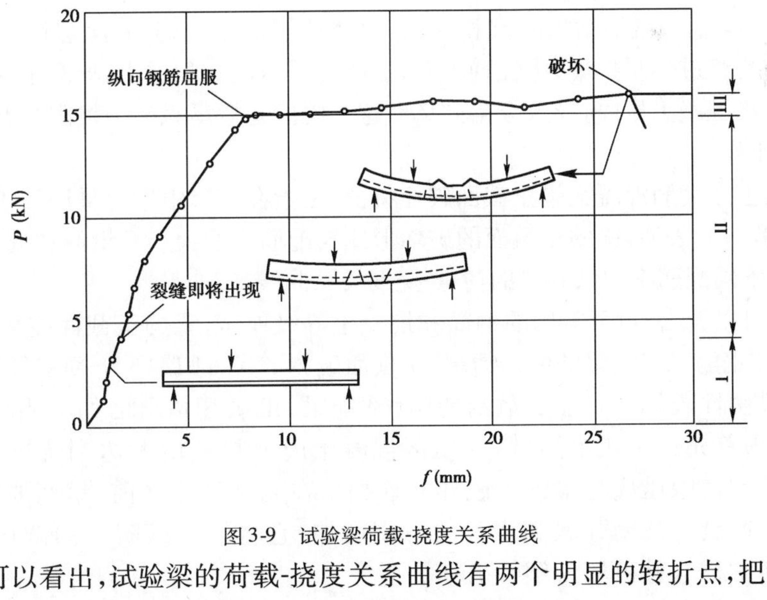

图 3-9　试验梁荷载-挠度关系曲线

从图 3-9 可以看出,试验梁的荷载-挠度关系曲线有两个明显的转折点,把梁的受力过程划分为三个阶段,各受力阶段的截面应力发展情况示于图 3-10。

阶段Ⅰ——当荷载较小时,挠度随荷载的增加而不断增长,梁处于弹性工作阶段。此时,混凝土压应力和拉应力均很小,按应力三角形分布。混凝土下缘拉应力小于其抗拉强度极限值,截面未出现裂缝。

阶段 I_a——当荷载增加时,混凝土的塑性变形发展,变形的增长速度大于应力的增长速度,此现象在受拉部位更为显著。因此,应力图形在受拉区呈曲线形,在受压区接近三角形。此时受拉区下缘应力达到混凝土抗拉强度极限值,应变达到混凝土抗拉应变极限值,即达到将要出现裂缝的临界阶段。计算钢筋混凝土构件裂缝出现(即开裂弯矩)时,以此阶段应力图为基础。

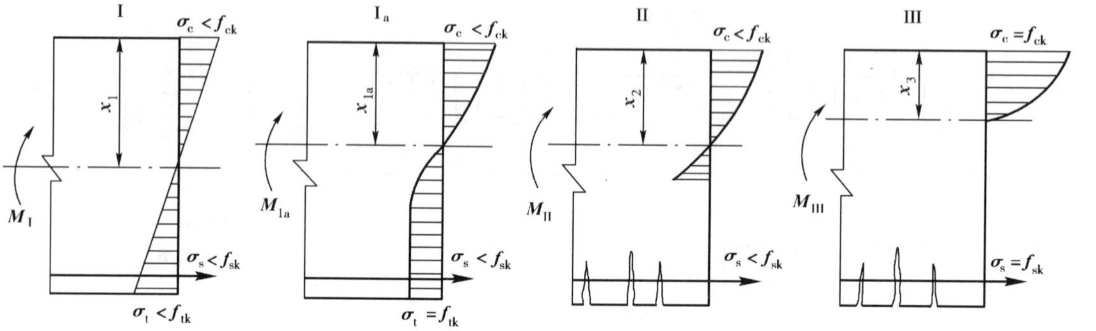

图 3-10 钢筋混凝土梁各受力阶段截面应力分布情况

阶段 II——当荷载继续增加时,受拉区混凝土出现裂缝,并向上不断发展,混凝土受压区的塑性变形加大,其应力图略呈曲线形。此时,受拉区混凝土作用甚小,可以不考虑其参加工作,全部拉力由钢筋承受,但钢筋应力尚未达到屈服强度。按允许应力法计算钢筋混凝土构件的弹性分析理论以此阶段为基础。

阶段 III——当荷载继续增加时,钢筋的应力增长较快,并达到屈服强度。其后由于钢筋的塑性变形,使裂缝进一步扩展,中性轴上升,混凝土受压区面积减小,混凝土的应变随之达到极限压应变,上缘混凝土压碎,导致全梁破坏。这一阶段是按承载能力极限状态计算钢筋混凝土构件的基本出发点。

必须指出,上述钢筋混凝土梁正截面破坏特征,是指在实际中广为采用的正常配筋的适筋梁而言的。试验研究表明,梁的正截面的破坏形式与配筋率的大小及钢筋和混凝土种类有关。图 3-11 给出了不同配筋率的试验梁的荷载-挠度关系曲线。

从图 3-11 可以看出,对于常用的钢筋和混凝土等级而言,梁的正截面破坏形式主要受配筋率影响。按照钢筋混凝土梁的配筋情况,正截面破坏形式可归纳为下列三种情况:

(1)适筋梁塑性破坏——配筋适当的梁(适筋梁)的破坏情况已如上述,其主要特点是受拉钢筋的应力首先达到屈服强度,受压区混凝土应力随之增大达到抗压强度而出现塑性,当压应变达到极限压应变梁即告破坏。这种梁在完全破坏之前,钢筋要经历较大的塑性伸长,随之引起裂缝急剧开展和挠度的急剧增加,它将给人以明显的破坏征兆,破坏过程比较缓慢,通常称这种破坏为塑性破坏。

(2)超筋梁脆性破坏——如果梁内配筋过多(超筋梁),其破坏特点是受拉钢筋应力尚未达到屈服强度之前,受压区混凝土边缘纤维的压应变达到混凝土抗压应变极限值,由于混凝土局部压碎而导致梁的破坏。这种梁破坏前变形(挠度)不大,裂缝开展也不明显,是在没有明显破坏征兆的情况下突然发生的受压脆性破坏。显然,超筋梁配置钢筋过多,并没有充分发挥钢筋的作用,既不经济也不安全,因此,在设计中一般不允许采用。

（3）少筋梁脆性破坏——对于配筋过少的梁（少筋梁），其破坏特点是受拉区混凝土一旦出现裂缝，受拉钢筋的应力立即达到屈服强度，并迅速经历整个流幅，进入强化工作阶段，这时裂缝迅速向上延伸，开展宽度很大，即使受压区混凝土尚未压碎，由于裂缝宽度过大而不能使用，已标志着梁的“破坏”。少筋梁截面尺寸大，承载能力较低，破坏过程发展迅速，是一种受拉脆性破坏，因此在结构设计中也不宜采用。

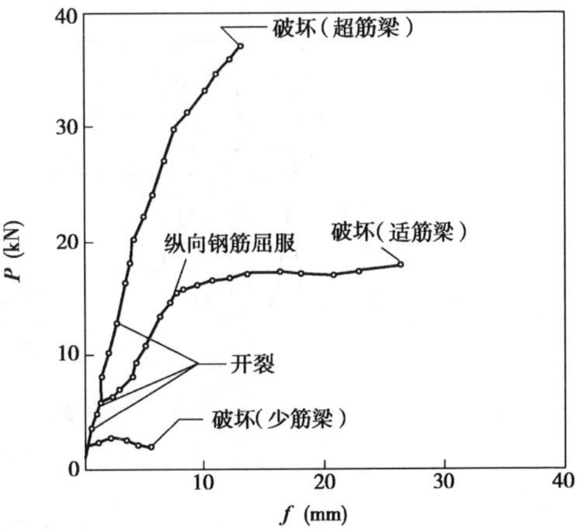

图 3-11　不同配筋率的试验梁荷载-挠度关系曲线

在设计规范中，通常是规定最大配筋率和最小配筋率的限制来防止梁发生后两种脆性破坏，保证梁的配筋处于适筋梁的范围，发生正常的塑性破坏。以后我们所研究的钢筋混凝土梁都是指适筋梁而言，所有的计算公式都是针对适筋梁的塑性破坏状态导出的。

第三节　钢筋混凝土受弯构件承载力极限状态计算的一般问题

一、基本假设

钢筋混凝土受弯构件正截面承载能力极限状态计算采用第 III 阶段应力图，以混凝土压应变达到极限值 $\varepsilon_c = \varepsilon_{cu}$ 控制设计，并引入下列基本假设作为计算的基础。

（1）构件弯曲后，其截面仍保持为平面。

试验研究表明，钢筋混凝土受弯构件在裂缝出现前，截面应变分布接近直线，较好地符合平截面假设。在裂缝出现以后直至构件破坏时，就裂缝截面而言，平截面假设已不再成立，但是就包括裂缝在内的截面平均应变而言，基本上仍符合平截面假设。

（2）截面受压混凝土的应力图形简化为矩形，其压力强度取混凝土的轴心抗压强度设计值 f_{cd}；截面受拉混凝土的抗拉强度不予考虑。

（3）极限状态计算时，受拉区钢筋应力取其抗拉强度设计值 f_{sd}，受压区钢筋应力取其抗压强度设计值 f'_{sd}。

二、正截面承载能力计算图式及基本方程

按照上述基本假设，我们就针对适筋梁而言，受压区混凝土应力采用等效矩形应力图表示的正截面承载力计算图式（图 3-12）。

相应的基本方程式为：

由 $\sum X = 0$ 得　　$C = T$ 或 $f_{cd}A_{ce} = f_{sd}A_s$　　（3-1）

由 $\sum M = 0$ 得　　$\gamma_0 M_d \leqslant M_{du} = f_{sd}A_s(h_0 - y_c)$　　（3-2）

式中：A_{ce}——等效矩形应力图对应的受压区混凝土面积；

y_c——等效矩形应力图合力作用至截面受压边缘的距离。

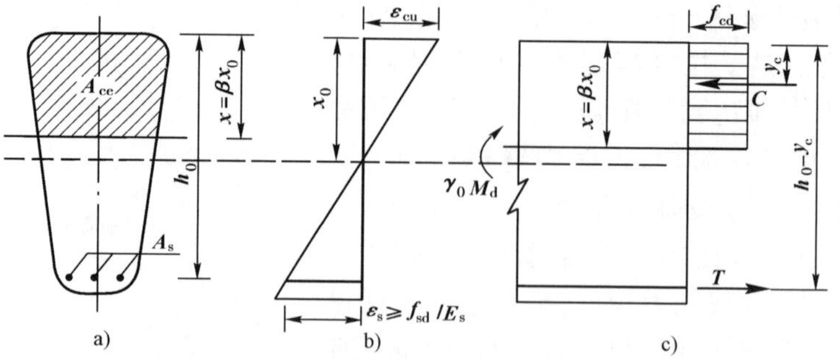

图 3-12 适筋梁正截面承载力计算图

a)断面图;b)应变图;c)应力图

三、最小配筋率和最大配筋率限制

必须指出,式(3-1)、式(3-2)是针对正常配筋的适筋梁的破坏状态导出的,因而截面配筋率必须满足下列要求:

$$\rho_{min} \leq \rho \leq \rho_{max} \tag{3-3}$$

(1)最小配筋率的限制,规定了少筋梁和适筋梁的界限。《桥规》规定,钢筋混凝土受弯构件的受拉钢筋配筋百分率应不小于 $0.45f_{td}/f_{sd}$,同时不应小于 0.2%,此外 f_{td} 为混凝土抗拉强度设计值,f_{sd} 为钢筋的抗拉强度设计值。

$$\rho = A_s/bh_0 \geq \rho_{min} = 0.45f_{td}/f_{sd}(\rho \text{ 不小于 } 0.2\%) \tag{3-4}$$

式中:b——矩形截面的梁宽,T 形截面的腹板宽度;

h_0——截面的有效高度,即纵向受拉钢筋合力作用点至受压边缘的距离,其中 $h_0 = h - a_s$;

a_s——受拉区普通钢筋合力点至受拉区边缘的距离。

(2)最大配筋率限制,规定了适筋梁和超筋梁的界限。对于钢筋和混凝土强度都已确定了的梁来说,总有一个特定的配筋率,使得钢筋应力达到屈服强度(应变达到屈服应变)的同时,受压区混凝土边缘纤维的应变也恰好达到混凝土的抗压极限应变值,通常将这种破坏称为"界限破坏"(图 3-13)。相应于这种破坏的配筋率就是适筋梁的最大配筋率。

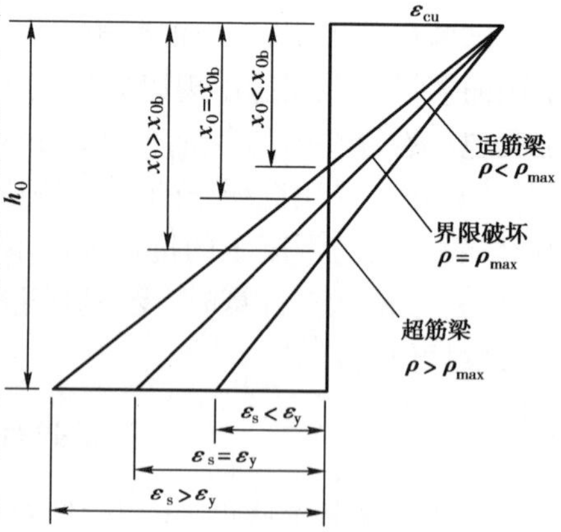

图 3-13 梁截面应变图

从图 3-13 可以看出,限制配筋率 $\rho \leq \rho_{max}$,可以转换为限制应变图变形零点至截面受压边缘的距离(即混凝土受压区曲线形应力图的高度)$x_0 \leq x_{0b}$,进一步转化为限制混凝土受压等效矩形应力图的高度(一般简称混凝土受压区高度):

$$x \leq x_b = \xi_b h_0 \tag{3-5}$$

式中:x_b——相对于"界限破坏"时的混凝土受压区高度;

ξ_b——相对界限受压区高度,又称为混凝土受压区高度界限系数,其数值按表 3-2 采用。

相对界限受压区高度 表 3-2

钢筋种类 \ 混凝土强度等级		相对界限受压区高度 ξ_b C50 及以下	C55、C60	C65、C70	C75、C80
普通钢筋	R235	0.62	0.60	0.58	—
	HRB335	0.56	0.54	0.52	—
	HRB400、KL400	0.53	0.51	0.49	—
预应力钢筋	钢绞线、钢丝	0.40	0.38	0.36	0.35
	精轧螺纹钢筋	0.40	0.38	0.36	—

注:截面受拉区配置不同种类钢筋的受弯构件,其 ξ_b 值应选用相应于各种钢筋的较小者。

第四节 单筋矩形截面受弯构件承载力计算

只在受拉区配置受力钢筋的截面称为单筋截面。单筋矩形截面受弯构件正截面承载力计算是其他复杂形式截面计算的基础。

一、计算图式和基本方程

根据钢筋混凝土受弯构件正截面承载力计算的基本假定,给出单筋矩形截面受弯构件正截面承载力计算图式(图 3-14)。

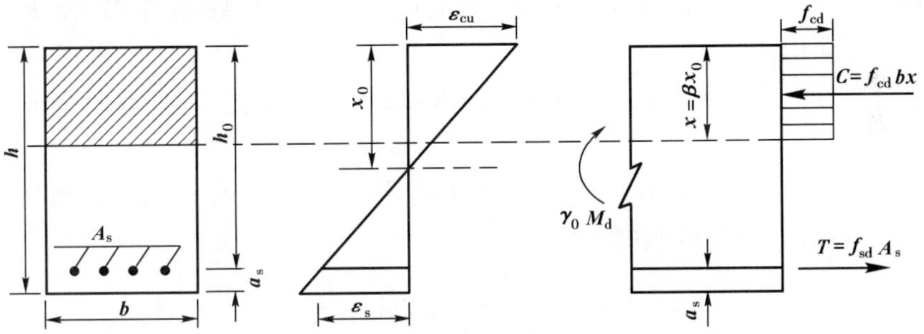

图 3-14 单筋矩形截面受弯构件正截面承载力计算图式

单筋矩形截面受弯构件截面承载力计算公式,可由内力平衡条件求得。

由水平力平衡条件,既 $\sum X=0$ 得:

$$f_{cd}bx=f_{sd}A_s \tag{3-6}$$

由所有的力对受拉钢筋合力作用点力矩为零的平衡条件,即 $\sum M_{As}=0$ 可得:

$$\gamma_0 M_d \leqslant f_{cd}bx\left(h_0-\frac{x}{2}\right) \tag{3-7}$$

由所有的力对受压区混凝土合力作用点力矩为零的平衡条件,限 $\sum M_c=0$ 可得:

$$\gamma_0 M_d \leqslant f_{sd}A_s\left(h_0-\frac{x}{2}\right) \tag{3-8}$$

式中:M_d——弯矩组合设计值;

γ_0——桥梁结构的重要性系数;

f_{cd}——混凝土轴心抗压强度设计值；

f_{sd}——纵向受拉钢筋抗拉强度设计值；

A_s——纵向受拉钢筋的截面面积；

x——混凝土受压区高度；

b——矩形截面宽度；

h_0——截面有效高度，$h_0 = h - a_s$；

h——截面高度；

a_s——纵向受拉钢筋合力作用点至截面受拉边缘的距离。

公式的适用条件：

(1)$\rho = \dfrac{A_s}{bh_0} \geqslant \rho_{min} = 0.45\dfrac{f_{td}}{f_{sd}}$，且不小于0.2%；

(2)$x \leqslant \xi_b h_0$。

二、实用计算方法

在实际设计中，受弯构件正截面承载力计算可分为截面设计和承载能力复核两类问题。

1. 截面设计

根据已知的弯矩组合设计值进行截面设计，常遇到以下两种情况。

(1)截面尺寸已定，根据已知的弯矩组合设计值，选择钢筋截面面积。

【例3-1】 已知：弯矩组合设计值 $\gamma_0 M_d$，截面尺寸 b、h_0，材料性能参数 f_{cd}、f_{sd}、ξ_b。

求：钢筋截面面积 A_s。

解：运用基本方程式(3-6)、式(3-7)或式(3-8)求解此类问题，若只有两个未知数 A_s 和 x，问题是可解的。

首先，由公式(3-7)解二次方程，求得混凝土受压区高度 x，若 $x \leqslant \xi_b h_0$，则将其代入式(3-8)或式(3-6)，求得所需钢筋截面面积：

$$A_s = \frac{\gamma_0 M_d}{f_{sd}\left(h_0 - \dfrac{x}{2}\right)} \text{或} A_s = \frac{f_{cd} b x}{f_{sd}}$$

根据所求得的钢筋截面面积，参照构造要求，选择钢筋直径和根数，布置钢筋，并验算实际配筋率 $\rho = A_s / bh_0 > \rho_{min}$。

若 $x > \xi_b h_0$，应加大截面尺寸或提高混凝土强度等级，或改为双筋截面。

(2)截面尺寸未知，根据已知的弯矩组合设计值，选择截面尺寸和配置钢筋。

【例3-2】 已知：弯矩组合设计值 $\gamma_0 M_d$，材料性能参数 f_{cd}、f_{sd}、ξ_b。

求：截面尺寸 b、h_0 和钢筋截面面积 A_s。

解：前面给出的基本公式(3-6)、式(3-7)和式(3-8)中，只有两个独立方程，而这类问题实际上存在4个未知数(b、h_0、A_s 和 x)，问题的解答有无数个。为了求得一个比较合理的解答，通常是按配筋形式和构造要求，先假定梁宽 b 和配筋率 ρ(对矩形梁，可取 $\rho = 0.006 \sim 0.015$，对板取 $\rho = 0.003 \sim 0.008$)，或直接选取一个 ξ 值[一般可取$(0.3 \sim 0.7)\xi_b$]。这样就只剩下两个未知数(h_0 和 A_s)，问题是可解的。

将 $x=\xi h_0$代入公式(3-7),求得梁的有效高度为:

$$h_0=\sqrt{\frac{\gamma_0 M_d}{\xi(1-0.5\xi)f_{cd}b}}$$

式中的 ξ 值根据假设的配筋率由公式计算 $\xi=\rho f_{sd}/f_{cd}$,亦可按直接假定值代入。

梁的高度 $h_0=h-a_s$(式中 a_s为钢筋合力作用点至截面下边缘的距离,布置一排钢筋时,取 $a_s\approx40\sim50$mm,布置二排钢筋时,取 $a_s\approx65$mm),梁高应模数化取整数,再由调整后的梁高求出 h_0。

所需钢筋截面面积可由公式(3-8)近似求得:

$$A_s=\frac{\gamma_0 M_d}{f_{sd}(h_0-\frac{x}{2})}$$

式中:h_0——截面尺寸调整后的实际有效梁高度。

应该指出,从理论上讲,截面尺寸调整后,混凝土受压区高度 x 值亦发生了变化,因而按上式求得的钢筋截面面积是近似的。对于这种情况,梁高调整后截面尺寸即为已知,钢筋截面面积的精确值确定,应按前面介绍的情况(1)的步骤进行。

2. 承载能力复核

承载能力复核是对初步设计好的截面进行承载力计算,判断其安全程度。

【例 3-3】 已知:截面尺寸 b、h_0,钢筋截面面积 A_s,材料性能参数 f_{cd}、f_{sd}、ξ_b,弯矩组合设计值 $\gamma_0 M_d$。

求:截面所能承受的弯矩设计值 M_{du},并判断其安全程度。

解:首先验算配筋率,若 $\rho=A_s/bh_0>\rho_{min}$,再由公式(3-6)求混凝土受压区高度

$$x=f_{sd}A_s/(f_{cd}b)$$

若 $x\leqslant\xi_b h_0$,则将其代入公式(3-7)或式(3-8)求得截面所能承受的弯矩设计值

$$M_{du}=f_{cd}bx(h_0-\frac{x}{2})$$

或

$$M_{du}=f_{sd}A_s(h_0-\frac{x}{2})$$

若截面所能承受的弯矩设计值大于截面应承受的弯矩组合设计值,即 $M_{du}>\gamma_0 M_d$,则说明该截面的承载力是足够的,结构是安全的。

若按公式(3-6)求得的 $x>\xi_b h_0$,说明该截面配筋已超出适筋梁的范围,应修改设计,适当增加梁高或提高混凝土强度等级,或改为双筋截面。

在实际设计中,当出现 $x>\xi_b h_0$的个别情况需按超筋梁进行强度复核时,该截面所能承受的弯矩设计值 M_{du},应按公式(3-1)给出的正截面承载力计算通用公式计算。

【例 3-4】 已知:矩形截面尺寸 $b\times h$ 为 250mm×500mm,承受的弯矩组合设计值 $M_d=136$kN·m,结构重要性系数 $\gamma_0=1$;拟采用 C25 混凝土,HRB335 钢筋。

求:所需钢筋截面面积 A_s。

解:根据拟采用的材料查得:$f_{cd}=11.5$MPa,$f_{td}=1.23$MPa,$f_{sd}=280$MPa,$\xi_b=0.56$。梁的有效高度 $h_0=500-40=460$mm(按布置一排钢筋估算,即令 $a_s=40$mm)。

首先由公式(3-7)求解受压区高度 x 即得：

$$\gamma_0 M_d = f_{cd} b x \left(h_0 - \frac{x}{2} \right)$$

$$136 \times 10^6 = 11.5 \times 250 x (460 - \frac{x}{2})$$

展开为 $x^2 - 920x + 94608.7 = 0$

解得 $x = 117.96\text{mm} < \xi_b h_0 = 0.56 \times 460 = 257.6\text{mm}$。将所得 x 值代入公式(3-6)，求得所需钢筋截面面积为：

$$A_s = \frac{f_{cd} b x}{f_{sd}} = 11.5 \times 250 \times \frac{117.96}{280} = 1211.2\text{mm}^2$$

查表 3-3 选取 4 ϕ20(外径 22.7mm)提供的钢筋截面面积 $A_s = 1256\text{mm}^2$，钢筋按一排布置，所需截面最小宽度 $b_{min} = 2 \times 30 + 4 \times 22.7 + 3 \times 30 = 240.8\text{mm} < b = 250\text{mm}$。

钢筋公称截面面积表 表 3-3

公称直径(mm)	截面面积(mm^2)	外径(mm)	公称直径(mm)	截面面积(mm^2)	外径(mm)
6	28.27		22	380.10	
8	50.27		25	490.90	
10	78.54		28	615.80	
12	113.10		32	804.20	
14	153.90		36	1018.00	
16	201.10		40	1257.00	
18	254.50		50	1964.00	
20	314.20	22.7			

梁的实际有效高度为 $h_0 = 500 - (30 + 22.7/2) = 458.7\text{mm}$

梁的实际配筋率为 $\rho = A_s / bh_0 = 1256/250458.7 = 0.01095 > \rho_{min} = 0.45 f_{td}/f_{sd} = 0.45 \times 1.23/280 = 0.00197 \approx 0.002$。

【例 3-5】 有一计算跨径为 2.15m 的人行道板，承受的人群荷载为 3.5kN/m^2，板厚为 80mm，下缘配置的 R235 钢筋，间距为 130mm，混凝土强度等级为 C20(图 3-15)。试复核正截面承载力，验算构件是否安全。

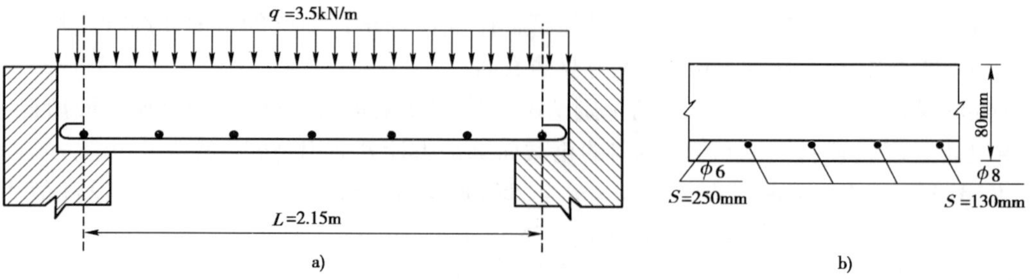

图 3-15 人行道板配筋示意图

解：取板宽 $b = 1000\text{mm}$ 的板条作为计算单元，板的重力密度取 25kN/m^3，自重荷载集度

$$g = 25 \times 10^3 \times 0.08 = 2000\text{N/m}$$

由自重荷载和人群荷载标准值产生的跨中截面的弯矩为：

$$M_{GK} = \frac{1}{8}gL^2 = \frac{1}{8} \times 2000 \times 2.15^2 = 1155.6\text{N} \cdot \text{m}$$

$$M_{QK} = \frac{1}{8}qL^2 = \frac{1}{8} \times 3500 \times 2.15^2 = 2022.3\text{N} \cdot \text{m}$$

考虑荷载分项系数后的弯矩组合设计值为：

$$M_d = 1.2M_{GK} + 1.4M_{QK} = 1.2 \times 1155.6 + 1.4 \times 2022.3 = 4218.02\text{N} \cdot \text{m}$$

取结构重要性系数 $\gamma_0 = 0.9$，则得：

$$\gamma_0 M_d = 0.9 \times 4218.02 = 3796.2\text{N} \cdot \text{m}$$

按给定的材料查得：$f_{cd} = 9.2\text{MPa}$，$f_{td} = 1.06\text{MPa}$，$f_{sd} = 195\text{MPa}$，$\xi_b = 0.62$；受拉钢筋为 $\phi 8$，间距 $S = 130\text{mm}$ 每米宽度范围内提供的钢筋截面面积 $A_s = 387\text{mm}^2$，板宽 $b = 1000\text{mm}$，板的有效高度 $h_0 = 80 - (20 + 8/2) = 56\text{mm}$。截面的配筋率 $\rho = A_s/bh_0 = 387/1000 \times 56 = 0.0069 > \rho_{min} = 0.45 \times \frac{1.06}{195} = 0.00245$，满足最小配筋率要求。

由公式(3-6)求受压区高度

$$x = \frac{f_{sd}A_s}{f_{cd}b} = \frac{195 \times 387}{9.2 \times 1000} = 8.2\text{mm} \leqslant \xi_b h_0 = 0.62 \times 56 = 34.7\text{mm}$$

将所得 x 值代入公式(3-7)，求得截面所能承受的弯矩组合设计值为：

$$\begin{aligned} M_{du} &= f_{cd}bx\left(h_0 - \frac{x}{2}\right) \\ &= 9.2 \times 1000 \times 8.2 \times \left(56 - \frac{8.2}{2}\right) = 39115336\text{N} \cdot \text{mm} \\ &= 3915.3\text{N} \cdot \text{m} > \gamma_0 M_d = 3796.2\text{N} \cdot \text{m} \end{aligned}$$

计算结果表明，该构件正截面承载力是足够的。

根据已知条件和设计要求，正确的选择和确定未知数，灵活运用基本方程式，解决承载力计算问题是十分有帮助的。

● 第五节　双筋矩形截面受弯构件承载力计算 ●

一、概　　述

双筋截面系指除受拉钢筋外，在截面受压区亦布置受压钢筋的截面。当构件的截面尺寸受到限制，采用单筋截面出现 $x > \xi_b h_0$ 时，则应设置一定的受压钢筋来协助混凝土承担部分压力，这样就构成双筋截面。此外某些构件截面需要承受正、负弯矩时，也需要采用双筋截面。

必须指出，从理论上分析采用受压钢筋协助混凝土承担压力是不经济的。在实际工程中，由于梁高过低需要设置受压钢筋的情况也不多。但是从使用性能上看，双筋截面梁能增强截面的延性，提高结构的抗振性能，有利于防止结构的脆性破坏。此外，由于受压钢筋的存在，可以减少长期荷载效应作用下的变形。从这种意义上讲，采用双筋截面还是适宜的。

设计双筋截面在结构上应注意的是必须设置闭合箍筋，其间距一般不超过受压钢筋直径的 15 倍，以防止受压钢筋压屈，引起保护层混凝土剥落。

二、计算图式和基本方程

双筋截面梁破坏时的受力特点与单筋截面梁相似，其计算图式如图 3-16 所示，其中除受压钢筋的应力取钢筋抗压强度设计值f'_{sd}以外，其余各项均与单筋截面梁相同。

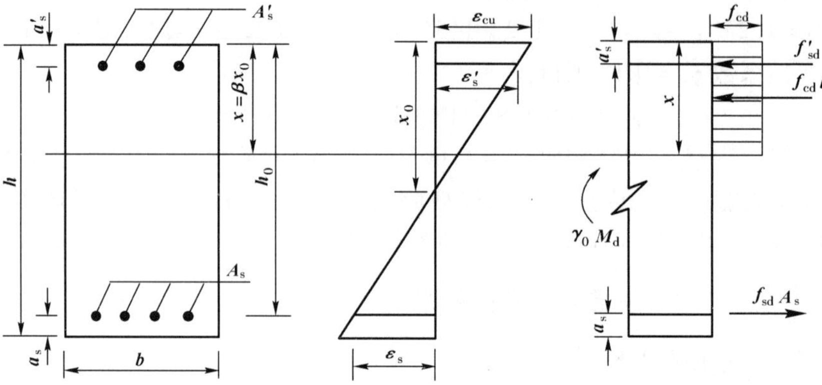

图 3-16　双筋矩形截面受弯构件正截面承载力计算图示

双筋矩形截面受弯构件正截面承载力计算公式，可由内力平衡条件求得。由水平力平衡条件，即$\sum X=0$，得：

$$f_{cd}bx+f'_{sd}A'_s=f_{sd}A_s \tag{3-9}$$

由所有的力对受拉钢筋合力作用点取矩的平衡条件，即$\sum M_{As}=0$，得：

$$\gamma_0 M_d \leqslant f_{cd}bx\left(h_0-\frac{x}{2}\right)+f'_{sd}A'_s(h_0-a'_s) \tag{3-10}$$

由所有的力对受压钢筋合力作用点取矩的平衡条件，即$\sum M_{As}=0$，得

$$\gamma_0 M_d \leqslant -f_{cd}bx\left(\frac{x}{2}-a'_s\right)+f_{sd}A_s(h_0-a'_s) \tag{3-11}$$

应用上述公式时，必须满足下列条件：

(1)$x\leqslant\xi_b h_0$；

(2)$x\geqslant 2a'_s$。

上述第一个限制条件与单筋截面梁相同，是为了保证梁的破坏从受拉钢筋屈服开始，防止梁发生脆性破坏；第二个限制条件是为了保证在极限状态下，受压钢筋的应力能达到其抗压强度设计值，若$x<2a'_s$，表明受压钢筋离中性轴太近，梁破坏时受压钢筋的应变不能充分发挥，其应力达不到抗压强度设计值。

三、实用计算方法

利用公式(3-9)～公式(3-11)进行双筋截面受弯构件正截面承载力计算，亦可分为截面设计和承载能力复核两种情况。

1. 截面设计

在进行双筋截面配筋设计时，可能会遇到以下两种情况：

1）受压钢筋截面面积 A'_s 已知

在某些情况下，为了改善梁的工作性能，即使梁高不受限制，在受压区亦可设置一定的受压钢筋。这时，受压钢筋可按构造要求布置。对于这种情况，只剩下两个未知数（A_s和 x），问题是可解的。

首先，假设 a_s并求出 h_0，再由公式（3-10）解二次方程，求得混凝土受压区高度 x，若 $2a'_s \leqslant x \leqslant \xi_b h_0$，则将其代入公式（3-11），求得受拉钢筋截面面积 A_s；若 $x > \xi_b h_0$，说明所假定的 A'_s过小，应适当增大 A'_s，再重新计算。

2）受拉钢筋截面面积 A_s和受压钢筋截面面积 A'_s均为未知

对于这种情况，显然应假设混凝土受压区高度 x（注意，计算时应先假设 a'_s和 a_s）。

设计双筋截面的基本出发点，是首先充分发挥混凝土的抗压强度和钢筋的抗拉作用，按 $x = \xi_b h_0$求得该截面所能承受的弯矩值，对超出部分无法承担的内力，再考虑由受压钢筋和部分受拉钢筋来承担。换句话说，按充分利用混凝土抗压强度的原则设计双筋截面，应假设 $x = \xi_b h_0$。

将 $x = \xi_b h_0$分别代入公式（3-12）和公式（3-13），求得所需的受拉钢筋截面面积 A_s 和受压钢筋截面面积 A'_s。

由公式（3-10）得：

$$A'_s = \frac{\gamma_0 M_d - f_{cd} b x (h_0 - \frac{x}{2})}{f_{sd}(h_0 - a'_s)} \tag{3-12}$$

由公式（3-11）得：

$$A_s = \frac{\gamma_0 M_d + f_{cd} b x (\frac{x}{2} - a'_s)}{f_{sd}(h_0 - a'_s)} \tag{3-13}$$

2. 承载力复核

承载力复核，是对已经设计好的截面进行承载力计算，判断其安全程度。

这时，应首先由式（3-9）计算混凝土受压区高度为：

$$x = \frac{f_{sd} A_s - f'_{sd} A'_s}{f_{cd} b}$$

若满足 $2a'_s \leqslant x \leqslant \xi_b h_0$的限制条件，则将其代入公式（3-10），求得截面所能承受的弯矩设计值为：

$$M_{du} = f_{cd} b x (h_0 - \frac{x}{2}) + f'_{sd} A'_s (h_0 - a'_s)$$

若所求得的截面所能承受的弯矩设计值大于该截面实际承受的弯矩组合设计值，即 $M_{du} > \gamma_0 M_d$，说明该截面的承载力是足够的，结构是安全的。

若按公式（3-9）求得的 $x < 2a'_s$，是因受压钢筋离中性轴太近，受压钢筋变形不能充分发挥，应力达不到抗压强度设计值。这时，截面所能承受的弯矩设计值，可由下列近似公式计算得：

$$M_{du} = f_{sd} A_s (h_0 - a'_s) \tag{3-14}$$

公式（3-14）是假定受压混凝土的合力点与受压钢筋合力点重合，以该点为矩心取矩建立的，可用于受压区边缘钢筋保护层厚度不大的一般情况下的承载力计算。当截面受压边缘钢筋的保护层厚度较大时，受压钢筋的应力可参照第五章给出的由平截面假设导出的截面任意位置上纵向钢筋应力计算公式确定。

【例 3-6】 有一截面尺寸为 250mm × 600mm 的矩形梁，所承受的最大弯矩组合设计值 $M_d = 400\text{kN}\cdot\text{m}$，结构重要性系数 $\gamma_0 = 1$。拟采用 C30 混凝土、HRB400 钢筋，$f_{cd} = 13.8\text{MPa}$，$f_{sd} = 330\text{MPa}$，$f'_{sd} = 330\text{MPa}$，$\xi_b = 0.53$。试选择截面配筋，并复核正截面承载能力。

解：假设 $a = 70\text{mm}$，$a'_s = 40\text{mm}$，则 $h_0 = 600 - 70 = 530\text{mm}$

首先，求 $x_b = \xi_b h_0 = 0.53 \times 530 = 280.9\text{mm}$ 的截面所能承受的最大弯矩组合设计值 M_{db}，判断截面配筋类型：

$$M_{db} = f_{cd} b x_b \left(h_0 - \frac{x_b}{2}\right)$$

$$= 1.38 \times 250 \times 280.9 \times \left(530 - \frac{280.9}{2}\right) = 377.51 \times 10^6\ \text{N}\cdot\text{mm}$$

$$= 377.51\text{kN}\cdot\text{mm} < \gamma_0 M_d = 400\text{kN}\cdot\text{mm}$$

故应按双筋截面设计。

从充分利用混凝土抗压强度出发，取 $x = \xi_b h_0 = 0.53 \times 530 = 280.9\text{mm}$，将其分别代入公式(3-10)和公式(3-11)得：

$$A'_s = \frac{\gamma_0 M_d - f_{cd} b x \left(h_0 - \frac{x}{2}\right)}{f'_{sd}(h_0 - a'_s)}$$

$$= \frac{400 \times 10^6 - 13.8 \times 250 \times 280.9 \times \left(530 - \frac{280.9}{2}\right)}{330 \times (530 - 40)} = 139.08\text{mm}^2$$

$$A_s = \frac{\gamma_0 M_d + f_{cd} b x \left(\frac{x}{2} - a'_s\right)}{f_{sd}(h_0 - a'_s)}$$

$$= \frac{400 \times 10^6 + 13.8 \times 250 \times 280.9 \times \left(\frac{280.9}{2} - 40\right)}{330 \times (530 - 40)} = 3075.57\text{mm}^2$$

受压钢筋选 2 φ 12（外径 13.9mm），供给的面积 $A'_s = 226\text{mm}^2$，$a'_s = 30 + 13.9/2 = 37\text{mm}$。

受拉钢筋选 8 φ 22（外径 25.1mm），供给的面积 $A_s = 3041\text{mm}^2$，布置成两排，所需截面最小宽度 $b_{min} = 2 \times 30 + 4 \times 25.1 + 3 \times 30 = 250\text{mm} = b = 250\text{mm}$

$$a_s = 30 + 25.1 + 30/2 = 70.1\text{mm}$$

$$h_0 = 600 - 70.1 = 529.9\text{mm}$$

按实际配筋情况复核截面承载能力。

此时，应由公式(3-9)计算混凝土受压区高度为：

$$x = \frac{f_{sd} A_s - f'_{sd} A'_s}{f_{cd} b}$$

$$= \frac{330 \times 3041 - 330 \times 226}{13.8 \times 250} = 269.26\text{mm} < \xi_b h_0 = 0.53 \times 529.9$$

$$= 280.85\text{mm} > 2a'_s = 2 \times 37 = 74\text{mm}$$

该截面所能承受的弯矩设计值由公式(3-10)求得：

$$M_{du}=f_{cd}bx(h_0-\frac{x}{2})+f'_{sd}A'_s(h_0-a'_s)$$

$$=13.8\times250\times269.26(529.9-\frac{269.26}{2})+330\times226(529.9-37)$$

$$=403.95\times10^6\ \text{N}\cdot\text{mm}=403.95\text{kN}\cdot\text{m}>\gamma_0M_d=400\text{kN}\cdot\text{m}$$

计算结果表明，截面承载力是足够的。

●第六节　T形截面受弯构件承载力计算●

一、概　　述

钢筋混凝土受弯构件常采用肋形结构，如桥梁结构中的桥面板和支承的梁通常是浇筑成整体，形成平板下有若干梁肋的结构，即肋形结构。在荷载作用下，板与梁共同弯曲。当承受正弯矩时，梁上部受压，位于受压区的翼板参与工作，而成为梁有效截面的一部分，梁的截面(图3-17a))，当承受负弯矩时，梁上部受拉，位于梁上部的板受拉后，混凝土开裂，不起受力作用，梁有效截面仍为矩形截面(图3-17b))。换句话说，判断一个截面在计算时是否属于T形截面，不是看截面本身的形状，而是由混凝土受压区的形状而定。从这种意义上讲，I形、Π形、箱形和空心板梁，在承受正弯矩时，混凝土受压区的形状与T形截面相似，在计算正截面承载力时均可按T形截面处理。中间带有圆孔的空心板梁，在计算正截面承载力时，也可将其换算为等效的工字形截面处理。

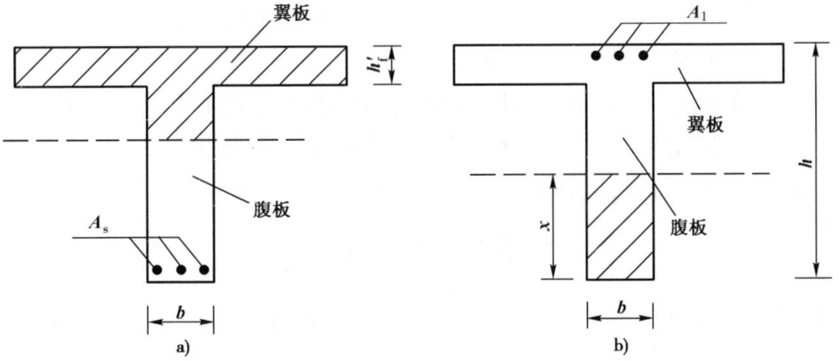

图3-17　T形截面示意图

T形截面梁由腹板和翼缘组成，主要依靠翼缘承担压力，钢筋承担拉力，通过腹板将受压区混凝土和受拉钢筋联系在一起共同工作。

从弹性力学分析得知，T形截面梁承受荷载产生弯曲变形时，在翼缘宽度方向纵向压应力的分布是不均匀的，离腹板越远压应力越小，其分布规律主要取决于截面和梁跨径的相对尺寸以及荷载形式。试验表明，在构件接近破坏时，由于塑性变形的发展，翼缘的实际应力分布要比弹性分析结果均匀一些。在实际工程中，对现浇的T形梁，有时翼缘很宽，考虑到远离腹板处翼缘的压应力很小，故在设计中把翼缘的工作宽度限制在一定范围内，一般称为翼缘的有效

宽度 b_f',并假定在 b_f'范围内压应力是均匀分布的(图 3-18)。《桥规》规定,T 形截面梁的翼缘有效宽度 b_f',应按下列规定采用:

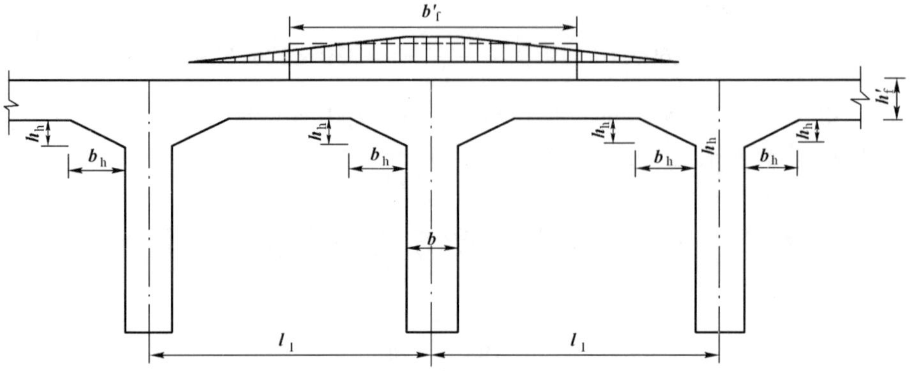

图 3-18 T 形截面梁受压翼缘的计算宽度

(1)内梁的翼缘有效宽度取下列三者中的最小值。

①对于简支梁,取计算跨径的 1/3。对于连续梁,各中间跨正弯矩区段,取该计算跨径的 0.2 倍;边跨正弯矩区段,取该跨计算跨径的 0.27 倍;各中间支点负弯矩区段,取该支点相邻两计算跨径之和的 0.07 倍。

②相邻两梁的平均间距。

③$b+2b_h+12h_f'$,此处 b 为梁腹板宽度,b_h 为承托长度,h_f' 为受压区翼缘悬出板的厚度。当 $h_h/b_h<1/3$ 时,上式 b_h应以 $3h_h$代替,此处 h_h为承托根部厚度。

(2)外梁翼缘的有效宽度是相邻内梁翼缘有效宽度的一半,加上腹板宽度的 1/2,再加上外侧悬臂板平均厚度的 6 倍或外侧悬臂板实际宽度两者中的较小者。

还应指出,T 形梁的翼缘参与主梁工作是靠翼缘与腹板连接处的水平抗剪强度来保证的,为此,与腹板连接处的翼缘厚度不能太小。《桥规》规定,T 形和工形截面梁翼缘与腹板连接处的翼缘厚度应不小于梁高的 1/10。如设置承托(图 3-18),翼缘厚度可计入承托加厚部分厚度 $h_h=\tan\alpha\cdot b_h$,其中 b_h 为承托长度,$\tan\alpha$ 为承托底坡,当 $\tan\alpha$ 大于 1/3 时,取用 $h_h=b_h/3$。

二、计算图式与基本方程

试验研究表明,T 形截面受弯构件的破坏状态其正截面抗弯承载力计算图式与矩形截面梁相同。

为了叙述问题的方便,图 3-19 给出了双筋 T 形截面受弯构件正截面承载力计算图式。

T 形截面的计算,按中性轴所在位置不同分为两种类型:

(1)第一种类型,中性轴位于翼缘内,即 $x\leqslant h_f'$,混凝土受压区为矩形,中性轴以下部分的受拉混凝土不起作用,故这种类型的 T 形截面与宽度为 h_f'的矩形截面的正截面承载力完全相同。其正截面承载力计算公式,可由内力平衡条件求得(图 3-19a)。

由水平力平衡条件,即 $\sum X=0$,得:

$$f_{cd}b_f'x+f_{sd}'A_s'=f_{sd}A_s \tag{3-15}$$

由所有力对受拉钢筋合力作用点取矩的平衡条件,即 $\sum M_{A_s}=0$,得:

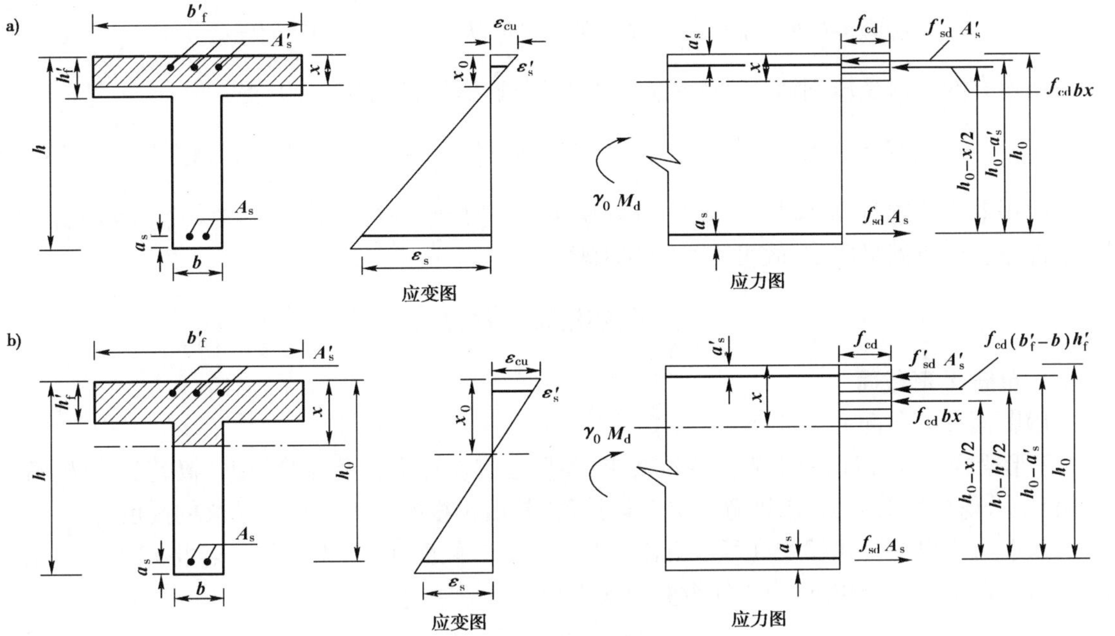

图 3-19 双筋 T 形截面受弯构件正截面承载能力计算图示

$$\gamma_0 M_d \leqslant f_{cd} b_f x\left(h_0-\frac{x}{2}\right)+f_{sd} A'_s\left(h_0-a'_s\right) \tag{3-16}$$

由所有的力对受压区混凝土合力作用点取矩的平衡条件，即 $\sum M_c=0$，得：

$$\gamma_0 M_d \leqslant f_{sd} A_s\left(h_0-\frac{x}{2}\right)+f'_{sd} A'_s\left(\frac{x}{2}-a'_s\right) \tag{3-17}$$

应用上述公式时，原则上应满足下列条件：

①$x \leqslant \xi_b h_0$；

②$x \geqslant 2a'$；

③$\rho=A_s/bh_0 \geqslant \rho_{min}$。

对于 $x \leqslant h'_f$ 的情况，一般均能满足 $x \leqslant \xi_b h_0$ 的限制条件，故可不必作判别验算。

应特别指出的是验算第一种类型 T 形截面的最小配筋限制时，配筋率 ρ 是相对于腹板宽度计算的，即 $\rho_s=A_s/bh_0$，而不是相对于 $b'_f h_0$ 的配筋率。前已指出，最小配筋率 ρ_{min} 是根据按 I_a 阶段应力图形计算的素混凝土梁的破坏弯矩，与按第 III 阶段应力图计算的同截面钢筋混凝土梁的破坏弯矩相等的条件得出的。计算表明，腹板宽度为 b、梁高度为 h 的 T 形截面素混凝土梁的破坏弯矩，比宽度为 b、梁高为 h 的矩形截面素混凝土梁的破坏弯矩提高不多。为简化计算，并考虑以往设计经验，此处 ρ_{min} 仍取用矩形截面的数值。

（2）第二种类型是中性轴位于腹板内，即 $x>h'_f$，混凝土受压区为 T 形，其正截面承载力计算公式，可由内力平衡条件求得（图 3-19b）。

由水平力平衡条件，即 $\sum X=0$，得：

$$f_{cd} bx+f_{cd}\left(b'_f-b\right) h'_f+f'_{sd} A'_s=f_{sd} A_s \tag{3-18}$$

由所有的力对受拉钢筋合力作用点取矩的平衡条件，即 $\sum M_{As}=0$，得：

$$\gamma_0 M_d \leqslant f_{cd} bx(h_0 - \frac{x}{2}) + f_{cd}(b'_f - b)h'_f(h_0 - \frac{h'_f}{2}) + f'_{sd}A'_s(h_0 - a'_s) \tag{3-19}$$

由所有的力对受压钢筋合力作用点取矩的平衡条件，即$\sum M_{A's}=0$，得：

$$\gamma_0 M_d \leqslant -f_{cd} bx(\frac{x}{2} - a'_s) - f_{cd}(b'_f - b)h'_f(\frac{h'_f}{2} - a'_s) + f_{sd}A_s(h_0 - A'_s) \tag{3-20}$$

应用上述公式时，应满足 $x \leqslant \xi_b h_0$ 的限制条件。对于 $x > h_f'$ 的情况，$x \geqslant 2a'_s$ 和 $\rho > \rho_{min}$的限制条件一般均能满足要求，故可不必作判别验算。

三、实用设计方法

1. 单筋 T 形截面

1）截面设计与配筋

T 形梁的截面设计，通常先按构造要求，参照已有设计资料及经验数据（高跨比 h/L）确定截面尺寸，计算恒截内力，求得弯矩组合设计值，然后再根据受力要求调整梁的高度。

从前面给出的公式(3-19)可以看出，对单筋 T 形截面而言（$A'_s=0$），若将式中的 x 值以 ξh_0 代入，即求得一个以 h_0 为未知数的二次方程：

$$Ah_0^2 + Bh_0 + C = 0 \tag{3-21}$$

式中：$A = f_{cd} b\xi(1 + 0.5\xi)$

$B = f_{cd}(b'_i - b)h'_f$

$C = \gamma_0 M_d + \frac{1}{2} f_{cd}(b'_f - b)h'^2_f$

为了保证梁的塑性破坏性质，可在$(0.3 \sim 0.8)\xi_b$的范围内，选取一个适当的 ξ 值，代入公式(3-21)，解二次方程，求得梁的有效高度 h_0。

梁的实际高度 $h = h_0 + a_s$，式中 a_s 为受拉钢筋合力作用点至截面受拉边缘的距离，采用单根配筋，布置一排钢筋时，假设 $a_s \approx 40 \sim 50$mm，布置二排钢筋时，假设 $a_s \approx 60 \sim 70$mm；采用焊接骨架时，假设 $a_s \approx 70 \sim 100$mm。梁高应取整数，并按调整后的梁高和预估的 a_s值，重新计算梁的有效高度 h_0。若求得的梁高与假设梁高相差较大，应重新计算恒载内力，并对梁高再作适当调整。

截面尺寸确定后，配筋设计可按以下步骤进行。

首先应确定中性轴位置，判断截面类型。但是，由于钢筋截面面积未知，混凝土受压区高度无法求出。这时可利用 $x = h'_f$ 的界限条件来判断截面类型。显然，若满足

$$\gamma_0 M_d \leqslant f_{cd} b'_f h'_f(h_0 - \frac{h'_f}{2}) \tag{3-22}$$

则 $x \leqslant h'_f$，中性轴位于翼板内，即属于第一类 T 形，就按矩形截面计算。反之，若

$$\gamma_0 M_d > f_{cd} b'_f h'_f(h_0 - \frac{h'_f}{2}) \tag{3-23}$$

则 $x > h'_f$，中性轴位于腹板内，即属于第二类 T 形，就按 T 形截面计算。

当为第一类 T 形梁（$x \leqslant h'_f$）时，首先由公式(3-16)（令 $A'_s=0$），解二次方程，求得混凝土受压区高度 x，若 $h'_f < x \leqslant \xi_b h_0$，则将其代入公式(3-17)，求得受拉钢筋截面面积 A_s，选择和布置钢

钢筋，并验算截面最小配筋率。

当为第二类 T 梁（$x > h_f'$）时，首先由公式（3-19）（令 $A_s' = 0$），解二次方程，求得混凝土受压区高度 x，若 $h_f' < x \leqslant \xi_b h_0$，则将其代入公式（3-20），求得受拉钢筋截面面积 A_s，选择和布置钢筋，并验算截面最小配筋率。

2）承载能力复核

对已经设计好的 T 形截面梁进行正截面承载能力复核，可按下列步骤进行：

首先应确定中性轴位置，判断截面类型。对于已经设计好的截面，钢筋截面面积已知，可利用下列条件判断截面类型。若满足下列条件：

$$f_{cd} b_f' h_f' \geqslant f_{sd} A_s \tag{3-24}$$

表明钢筋所承担的拉力不大于全部受压翼板内混凝土压力的合力，则 $x \leqslant h_f'$，即属于第一类 T 形；反之，$x > h_f'$，即属于第二类 T 形。

承载能力复核时，亦可不必预先判断截面类型，先按第一类 T 形计算，由公式（3-15）确定混凝土受压区高度 x，若满足

$$x = \frac{f_{sd} A_s}{f_{cd} b_f'} \leqslant h_f'$$

说明假设按第一类 T 形计算是正确的。若同时满足 $\rho = A_s / b h_0 > \rho_{min}$ 的要求，将所得 x 值，代入公式（3-16）或公式（3-17），求得该截面所能承受的弯矩设计值 M_{du}。若 $M_{du} > \gamma_0 M_d$，说明该截面的承载力是足够的。

若按第一类 T 形计算，由公式（3-15）确定的混凝土受压区高度 $x > h_f'$，说明假设为第一类 T 形是错误的。这时应改为按第二类 T 形计算，由公式（3-15）重新确定混凝土受压区高度 x，若 $h_f' < x \leqslant \xi_b h_0$，则将其代入公式（3-19）或公式（3-8），计算该截面所能承担的弯矩设计值 M_{du}。若 $M_{du} > \gamma_0 M_d$ 说明该截面的承载力是足够的。

2. 双筋 T 形截面

T 形截面由于翼缘的作用，受压区面积较大，一般情况下，混凝土可以承担足够的压力，而不必设置受压钢筋。由于因混凝土压力不足，需采用双筋 T 形截面的情况在实际工程中很少遇到。双筋 T 形（特别是工字形和箱形）截面主要用于承受正、负变号弯矩，这时，底层受拉钢筋 A_s 应按承受正弯矩的受力要求确定；上层受拉钢筋 A_s' 应按承受负弯矩的受力要求确定。承载能力复核时，则应按双筋 T 形截面计算，分别考虑正、负两种荷载效应组合情况。

【例 3-7】 T 形截面梁截面尺寸如图 3-20 所示，所承受的弯矩组合设计值 $M_d = 580\text{kN} \cdot \text{m}$，结构重要性系数 $\gamma_0 = 1.0$。拟采用 C30 混凝土，HRB400 钢筋，$f_{cd} = 13.8\text{MPa}$，$f_{td} = 1.39\text{MPa}$，$f_{sd} = 330\text{MPa}$，$\xi_b = 0.53$。试选择钢筋，并复核正截面承载能力。

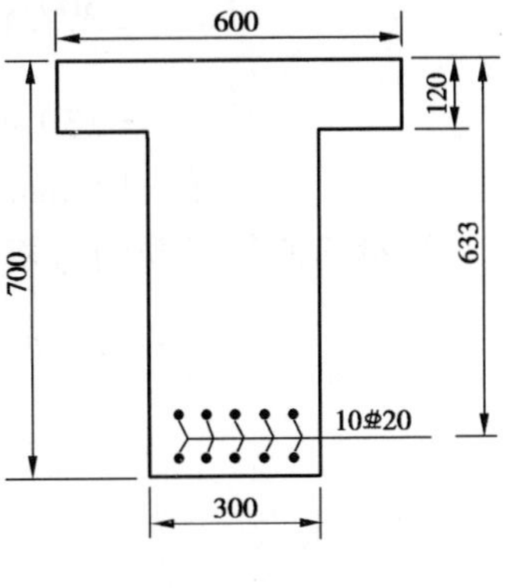

图 3-20　T 形梁截面尺寸及配筋（尺寸单位：mm）

解：按受拉钢筋布置成两排估算 $a_s = 70\text{mm}$，梁的有效高度 $h_0 = 700 - 70 = 630\text{mm}$。梁的翼缘有效宽度 $b_f' = b + 12h_f' = 300 + 12 \times 120 = 1740\text{mm} > 600\text{mm}$，故取 $b_f' = 600\text{mm}$。

首先由公式（3-22）判断截面类型，当 $x = h_f'$ 时，截面所能承受

的弯矩设计值为

$$f_{cd}b_f'h_f'\left(h_0-\frac{h_f'}{2}\right)=13.8\times600\times120\times\left(630-\frac{120}{2}\right)=566.3\times10^6\mathrm{N\cdot mm}$$

$$=566.3\mathrm{kN\cdot m}<\gamma_0M_d=580\mathrm{kN\cdot m}$$

故应按 $x>h_f'$的 T 形截面计算。

这时,应由公式(3-19)(令 $A_s'=0$)求得混凝土受压区高度 x,即

$$\gamma_0M_d=f_{cd}bx\left(h_0-\frac{x}{2}\right)+f_{cd}(b_f'-b)h_f'\left(h_0-\frac{h_f'}{2}\right)$$

$$580\times10^6=13.8\times300x\left(630-\frac{x}{2}\right)+13.8\times(600-300)\times120\times\left(630-\frac{120}{2}\right)$$

展开整理后得:

$$x^2-1260x+143393.23=0$$

解得:$x=126.5\mathrm{mm}>h_f'=120\mathrm{mm}$,且 $x<\xi_bh_0=0.53\times630=333.9\mathrm{mm}$

将所得 x 代入公式(3-18)得:

$$A_s=\frac{f_{cd}bx+f_{cd}(b_f'-b)f_h'}{f_{sd}}$$

$$=\frac{13.8\times300\times126.5+13.8\times(600-300)\times120}{330}$$

$$=3092.45\mathrm{mm}^2$$

选择 10 Φ 20(外径 22.7mm),供给的钢筋截面面积 $A_s=3142\mathrm{mm}^2$,10 根钢筋布置成两排,每排 5 根,所需截面最小宽度 $b_{min}=2\times30+5\times22.7+4\times30=293.5\mathrm{mm}<b=300\mathrm{mm}$,受拉钢筋合力作用点至梁下边缘的距离 $a_s=30+22.7+30/2=67.7\mathrm{mm}$,梁的实际有效高度 $h_0=700-67.7=632.3\mathrm{mm}$。

对上述已设计好截面进行承载能力复核时,应按梁的实际配筋情况,由公式(3-16)计算混凝土受压区高度 x,即得:

$$x=\frac{f_{sd}A_s-f_{cd}(b_f'-b)hA_f'}{f_{sdb}}$$

$$=\frac{300\times3142-13.8\times(600-300)\times120}{13.8\times330}$$

$$=130.45\mathrm{mm}$$

$$h_f'=120\mathrm{mm}<x=130.45\mathrm{mm}<\xi_bh_0=0.53\times632.3=335.1\mathrm{mm}$$

该截面所能承受的弯矩设计值为:

$$M_{du}=f_{cd}bx\left(h_0-\frac{x}{2}\right)+f_{cd}(b_f'-b)h_f'\left(h_0-\frac{h_f'}{2}\right)$$

$$=13.8\times300\times130.45\times\left(632.3-\frac{130.45}{2}\right)$$

$$+13.8\times(600-300)\times120\times\left(632.3-\frac{120}{2}\right)$$

$$=590.57\times10^6\mathrm{N\cdot mm}=590.57\mathrm{kN\cdot m}>\gamma_0M_d=580\ \mathrm{kN\cdot m}$$

计算结果表明，该截面的抗弯承载力是足够的，结构是安全的。

本章小结

（1）钢筋混凝土受弯构件的构造要求及破坏形态。

（2）钢筋混凝土梁正截面承载力计算的基本假定及计算方法和步骤。

（3）单筋矩形截面、双筋矩形截面和T形截面正截面承载力计算公式及其适用条件。

复习思考题

1. 梁、板中混凝土保护层的作用是什么？其最小值是多少？

2. 受弯构件中适筋梁从加载到破坏经历哪几个阶段？

3. 受弯构件正截面承载力计算有哪些基本假定？

4. 说明少筋梁、适筋梁与超筋梁的破坏特征有哪些区别？

5. 画出单筋矩形截面梁正截面承载力计算时的实际图式及计算图式，并说明确定等效矩形应力图形的原则。

6. 采用双筋截面的条件是什么？其计算应力图形如何确定？

7. 两类T形截面梁如何鉴别？在第二类T形截面梁的计算中混凝土压应力如何取值？

8. 有一单筋矩形截面受弯构件，其截面尺寸 $b=250\text{mm}$，$h=500\text{mm}$，承受的计算弯矩 $M_d=180\text{kN}\cdot\text{m}$，拟采用HRB335钢筋，C25混凝土，试求受拉钢筋截面面积 A_s。

9. 一单筋矩形截面梁，截面尺寸 $b\times h$ 为 $250\text{mm}\times500\text{mm}$，混凝土为C25，钢筋为 $4\phi18$，$a_s=40\text{mm}$，试求此梁所能承受的弯矩。

10. 已知一双筋矩形截面，截面尺寸 $b=180\text{mm}$、$h=40\text{mm}$，C30混凝土，受压钢筋为HRB235钢筋 $2\phi16$，$M_d=150\text{kN}\cdot\text{m}$；受拉钢筋为HRB335钢筋，求受拉钢筋面积。

11. 有一矩形截面梁，截面尺寸 $b=200\text{mm}$，$h=450\text{mm}$，承受的计算弯矩 $M_d=160\text{kN}\cdot\text{m}$；混凝土为C25，HRB335钢筋，试求钢筋截面面积。

12. 已知一双筋矩形截面，截面尺寸 $b=200\text{mm}$、$h=550\text{mm}$，C25混凝土，HRB335钢筋，$A_s=1900\text{mm}^2$，$a_s=60\text{ mm}$，$A_s'=1500\text{mm}^2$，$a_s'=40\text{mm}$，求承截面所能承受的最大计算弯矩。

13. 已知T形截面梁的翼缘宽 $b_f'=2000\text{mm}$，$h_f'=150\text{mm}$，梁肋 $b=200\text{mm}$，梁高 $h=600\text{mm}$，混凝土为C25，钢筋为HRB335，所承受的最大弯矩 $M_d=28\times10^4\text{N}\cdot\text{m}$，试计算所需纵向受拉钢筋截面面积 A_s。

第四章

钢筋混凝土受弯构件斜截面承载力计算

教学要求

1. 描述受弯构件斜截面的破坏形态及影响斜截面抗剪承载力的主要因素；
2. 详细介绍斜截面抗剪配筋设计和承载力复核的基本公式；
3. 通过讲解计算示例，使学生能够套用相关公式进行受弯构件斜截面承载力计算和全梁承载能力校核，并能够比较规范地绘制受弯构件钢筋构造图。

钢筋混凝土受弯构件在荷载作用下，各截面除了产生弯矩外，一般还会同时出现剪力。在弯矩和剪力共同作用的区段，构件有可能沿斜截面产生破坏。因此，在钢筋混凝土受弯构件设计中，除了使构件的正截面具有足够的承载力外，还应保证构件的斜截面具有足够的承载力，即除了进行正截面的抗弯强度计算外，还必须进行斜截面的抗剪和抗弯强度计算。

●第一节　受弯构件斜截面的受力特点及破坏形态●

一、斜截面的受力特点

钢筋混凝土梁中设有箍筋、弯起钢筋、纵向主筋的梁称为有腹筋梁，而无箍筋及弯起钢筋的梁称为无腹筋梁。

受弯构件剪弯区段截面上任一点都有正应力和剪应力存在。正应力和剪应力的共同作用将产生斜向的主应力，即主拉应力和主压应力，其分布迹线如图 4-1 所示。

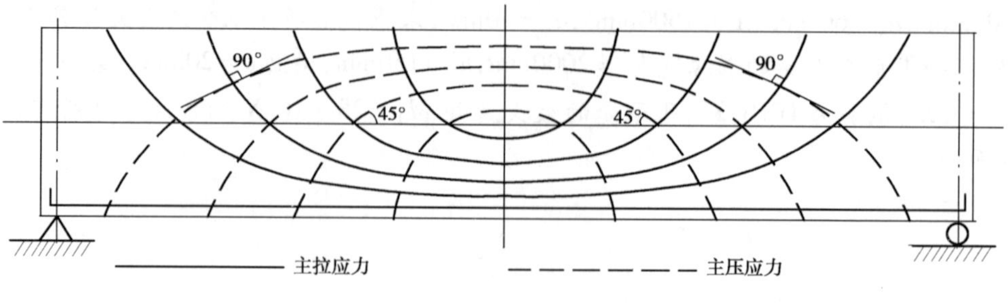

图 4-1　无腹筋梁的主应力分布

对于混凝土材料，其抗拉能力很低，当主拉应力达到其抗拉极限强度时，会在垂直于主拉应力方向出现斜向裂缝，由此而导致受弯构件的破坏情况称为斜截面破坏。试验表明，在荷载作用下无腹筋梁可能在最大弯矩处尚未破坏，却在剪力较大的截面附近因裂缝的产生与发展而被破坏，这种破坏多半是突然发生的，比较危险，称之为剪坏。由于无腹筋梁斜截面抗剪承载力很低，且破坏时呈脆性，故《桥规》规定，除了跨度很小的梁以外，一般钢筋混凝土梁均设计成有腹筋梁。

二、斜截面的破坏形态

梁沿斜截面剪切破坏的形态与剪跨比、腹筋的用量和强度、荷载形式（集中荷载或均布荷载）和加荷方式等因素有关。剪跨比是一个无量纲参数，用 m 来表示，即 $m = M_d/(V_d h_0)$，此处 M_d 和 V_d 分别为剪弯区段中某个竖直截面的弯矩和剪力，h_0 为截面有效高度。一般把 m 的这个表达式称为“广义剪跨比”，它实质上反映了梁内正应力 σ 和剪应力 τ 的相对比值。对于集中荷载作用下的简支梁，可以表示为 $m = \frac{a}{h_0}$，其中 a 为集中力作用点到最靠近的支点的距离，称为“剪跨”，有时称 $m = \frac{a}{h_0}$ 为“狭义剪跨比”。但是，必须注意，在有多个集中荷载作用时，对第二或第三个集中荷载作用点计算时，不能用 $m = \frac{a}{h_0}$，而应按 $m = M_d/(V_d h_0)$ 确定。

根据试验观测，钢筋混凝土的斜截面剪切破坏大致可以分为以下三种主要形态（图 4-2）：斜压破坏、剪压破坏和斜拉破坏。

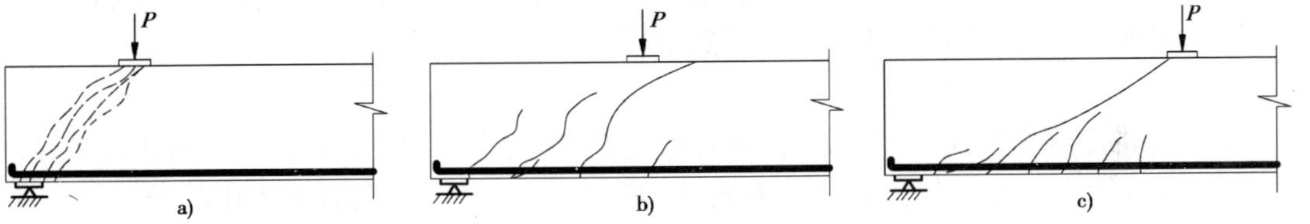

图 4-2　斜截面破坏形态

a）斜压破坏；b）剪压破坏；c）斜拉破坏

1. 斜压破坏

当剪跨比 $m = \frac{a}{h_0} < 1$ 或配置腹筋过多及腹板很薄时，剪弯区段的剪力相对较大，而弯矩相对较小，一般发生斜压破坏。其破坏特征是在加载点与支座之间区段内，随着荷载的逐渐加大不断出现大致平行于主压应力方向的斜裂缝。先出现在梁的中部，然后自中部向上下两个方向伸展，梁腹被分割成若干个倾斜的小柱体。随着荷载继续增大，梁腹出现多而密的斜裂缝，但没有明显的主裂缝，破损时常伴有混凝土剥落现象，与混凝土棱柱体被压坏的情况类似。斜压破坏时，抗剪承载力取决于构件截面尺寸和混凝土的抗压强度。试验表明，剪跨比越小，斜压破坏时的抗剪承载力也越高。

2. 剪压破坏

当剪跨比 $1 < m = \frac{a}{h_0} < 3$ 时，一般发生剪压破坏。其破坏特征是首先在中性轴与纵筋之间出现一些垂直裂缝和细微的斜裂缝，随着荷载的增加，裂缝不断向上下两个方向发展，逐渐形

成一条指向加载点的主斜裂缝。随着荷载的继续增大，主斜裂缝的上端趋于水平，最后在弯矩和剪力共同作用下，梁体由于剪压区的混凝土被压碎而导致破坏。剪压破坏不会突然发生，危险性较小，是斜截面剪切破坏中最常见的一种破坏形态。

3. 斜拉破坏

当剪跨比 $m=\frac{a}{h_0}>3$ 时，m 很大，同时梁内配置箍筋又过少时，则剪弯区段可能发生斜拉破坏。其特征是首先出现挠曲裂缝，随后支座附近的挠曲裂缝由竖向转为斜向并指向加载点。当剪跨比值较大时，主斜裂缝明显可见，并迅速延伸至受压区，使梁斜向被拉断成两部分，几乎在没有预兆的情况下发生破坏，梁即丧失了承载能力。斜拉破坏时梁的抗剪强度取决于混凝土的抗拉强度，故其承载能力较低。

除上述三种破坏形态外，还可能出现其他的破坏形态，例如局部挤压破坏或纵向钢筋锚固破坏等。

设计时一般采用限制截面最小尺寸的办法来防止梁发生斜压破坏；采用满足箍筋最大间距等构造要求和限制箍筋最小配筋率的办法来防止梁发生斜拉破坏。斜截面抗剪承载力的计算主要是针对剪压破坏这种破坏形态，并通过计算确定腹筋的用量。

三、影响有腹筋梁抗剪承载力的因素

试验表明，影响有腹筋梁抗剪承载力的主要因素有剪跨比、混凝土强度等级、纵筋配筋率、截面尺寸和形状、荷载作用形式以及腹筋数量等。

1. 剪跨比

剪跨比由小到大变化时，斜截面的破坏形态从斜压型破坏向剪压型破坏和斜拉型破坏过渡。试验研究表明，当剪跨比较小时，对抗剪承载力的影响较大，随着剪跨比的增大，其对抗剪承载力的影响将逐渐减弱。

2. 混凝土的强度等级

混凝土的强度等级对抗剪承载力影响很大，两者的关系与梁的剪切破坏形态有关。当 $m<1$时，梁的抗剪能力取决于混凝土的抗压强度；当 $m>3$ 时，梁的抗剪能力取决于混凝土的抗拉强度；当 $1<m<3$ 时，其影响介于上述两者之间。当剪跨比一定时，抗剪承载力随混凝土的强度等级的提高而增长，两者呈线性关系。

3. 纵筋配筋率

纵向钢筋可以抑制斜裂缝的开展和延伸，使斜裂缝上端的剪压区面积较大，从而提高了受压区混凝土的抗剪能力。另外，纵筋的销栓作用对斜截面抗剪承载力也有一定的影响，随着纵筋数量的增加，销栓作用也随之增大。

4. 截面尺寸和形状

试验表明，对于无腹筋混凝土受弯构件，随着构件高度的增加，斜截面上出现的裂缝宽度将会增大，裂缝内表面骨料之间的机械咬合作用被削弱，使得接近开裂端部的开裂区拉应力弱化，传递剪应力的能力降低。构件破坏时，斜截面抗剪承载力随着构件高度的增加而降低。截面形状对抗剪承载力也有一定影响，对于 T 形、I 形截面的梁，翼缘有利于提高抗剪承载力。所以，它们的抗剪能力略高于矩形截面梁。

5. 腹筋

箍筋和弯起钢筋是腹筋的主要形式。腹筋可以增强和改善梁的抗剪能力。在实际设计中,首先考虑选用箍筋,当需要的箍筋较多时,再考虑使用弯起钢筋。箍筋的抗剪作用比弯起钢筋要好,其理由是:

①弯起钢筋的承载范围较大,对约束斜裂缝的作用较差。

②弯起钢筋会使起弯点处的混凝土压碎或产生水平撕裂裂缝,而箍筋却能箍紧纵向钢筋防止撕裂。

③箍筋对受压区混凝土起套箍作用,可以提高其抗剪承载力。

④箍筋连接受压区混凝土与纵向主钢筋共同工作的效果比弯起钢筋要好。

梁内斜向拉应力是混凝土产生斜裂缝的主要原因,为有效地限制斜裂缝的扩展,箍筋应与斜裂缝正交布置,其方向与主拉应力的方向相同。但是,在工程实践中,一般将箍筋在剪弯区内垂直均匀布置。弯起钢筋通常是利用主筋弯起,用以限制斜裂缝的扩展。

除上述五种主要因素外,加载方式(梁顶加载或梁侧加载)和构件类型(连续梁、简支梁)等都会影响梁的抗剪承载力。

第二节 受弯构件斜截面抗剪承载力计算

由于抗剪机理比较复杂,尚难获得较精确的理论计算公式。通过研究影响抗剪承载力的各主要因素如:混凝土的强度等级、纵向配筋率、箍筋间距、配箍率、剪跨比及截面形状和尺寸等,借助对大量试验结果的统计分析,我国《桥规》全面改进和补充了斜截面承载力计算内容,建立了以剪压破坏形态的受力特征为基础的斜截面抗剪承载力计算公式。

一、基本计算公式

为了分析受力情况,取临界斜裂缝至支座间部分为隔离体,如图 4-3 所示。对于矩形、T 形和 I 形截面的受弯构件,当配置弯起钢筋和箍筋时,由于随着斜裂缝的开展,纵向钢筋的销栓力和集料咬合力对抗剪的影响逐渐减小,所以为了简化计算,略去纵向钢筋的销栓力和集料咬合力对抗剪的影响,将斜截面上的剪力分配给裂缝顶端尚未开裂的混凝土与斜交的弯起钢筋和箍筋三者共同承担。

由于箍筋的存在,抑制了斜裂缝的扩展,使剪压区面积增大,导致剪压区混凝土抗剪能力的提高,其提高程度与箍筋的强度和配箍量有关,目前尚无法精确地去定量混凝土和箍筋的抗剪承载能力,只能用 V_{cs} 来表示混凝土和箍筋的综合抗剪承载能力。

《桥规》中钢筋混凝土受弯构件斜截面抗剪承载力计算公式为:

$$\gamma_0 V_d \leqslant V_{cs} + V_{sb} \tag{4-1}$$

其中:

$$V_{cs} = V_c + V_{sv} = \alpha_1 \alpha_2 \alpha_3 0.45 \times 10^{-3} b h_0 \sqrt{(2 + 0.6p)\sqrt{f_{cu,k}}\,\rho_{sv} f_{sv}}$$

$$V_{sb} = 0.75 \times 10^{-3} f_{sd} \sum A_{sb} \sin\theta_s$$

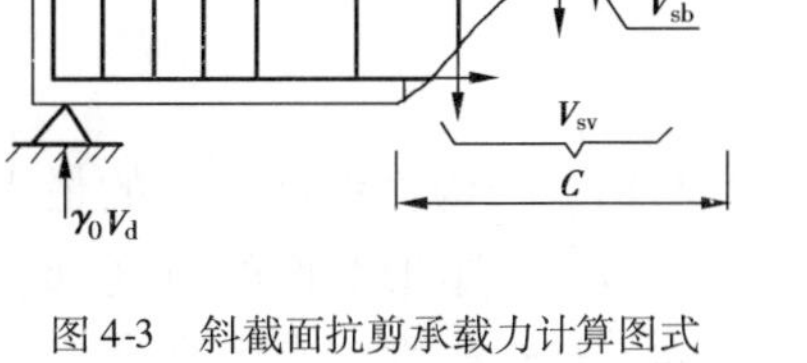

图 4-3 斜截面抗剪承载力计算图式

式中:γ_0——桥梁结构的重要性系数,按公路桥涵的设计安全等级，一级、二级和三级分别取用 1.1、1.0 和 0.9；

α_1——异号弯矩影响系数，《桥规》规定：计算简支梁和连续梁近边支点梁段的抗剪承载力时取 $\alpha_1=1.0$，计算连续梁和悬臂梁近中间支点段的抗剪承载力时取 $\alpha_1=0.9$；

α_2——预应力提高系数，对于钢筋混凝土受弯构件，$\alpha_2=1.0$；

α_3——受压翼缘的影响系数，对有受压翼缘的梁取 $\alpha_3=1.1$，否则取 $\alpha_3=1.0$；

b——斜截面受压端正截面处的矩形截面宽度（mm），或 T 形和 I 形截面腹板宽度（mm）；

h_0——斜截面受压端正截面的有效高度（mm）；

V_d——斜截面受压端上由作用（或荷载）效应所产生的最大剪力组合设计值（kN）；

V_{cs}——构件斜截面上混凝土和箍筋共同承担的剪力设计值（kN）；

V_{sb}——与斜截面相交的普通弯起钢筋承担的剪力设计值（kN）；

$f_{cu,k}$——边长为 150mm 的混凝土试件抗压强度标准值（MPa），即混凝土强度等级；

ρ_{sv}——配箍率，即 $\rho_{sv}=\dfrac{A_{sv}}{bS}$；

A_{sv}——配置在同一截面内箍筋各肢数的全部截面面积（mm^2），$A_{sv}=n\cdot A_{sv1}$；n 为在同一截面内箍筋的肢数，A_{sv1} 为单肢箍筋的截面面积；

S——沿构件长度方向的箍筋间距（mm）；

f_{sv}——箍筋的抗拉强度；

A_{sb}——弯起钢筋的截面面积；

θ_s——斜截面上弯起钢筋的切线与构件纵向轴线的夹角，一般取 45°，当梁较高时可取 60°；

f_{sd}——弯起钢筋的抗拉强度设计值。

二、斜截面抗剪承载力计算公式的适用条件

《桥规》给出的钢筋混凝土梁斜截面抗剪承载力计算公式是以剪压破坏形态的受力特征为基础建立的。因此，应用上述公式进行斜截面抗剪承载力计算的前提是构件的截面尺寸和钢筋配置应符合发生剪压破坏的限制条件。

1. 上限值

上限值即为截面最小尺寸的限制条件。试验结果表明，当抗剪钢筋的配筋率达到一定程度后，梁的抗剪能力不再随钢筋数量的增加而提高，破坏时箍筋的应力将达不到屈服强度。由于梁体截面尺寸较小或混凝土强度等级较低，在外力作用下斜裂缝宽度较大，将会引起构件斜压破坏。为防止斜压破坏和限制使用阶段构件的斜裂缝宽度，构件截面尺寸不应过小，混凝土强度等级不应太低。《桥规》规定了截面尺寸的限制条件：

$$\gamma_0 V_d \leqslant 0.51\times10^{-3}\sqrt{f_{cu,k}}\,bh_0 \tag{4-2}$$

式中：V_d——构件斜截面上的最大剪力设计值；

b——矩形截面的宽度，或 T 形或 I 形截面的腹板宽度；

h_0——截面的有效高度。

如不满足上述条件时，应加大构件截面尺寸或提高混凝土强度等级。

2. 下限值

下限值即为最小配箍率限制条件。试验表明，钢筋混凝土梁出现斜裂缝后，斜裂缝处原来由混凝土承担的拉力全部由箍筋承担，使箍筋的拉应力突然增大。如果配置的箍筋过少，则斜裂缝一旦出现，箍筋的应力很快达到其屈服强度，不能有效地抑制裂缝发展，甚至导致箍筋被拉断而发生斜拉破坏。当梁内配置一定数量的箍筋，且其间距又不过大时，则可保证构件不发生斜拉破坏。因此，所选用的箍筋肢数 n、直径 d 及间距 S，均应满足箍筋的构造和最小配箍率的要求，即：

$$\gamma_0 V_d \leq 0.50 \times 10^{-3} f_{td} b h_0 \tag{4-3}$$

当满足上述条件时，可按最小配箍率或构造要求配置箍筋，不需要进行斜截面抗剪承载力计算。否则，应通过计算来配置箍筋。

对于板式受弯构件，式(4-3)右边可以提高 25%。

三、等高度简支梁腹筋的初步设计

等高度简支梁腹筋的初步设计按照式(4-1)、式(4-2)和式(4-3)进行，即按照梁斜截面抗剪要求来配置箍筋，确定弯起钢筋数量及弯起点的位置。

1. 已知条件

梁的计算跨径 L 及截面尺寸、混凝土强度等级、纵向受拉钢筋和箍筋抗拉强度设计值，跨中截面纵向受拉钢筋布置和梁的剪力包络图，如图 4-4 所示。

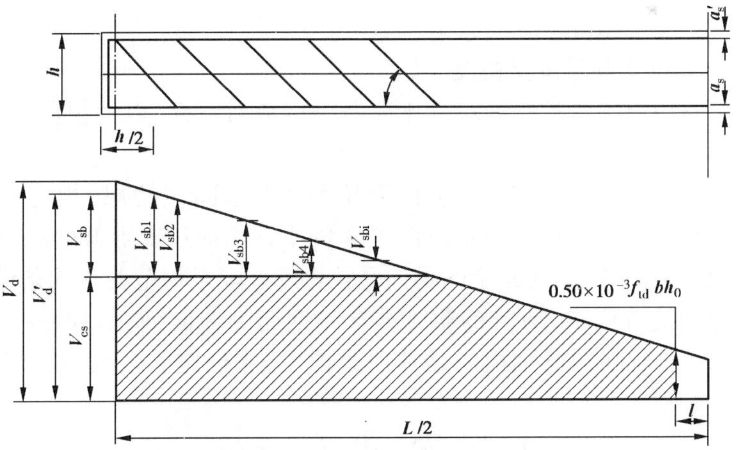

图 4-4　剪力包络图

2. 设计步骤

1）校核截面尺寸（上限值校核）

根据已知条件及支座中心处剪力值 V_d，按照式(4-2)，对由梁正截面承载能力计算所确定的截面尺寸和混凝土强度等级进行校核。若不满足，应加大构件截面尺寸或提高混凝土的强度等级。

2）确定是否需要按照计算配置箍筋（下限值校核）

由式(4-3)求得按构造要求配置箍筋的剪力 $V_d = 0.50 \times 10^{-3} f_{td} b h_0$(kN),其中 b 和 h_0 取跨中截面计算值,根据比例关系在剪力包络图上确定出仅按构造要求配置箍筋的区段长度。

3)计算剪力的合理分配

除仅按构造要求配置箍筋的区段之外,其他区段的计算剪力应由混凝土、箍筋和弯起钢筋来共同承担,《桥规》就各自承担多大比例和剪力如何合理分配的问题作出规定,最大剪力取用距支座中心 $h/2$(梁高一半)处的剪力设计值 V'_d,其中箍筋和混凝土共同承担的剪力 $V_{cs} = \xi\gamma_0 V'_d$,$\xi$ 为分配系数,取 $\xi \geqslant 0.6$,弯起钢筋所承担的剪力 $V_{sb} = (1-\xi)\gamma_0 V'_d$,以此为据用水平线将剪力包络图分割为两部分。

4)箍筋设计

令箍筋和混凝土共同的抗剪能力 $V_{cs} = \xi\gamma_0 V'_d$,可得:

$$\xi\gamma_0 V'_d = \alpha_1\alpha_3 0.45 \times 10^{-3} b h_0 \sqrt{(2+0.6p)\sqrt{f_{cu,k}}\,\rho_{sv} f_{sv}}$$

解得:

$$\rho_{sv} = \frac{4.94 \times 10^6}{(2+0.6p)\sqrt{f_{cu,k}}\,f_{sv}}\left(\frac{\xi\gamma_0 V'_d}{\alpha_1\alpha_3 b h_0}\right)^2 > \rho_{sv\,min} \tag{4-4}$$

若选择了箍筋直径 d 和箍筋肢数 n,得到箍筋截面积 $A_{sv} = n \cdot A_{sv1}$ 时,则箍筋计算间距 S_v(mm)为:

$$S_v = \frac{\alpha_1^2\alpha_3^2 0.2 \times 10^{-6}(2+0.6p)\sqrt{f_{cu,k}}A_{sv} f_{sv} b h_0^2}{(\xi\gamma_0 V'_d)^2} \tag{4-5}$$

将计算间距取整并满足构造要求后即可作为箍筋的设计间距,偏安全考虑,设计间距应小于计算间距。

5)弯起钢筋的数量及弯起位置初设

弯起钢筋一般是由纵向受拉钢筋对称于梁跨中线成对弯起,以承担剪力包络图(图 4-4)中分配的计算剪力。

考虑到梁支座处的支承反力较大及纵向受拉钢筋的锚固,《桥规》规定,钢筋混凝土梁至少有两根并且截面积不小于受拉钢筋总面积 20% 的主钢筋通过支点截面。也就是说,这部分纵向受拉钢筋不能在梁间弯起,而其余的纵向受拉钢筋在满足规范要求的条件下可以弯起。

根据梁斜截面的抗剪要求,所需的第 i 排弯起钢筋的截面面积,应根据剪力包络图(图 4-4)分配的应由第 i 排弯起钢筋承担的计算剪力值 V_{sbi} 来确定。若仅考虑弯起钢筋,则由式(4-1)可得:

$$V_{sbi} = 0.75 \times 10^{-3} f_{sd} A_{sbi} \sin\theta_s$$

$$A_{sbi} = \frac{V_{sbi}}{0.75 \times 10^{-3} f_{sd} \sin\theta_s} \quad (\text{mm}^2) \tag{4-6}$$

计算弯起钢筋时,其剪力设计值按下列规定采用:

(1)当计算第一排(对支座而言)弯起钢筋时,取用距支座中心 $\frac{h}{2}$ 处分配给弯起钢筋承担的剪力值,即 $V_{sb} = (1-\xi)\gamma_0 V'_d$;

(2)当计算以后每排弯起钢筋时,取用前一排(对支座而言)弯起钢筋弯起点处的剪力值。同时,《桥规》对弯起钢筋的弯起角及弯筋之间的位置关系做了以下要求:

①弯起钢筋一般与梁纵轴呈45°角，圆弧半径（以钢筋轴线为准）不宜小于10倍的钢筋直径；

②简支梁第一排（对支座而言）弯起钢筋的末端弯折点应位于支座中心截面处，以后各排弯起钢筋的末端弯折点应落在或超过前一排弯起钢筋弯起点截面；

③采用焊接骨架配筋时，可采用专设的斜短钢筋焊接，但不准采用不与主钢筋焊接的斜钢筋（浮筋）。

第三节　保证斜截面抗弯承载力的构造要求

试验研究表明，斜裂缝的发生与发展，除了可能引起斜截面抗剪破坏外，还可能引起斜截面受弯破坏，特别是当梁内纵向钢筋配置数量不足时，由于斜裂缝的开展，使得与斜截面相交的箍筋、纵向钢筋和弯起钢筋的应力均达到抗拉强度设计值，受压区混凝土的压应力达到抗压强度设计值并产生很大的变形，直至受压区混凝土被压碎而破坏。因此，还需要保证斜截面有足够的抗弯强度。

在实际设计中，钢筋混凝土受弯构件大多不专门进行斜截面抗弯承载力计算，而是采取一定的构造措施予以保证。这些措施主要包括确定纵向钢筋的弯起位置和纵向钢筋的截断位置及最小锚固长度等。

一、纵向钢筋弯起位置的确定

前面已初步确定了弯起钢筋的位置，纵向钢筋能否在该位置弯起，应同时满足正截面和斜截面抗弯强度的要求，这个问题一般采用梁的材料抵抗弯矩图要能完全包裹设计弯矩包络图的原则来解决。

设计弯矩包络图（简称弯矩图）是沿梁的每一个截面上荷载效应引起的弯矩最大值的连接曲线。简支梁的弯矩图近似为一条二次抛物线，它的最大弯矩 $\gamma_0 M_{d\max}$ 在跨中，距跨中水平距离为 x 处的正截面上的计算弯矩最大值可按下式计算：

$$M_x = \gamma_0 M_{d\max}\left(1 - \frac{4x^2}{L^2}\right) \tag{4-7}$$

材料抵抗弯矩图就是沿梁长各个正截面按实际配置的纵向受拉钢筋面积所产生的抵抗弯矩图形，即表示各正截面所具有的抗弯承载能力，其作用是判断纵筋能否弯起和确定纵筋的截断位置。

在进行梁的正截面受弯承载力计算时，纵筋是根据跨中弯矩设计值而配置的，纵筋采用截面面积为 A_s。因此，跨中正截面具有的抗弯承载力为：

$$f_{sd}A_s Z \geqslant \gamma_0 M_d \tag{4-8}$$

任意截面的抵抗弯矩可按下式计算：

$$M_{du} = f_{sd}A_{si}Z_i \tag{4-9}$$

式中：f_{sd}——钢筋的抗拉强度设计值；

A_{si}——纵向任意截面受拉钢筋的截面面积；

Z_i——内力臂，对于单筋截面 $Z = h_0 - \frac{x}{2}$，在计算正截面抵抗弯矩时，Z_i 值可根据每次弯起后剩余的主筋面积求出。

在绘制材料抵抗弯矩图时,要与设计弯矩包络图采用同样的比例尺,并绘于同一条水平基线上。由于纵向受拉主筋每弯起一次,这些地方的抗弯能力也就相应的减少一部分,所以材料抵抗弯矩图呈台阶状。将 M_{du} 值按比例绘于跨中位置上,为了简化计算,可以近似地按弯起钢筋的面积与主筋总面积的比例以及弯起的次序(由跨中向支点)来划分 M_{du}。如果主筋规格相同,则可把 M_{du} 按主筋的层数分成 n 等分,得出每层钢筋的抵抗弯矩。

就材料抵抗弯矩图与设计弯矩图的关系而言,梁身的每个截面都要求 $M_{du} \geqslant M_d$。即材料抵抗弯矩图必须将设计弯矩图包裹在内。材料抵抗弯矩图与设计弯矩图愈贴近,说明钢筋利用愈充分。

《桥规》规定,在混凝土梁的受拉区中,为了保证正截面抗弯强度,弯起钢筋与梁中心线的交点应位于不需要该钢筋的截面(称为不需要点)之外;同时为了保证斜截面抗弯强度,纵向钢筋弯起点与按计算充分利用该钢筋的截面(称为充分利用点)之间的距离不应小于 $\frac{h_0}{2}$。图4-5中 N1 钢筋的充分利用点为 a 点,不需要点为 b 点,应使 aF' 的水平距离 $s \geqslant \frac{h_0}{2}$;同时 J 点的位置不能在 b 点的右面。N2 钢筋的充分利用点为 b,不需要点为 c 点,应使 bG' 的水平距离 $s \geqslant \frac{h_0}{2}$;同时 K 点的位置不能在 c 点的右面。这是由于弯起钢筋的内力臂是逐渐减小的,故抗弯强度值也逐渐减小,当 N2 钢筋穿过梁中轴线基本上进入受压区后,它的正截面抗弯作用才完全消失。由此获得的抵抗弯矩图将设计弯矩图包裹在内,保证了梁段内任一截面不会发生正截面和斜截面抗弯破坏。

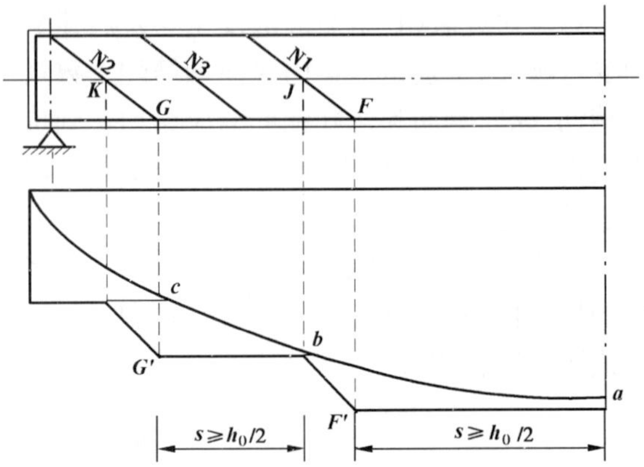

图 4-5　设计弯矩图与抵抗弯矩图的叠加图

在钢筋混凝土梁设计中,当考虑梁斜截面抗剪强度时,初步确定的各弯起钢筋的弯起位置若满足上述的各项要求,则认为弯起位置合理,否则要进行调整。必要时可加设斜筋或附加弯起钢筋(如图中的 N3 钢筋),最终使得梁中各弯筋(斜筋)的水平投影能相互有重叠部分,或者至少相接。

二、纵向钢筋的截断和锚固

若纵向受拉钢筋较多,除满足所需的弯起钢筋数量外,多余的纵向受拉钢筋可以在梁跨间适当位置截断。

1. 纵向钢筋在支座处的锚固

在简支梁近支座处出现斜裂缝时,斜裂缝处纵向钢筋应力将增大,支座边缘附近纵筋应力的大小与伸入支座纵筋的数量有关。这时,梁的强度取决于纵向钢筋在支座处的锚固。锚固长度不足,钢筋与混凝土的相对滑移将导致斜裂缝宽度显著增大,甚至会发生粘结锚固破坏。为了防止钢筋被拔出而破坏,《桥规》规定:

(1)受拉钢筋应伸出端支点外,并弯起直角顺梁高延伸至顶部。

(2)不向上弯曲的受拉主钢筋伸出支点截面的长度,对光圆钢筋应不小于 $10d$(并带半圆弯钩);对螺纹钢筋应不小于 $10d$。

2. 纵向钢筋在梁跨间的截断与锚固

若在支座范围以外的梁跨间将某根纵向受拉钢筋在理论切断点处截断后，相应于该处混凝土所承受的拉应力突增，往往造成过早出现斜裂缝；如果截断的钢筋锚固不足，甚至可能降低构件的承载能力。为了保证钢筋强度的充分利用，《桥规》规定，必须将钢筋从按正截面抗弯承载力计算充分利用该钢筋的截面（即理论截断点）至少延伸（L_0+h_0）的长度，L_0 为受拉钢筋的最小锚固长度，h_0 为梁的有效高度。同时，还应考虑从按正截面抗弯承载力计算不需要该钢筋的截面至少延伸 $20d$（对环氧树脂涂层钢筋为 $25d$），d 为被截断钢筋的直径。

● 第四节　全梁承载能力校核 ●

对已经设计好的钢筋混凝土简支梁进行全梁承载能力校核,就是要进一步检查各截面的正截面抗弯承载力、斜截面抗剪承载力和斜截面抗弯承载力是否满足要求,保证设计的钢筋混凝土梁沿跨径方向任意一个截面都能满足下列要求:

$$V_{du} \geq \gamma_0 V_d \qquad M_{du} \geq \gamma_0 M_d$$

简支梁跨中截面的正截面抗弯承载力按第三章所讲的方法复核,在此不再赘述。因为在梁的弯起钢筋设计中是以抵抗弯矩图包裹设计弯矩包络图为原则,并考虑了弯起点的构造要求,所以梁间任一正截面和斜截面抗弯能力均能满足要求,不必进行复核。但是,不能保证梁身的每个截面都满足 $V_{du} \geq \gamma_0 V_d$,因此还需要用式(4-1)、式(4-2)和式(4-3)对已配置腹筋的梁进行斜截面抗剪能力的复核。

《桥规》规定,受弯构件斜截面抗剪承载力复核截面位置应按照下列规定确定:

(1)距支座中心 $h/2$(梁高一半)处的截面(图 4-6 中截面 1-1)。

(2)受拉区弯起钢筋弯起点处的截面(图 4-6 中截面 2-2、3-3),以及锚于受拉区的纵向钢筋开始不受力处的截面(图 4-6 中截面 4-4)。

(3)箍筋数量或间距有改变处的截面(图 4-6 中截面 5-5)。

(4)受弯构件腹板宽度改变处的截面。

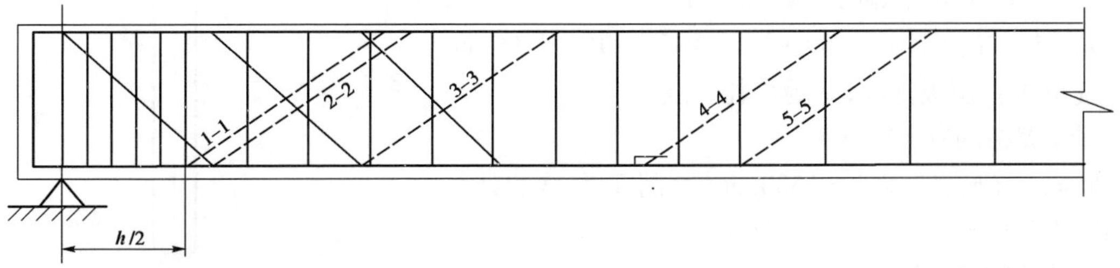

图 4-6　斜截面抗剪承载力复核截面位置

第五节 计算示例

某预制钢筋混凝土简支T形梁,设计荷载为公路II级,标准跨径 $L_b = 20m$,计算跨径 $L = 19.5m$,截面如图4-7所示。混凝土强度等级为C30,主筋采用HRB335级(II级)钢筋焊接骨架,箍筋采用R235(I级),简支梁控制截面的计算内力为:

跨中截面: $M_{dm} = 2100kN \cdot m$ $V_{dm} = 84kN$

$L/4$ 截面: $M_{dL/4} = 1500kN \cdot m$

支点截面: $M_{d0} = 0$ $V_{d0} = 440kN$

求所需的箍筋和弯起钢筋。

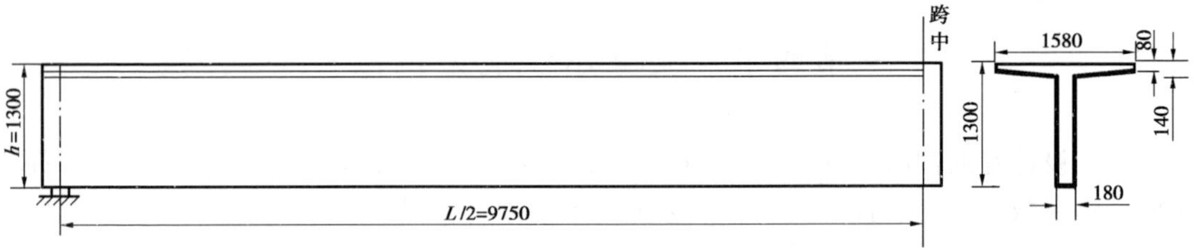

图4-7 T梁截面尺寸图(尺寸单位:mm)

一、准备基本数据

由附表查得:C30的混凝土抗压强度设计值 $f_{cd} = 13.8N/mm^2$,抗压强度标准值 $f_{ck} = 20.1N/mm^2$,混凝土弹性模量 $E_c = 3.00 \times 10^4 N/mm^2$;HRB335钢筋抗拉强度设计值 $f_{sd} = 280N/mm^2$,抗压强度设计值 $f_{sd}' = 280N/mm^2$;R235抗拉强度设计值 $f_{sd} = 195N/mm^2$,抗压强度设计值 $f_{sd}' = 195N/mm^2$。

二、跨中正截面钢筋设计

1. 确定T形截面梁受压翼板的有效宽度 b_f'

由图4-8所示的T形截面受压翼板的厚度尺寸其等效平均厚度 $h_f' = \dfrac{140+180}{2} = 110mm$。

$$b_{f1}' = \frac{1}{3}l = \frac{1}{3} \times 19500 = 6500mm$$

$b_{f2}' = 1600mm$(相邻两主梁轴线间距离)

$b_{f3}' = b + 2b_h + 12h_f' = 180 + 2 \times 0 + 12 \times 110 = 1500mm$

其中,b 为腹板宽度;b_h 为承托长度。

受压翼板的有效宽度为

$b_f' = \min(b_{f1}', b_{f2}', b_{f3}') = 1500mm$,绘制T形梁的计算截面如图4-8所示。

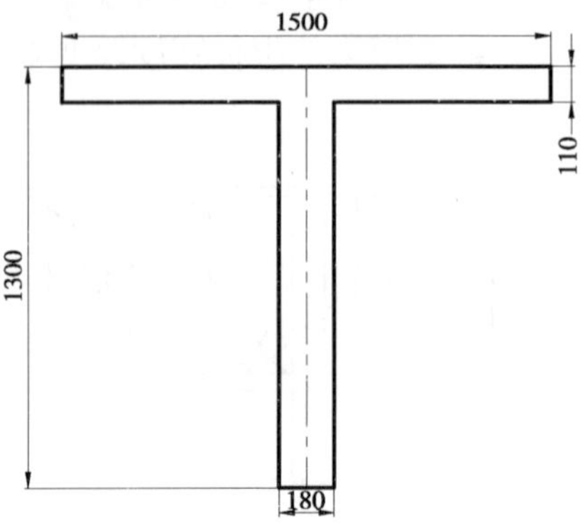

图4-8 T形梁的计算截面(尺寸单位:mm)

2. 钢筋数量计算

查附表得受压高度界限系数 $\xi_b = 0.56$。

1）确定截面有效高度

设 $a_s = 30 + 0.07h = 120\text{mm}$，则

$$h_0 = (1300 - 120) = 1180\text{mm}$$

2）判断截面类型

$$f_{cd}b_f'h_f'\left(h_0 - \frac{h_f'}{2}\right) = 13.8 \times 1500 \times 110 \times \left(1180 - \frac{110}{2}\right)$$

$$= 2561.625\text{kN}\cdot\text{m} > 2100\text{kN}\cdot\text{m}$$

为第Ⅰ类T形截面，可按宽度为 b_f' 的矩形截面计算。

3）确定受压区高度 x

由式 $\gamma_0 M_d = f_{cd}b_f'x\left(h_0 - \frac{x}{2}\right)$ 可得：

$$2100 \times 10^6 = 13.8 \times 1500x\left(1180 - \frac{x}{2}\right)$$

$$x^2 - 2360x + 202898.55 = 0$$

$x = 89.4\text{mm} < h_f' = 110\text{mm}$（说明的确为第Ⅰ类T形截面）

4）求受拉钢筋面积 A_s

由式 $f_{sd}A_s = f_{cd}b_f'x$ 可得

$$A_s = \frac{f_{cd}b_f'x}{f_{sd}} = \frac{13.8 \times 1500 \times 89.4}{280} = 6609.2\text{mm}^2$$

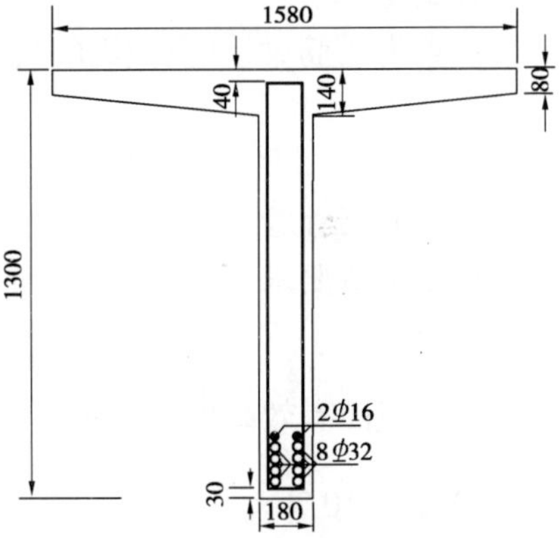

图4-9 跨中截面钢筋布置图（尺寸单位：mm）

现选钢筋为 8 Φ 32 + 2 Φ 16，截面面积 $A_s = 6836\text{mm}^2$，钢筋布置如图4-9所示。

三、跨中正截面承载力复核

由于受拉钢筋为 8 Φ 32（6434mm^2），$f_{cd} = 280\text{MPa}$，2 Φ 16（402mm^2），$f_{cd} = 280\text{MPa}$，查表得 Φ 32的外径为35.8mm，Φ 16 的外径为18.4mm，取保护层厚度为30mm，则

$$a_s = \frac{6434 \times 280 \times (30 + 2 \times 35.8) + 402 \times 280 \times \left(30 + 35.8 \times 4 + \frac{18.4}{2}\right)}{6434 \times 280 + 402 \times 280} = 106.35 \approx 106\text{mm}$$

$$h_0 = 1300 - 106 = 1194\text{mm}$$

1. 判断截面类型

$$f_{cd}b_f'h_f' = 13.8 \times 1500 \times 110 = 2277\text{kN}\cdot\text{m}$$

$$f_{sd}A_s = 280 \times 6836 = 1914\text{kN}\cdot\text{m}$$

由于 $f_{cd}b_f'h_f' > f_{sd}A_s$，故为第Ⅰ类截面。

2. 求受压区高度 x

由式 $f_{cd}b_f'x = f_{sd}A_s$ 可得

$$x = \frac{f_{sd}A_s}{f_{cd}b_f'} = \frac{280 \times 6836}{13.8 \times 1500} = 92.5\text{mm} < \xi_b h_0 = 0.56 \times 1194 = 668.64\text{mm}（不是超筋梁）$$

则取 $x = 92.5\text{mm}$。

3. 正截面抗弯承载力验算

由式 $M=f_{cd}b'_f x\left(h_0-\frac{x}{2}\right)$可得

$$M=f_{cd}b'_f x\left(h_0-\frac{x}{2}\right)=13.8\times1500\times92.5\times\left(1194-\frac{92.5}{2}\right)$$

$$=2197.65\text{kN}\cdot\text{m}\geqslant2100\text{kN}\cdot\text{m}$$

$$\rho=\frac{A_s}{bh_0}=\frac{6836}{180\times1194}=3.18\%>\rho_{min}=0.15\%\text{（不是少筋梁）}$$

4. 结论

该梁为适筋梁，且正截面的抗弯承载力能够满足要求。

四、腹筋设计

1. 截面尺寸验算

根据构造要求，梁最底层钢筋 2ϕ32 通过支座截面，其面积为：

$$A_s=1609\text{mm}^2>6836\times20\%=1367.2\text{mm}^2$$

支座截面有效高度 $h_0=h-\left(30+\frac{35.8}{2}\right)=1252\text{mm}$

$$0.51\times10^{-3}\times\sqrt{f_{cu,k}}bh_0=0.51\times10^{-3}\times\sqrt{30}\times180\times1252=515.28\text{kN}>V_d^0=440\text{kN}$$

可知截面尺寸符合要求。

2. 检查是否需要根据计算配置箍筋

跨中截面：$0.50\times10^{-3}f_{td}bh_0=0.50\times10^{-3}\times1.39\times180\times1194=149.37\text{kN}$

支点截面：$0.50\times10^{-3}f_{td}bh_0=0.50\times10^{-3}\times1.39\times180\times1252=156.63\text{kN}$

因 $V_d^{\frac{1}{2}}=84\text{kN}<0.50\times10^{-3}f_{td}bh_0<V_d^0=440\text{kN}$，故可在跨中的某一长度范围内按构造配置箍筋，其余区段应按计算配置腹筋。

3. 分配计算剪力

根据几何关系在剪力包络图中确定出仅按构造要求配置箍筋的区域长度为：

$$l=\frac{149.37-84}{440-84}\times9750=1790\text{mm}$$

距中心线为$\frac{h}{2}$处的计算剪力 V'_d，由剪力包络图按几何关系求得：

$$V'_d=\frac{\frac{L}{2}-\frac{h_0}{2}}{\frac{L}{2}}\times(V_d^0-V_d^{\frac{L}{2}})+V_d^0=\frac{9750-650}{9750}\times(440-84)+84=416.27\text{kN}$$

其中应由混凝土和箍筋共同承担的计算剪力为：$V_{cs}=\xi\gamma_0V'_d$，取 $\xi=0.6$，则 $0.6V'_d=249.76\text{kN}$；应由弯起钢筋（包括斜筋）承担的计算剪力为：$(1-\xi)V'_d=0.4V'_d=166.51\text{kN}$，设置弯起钢筋区段长度为 4563mm。

4. 箍筋设计

采用直径为 8mm 的双肢箍筋，箍筋截面积 $A_{sv}=nA_{sv1}=2\times50.3=100.6\text{mm}^2$，按公式 $V_{cs}=$

$\alpha_1\alpha_3 \cdot 0.45\times10^{-3}bh_0\sqrt{(2+0.6p)\sqrt{f_{cu,k}}\cdot\rho_{sv}\cdot f_{sv}}$设计箍筋时，式中的纵筋配筋率$p$及截面有效高度$h_0$可按支座截面和跨中截面的平均值取用，计算如下：

跨中截面：$p=100\rho=100\times\dfrac{6836}{180\times1194}=31.8, h_0=1194\text{mm}$

支点截面：$p=100\rho=100\times\dfrac{1609}{180\times1252}=0.71, h_0=1252\text{mm}$

则取平均值分别为$p=\dfrac{3.18+0.71}{2}=1.945, h_0=\dfrac{1194+1252}{2}=1223\text{mm}$

箍筋间距S_v计算为：

$$S_v=\frac{\alpha_1\alpha_3\cdot0.2\times10^{-6}(2+0.6p)\sqrt{f_{cu,k}}A_{sv}f_{sv}bh_0^2}{(\xi\gamma_0V'_d)^2}$$

$$=\frac{1.0^2\times1.1^2\times0.2\times10^{-6}(2+0.6\times1.945)\times\sqrt{30}\times100.6\times195\times180\times1223^2}{(0.6\times1.0\times416.27)^2}$$

$$=290.9\text{mm}$$

现取$S_v=250\text{mm}$(满足规范构造要求)。

在支座中心线附近$\dfrac{h}{2}=650\text{mm}$范围内，取箍筋的间距为100mm。

确定配箍率：$\rho_{sv}=\dfrac{n\cdot A_{sv1}}{bs}=\dfrac{2\times50.3}{200\times250}\approx0.20\%>\rho_{sv\,min}=0.12\%$。

5. 弯起钢筋及斜筋设计

设焊接钢筋骨架的架立钢筋为Φ 22，钢筋重心至梁受压翼板上边缘距离$a'_s=52.6\text{mm}$。弯起钢筋的弯起角度为45°，弯起钢筋上方末端与架立钢筋焊接。为了得到每对弯起钢筋的分配剪力，要根据各排弯起钢筋的末端点应落在前一排弯起钢筋的弯起点的构造规定来得到各排弯起钢筋的弯起点计算位置。首先要计算弯起钢筋上下弯点之间的垂直距离Δh_i。根据规定，简支梁的第一排弯起钢筋(对支座而言)的末端弯折点位于支座中心截面处。此时，Δh_i计算为：

$\Delta h_1=1300-[(30+35.8\times1.5)+(40+25.1+35.8\times0.5)]=1133.3\text{mm}\approx1133\text{mm}$

钢筋的弯起角度为45°，则第一排弯起钢筋(拟弯起$2\phi32$)的弯起点1距支座中心距离为1133mm。弯筋与梁纵轴交点1′距支座中心距离为：

$$1133-\left[\frac{1300}{2}-(30+35.8\times1.5)\right]=566.7\text{mm}\approx567\text{mm}$$

对于第二排弯起钢筋(拟弯起$2\phi32$)：

$\Delta h_2=1300-[(30+35.8\times2.5)+(40+25.1+35.8\times0.5)]=1097.5\text{mm}\approx1098\text{mm}$

弯筋与梁纵轴交点2′距支座中心距离为：

$$2231-\left[\frac{1300}{2}-(30+35.8\times2.5)\right]=1700.5\text{mm}\approx1701\text{mm}$$

对于第三排弯起钢筋(拟弯起 $2\phi32$):

$\Delta h_3 = 1300 - [(30 + 35.8 \times 3.5) + (40 + 25.1 + 35.8 \times 0.5)] = 1061.7\text{mm} \approx 1062\text{mm}$

弯筋与梁纵轴交点 3′距支座中心距离为:

$$3293 - \left[\frac{1300}{2} - (30 + 35.8 \times 2.5)\right] = 2798.3\text{mm} \approx 2798\text{mm}$$

对于第四排弯起钢筋(拟弯起 $2\phi16$):

$\Delta h_4 = 1300 - [(30 + 35.8 \times 4 + 18.4 \times 0.5) + (40 + 25.1 + 18.4 \times 0.5)] = 1043.3\text{mm} \approx 1043\text{mm}$

弯筋与梁纵轴交点 4′距支座中心距离为:

$$4336 - \left[\frac{1300}{2} - (30 + 35.8 \times 4 + 18.4 \times 0.5)\right] = 3868.4\text{mm} \approx 3868\text{mm}$$

根据截面抗剪要求,所需的第 i 排弯起钢筋的截面面积,应根据剪力包络图分配的第 i 排弯起钢筋承担的计算剪力值 V_{sbi} 来决定。

由公式:$V_{sbi} = 0.75 \times 10^{-3} f_{sd} A_{sbi} \sin\theta_s$,可得

$$A_{sbi} = \frac{V_{sbi}}{0.75 \times 10^{-3} f_{sd} \sin\theta_s}$$

由 $V_{sb1} = 166.51\text{kN}$,可得

$$A_{sb1} = \frac{V_{sb1}}{0.75 \times 10^{-3} f_{sd} \sin\theta_s} = \frac{166.51}{0.75 \times 10^{-3} \times 280 \times \sin45°} = 1121.3\text{mm}^2$$

分配给第二排弯起钢筋的计算剪力 V_{sb2},由比例关系计算得:

$$\frac{4563 + 650 - 1133}{4563} = \frac{V_{sb2}}{V_{sb1}}$$

所以 $$V_{sb2} = \frac{(4563 + 650 - 1133) \times 166.51}{4563} = 148.88\text{kN}$$

$$A_{sb2} = \frac{V_{sb2}}{0.75 \times 10^{-3} f_{sd} \sin\theta_s} = \frac{148.88}{0.75 \times 10^{-3} \times 280 \times \sin45°} = 1002.6\text{mm}^2 \approx 1003\text{mm}^2$$

分配给第三排弯起钢筋的计算剪力 V_{sb3},由比例关系计算得:

$$\frac{4563 + 650 - 2231}{4563} = \frac{V_{sb3}}{V_{sb1}}$$

所以 $$V_{sb3} = \frac{(4563 + 650 - 2231) \times 166.51}{4563} = 108.82\text{kN}$$

$$A_{sb3} = \frac{V_{sb3}}{0.75 \times 10^{-3} f_{sd} \sin\theta_s} = \frac{108.82}{0.75 \times 10^{-3} \times 280 \times \sin45°} = 732.8\text{mm}^2 \approx 733\text{mm}^2$$

分配给第四排弯起钢筋的计算剪力 V_{sb4},由比例关系计算得:

$$\frac{4563+650-3296}{4563}=\frac{V_{sb4}}{V_{sb1}}$$

所以 $$V_{sb4}=\frac{(4563+650-3293)\times 166.51}{4563}=70.06\text{kN}$$

$$A_{sb4}=\frac{V_{sb4}}{0.75\times 10^{-3}f_{sd}\sin\theta_s}=\frac{70.06}{0.75\times 10^{-3}\times 280\times \sin 45°}=471.8\text{mm}^2\approx 472\text{mm}^2$$

现根据已知主钢筋情况拟弯起 N1 ~ N4 钢筋，将计算的各排弯起钢筋弯起点截面的 Δh_i、距支座中心的距离 x_1、分配的剪力值 V_{sbi} 和所需的弯起钢筋面积 A_{wi} 值列入表 4-1。

满足抗剪强度要求的各排弯起钢筋的用量及弯起位置计算表　　表 4-1

弯起点	1	2	3	4	5
Δh_i(mm)	1133	1098	1062	1043	
距支座中心距离(mm)	1133	2231	3293	4336	
分配的剪力值(kN)	166.51	148.88	108.82	70.06	
需要的弯起钢筋面积(mm^2)	1122	1003	733	472	
可提供的弯起钢筋面积(mm^2)	1609	1609	1609	402	
弯筋与梁轴交点到支座中心距离(mm)	567	1701	2798	3868	

由上表可见，第四排弯起钢筋截面积偏小，且第四排弯起钢筋弯起点的位置还在需要设置弯起钢筋区域之内，因此还需要增加一排斜钢筋来抵抗剪力，先不调整和增设，按照同时满足梁跨间各正截面和斜截面抗弯要求，确定了弯起钢筋的位置后再综合考虑。按照计算剪力初步布置弯起钢筋如图 4-10 所示。

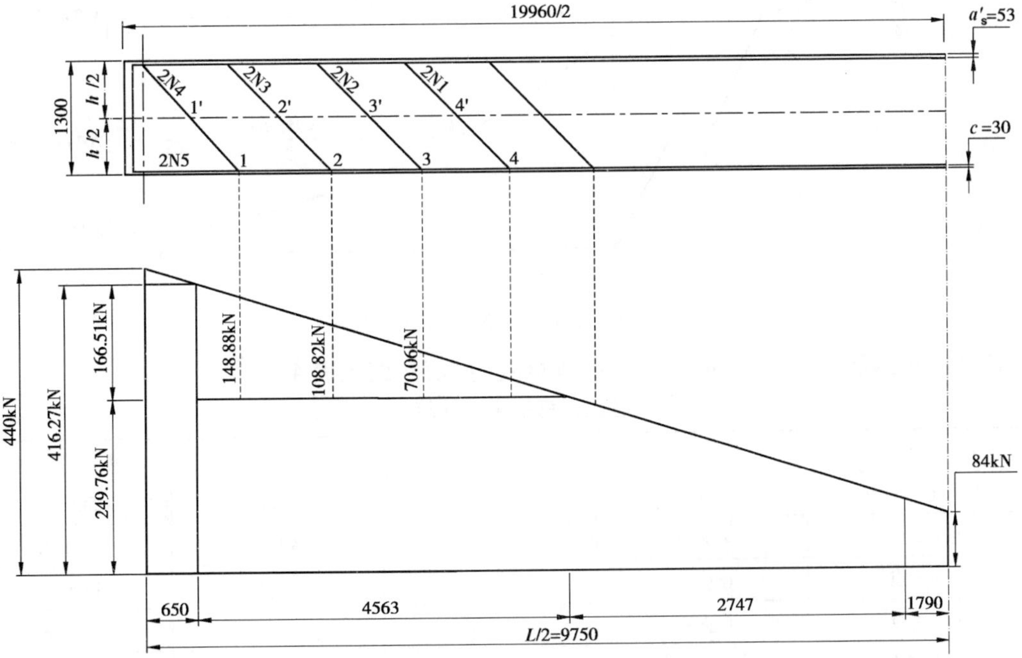

图 4-10　弯起钢筋初设图(尺寸单位:mm)

6. 检验各排弯起钢筋的弯起点是否符合构造要求

现在按照同时满足梁跨间各正截面和斜截面抗弯要求，确定弯起钢筋的弯起点的位置是否符合构造要求。由已知弯矩设计值 $M_{dm}=2100\text{kN}\cdot\text{m}$，$M_{d0}=0$ 按二次抛物线 $M_x=\gamma_0 M_{dm}\left(1-\frac{4x^2}{L^2}\right)$ 绘出弯矩包络图(图 4-11)。

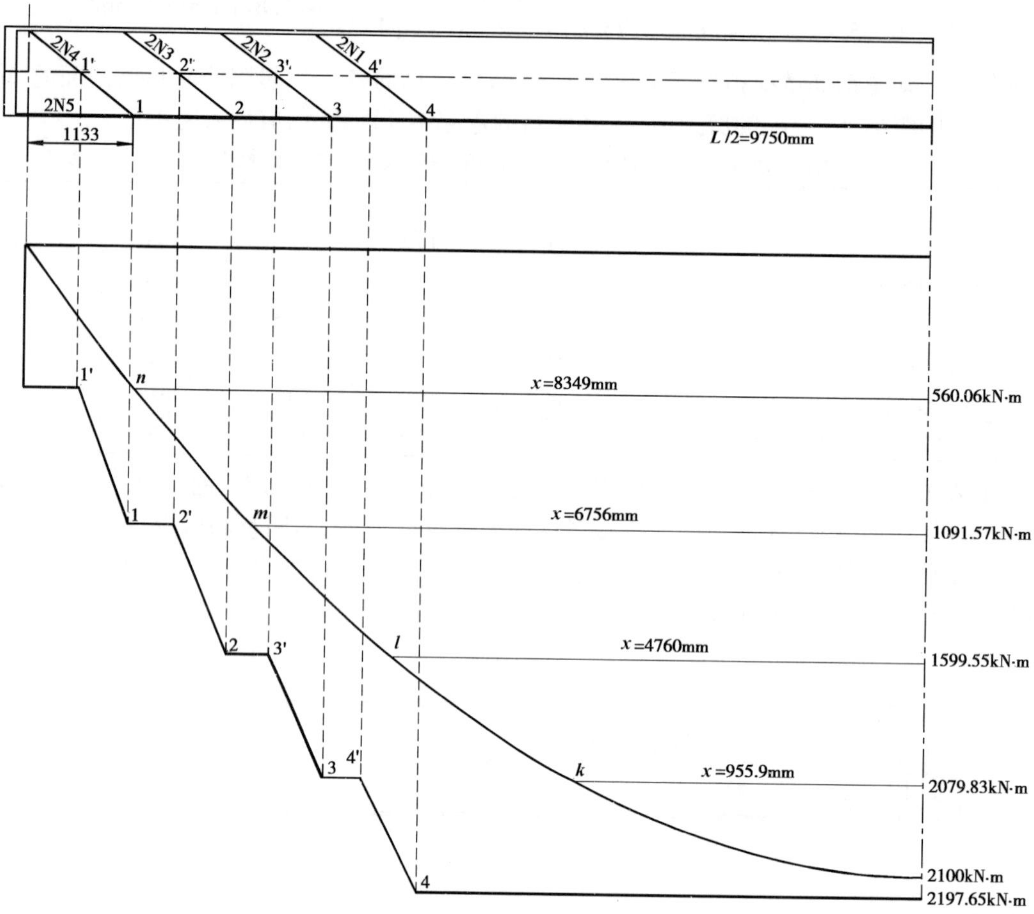

图 4-11　设计弯矩图及抵抗弯矩图

各排弯起钢筋弯起后，相应正截面抗弯承载能力 M_{ui} 列入表 4-2。

各梁段抵抗弯矩计算表　　表 4-2

梁区段	纵筋	h_0(mm)	x(mm)	M_{ui}(kN·m)
支座中心～1 点	2 ϕ32	1252	21.8	560.06
1 点～2 点	4 ϕ32	1234	43.5	1091.57
2 点～3 点	6 ϕ32	1216	65.3	1599.55
3 点～4 点	8 ϕ32	1198	87.03	2079.83
4 点～跨中	8 ϕ32 + 2 ϕ16	1194	92.5	2197.65

将表 4-2 的各正截面的抵抗弯矩 M_{ui} 用各平行线表示出来，它们与设计弯矩包络图的交点

分别为：k、l、m、n，将各 M_{ui} 值代入，可求得交点 k、l、m、n 到跨中截面的距离 x 值（图 4-11）。

检查第一排弯起钢筋（2N4）弯起点的初步位置是否满足《桥规》的要求：

充分利用点 m 的横坐标 $x = 6756$mm，而 2N4 的弯起点 1 的横坐标 $x_1 = 9750 - 1133 = 8617$mm，说明 1 点位于 m 点的左边，且 $x_1 - x = 8617 - 6756 = 1861\text{mm} > \frac{h_0}{2} = \frac{1234}{2} = 617$mm，满足要求。

n 点的横坐标 $x = 8349$mm，而 2N5 钢筋与梁中轴线交点 1′的横坐标 $x_1' = 9750 - 567 = 9183 > 8349$mm，亦满足要求。

采用同样的方法对其余几排弯起钢筋弯起点的初步位置进行复核，如表 4-3 所列。

弯起钢筋弯起点的位置复核表　　表 4-3

弯起钢筋序号	弯起点符号	弯起点距跨中距离 x_1	钢筋与梁中轴线交点距跨中距离 x_2	充分利用点距跨中距离 x_3	不需要点距跨中距离 x_4	$\frac{h_0}{2}$	$x_1 - x_3$	$x_2 - x_4$
N4	1	8617	9183	6756	8349	617	1861	>0
N3	2	7519	8049	4760	6756	608	2759	>0
N2	3	6457	6952	955.9	4760	599	5501.1	>0
N1	4	5414	6241	0	955.9	597	5414	>0

由上表可见，各排弯起钢筋的弯起点位置距该排钢筋充分利用点的距离大于$\frac{h_0}{2}$，且各排弯起钢筋与梁中轴线交点均位于该排钢筋不需要点之外，能够满足《桥规》的要求。由于 2N1、2N2 和 2N3 钢筋弯起后形成的抵抗弯矩图远大于设计弯矩包络图，需要进一步在满足规范对弯起钢筋弯起点要求的前提下，调整弯起钢筋的弯起点位置，使抵抗弯矩图更接近设计弯矩包络图，在 2N4、2N3 和 2N2 钢筋之间增设直径为 32mm 的斜筋，使各弯起钢筋和斜筋的水平投影长度有所重叠。图 4-12 即为调整后的主梁弯起钢筋和斜钢筋的布置图。

五、全梁承载力复核

1. 斜截面抗剪强度的复核

由前面的计算可知：距支座中心距离为 4336mm 处给弯起钢筋分配的计算剪力为 70.06kN，需要的弯起钢筋的面积为 472mm^2，由图 4-12 可知位于该截面处的弯起钢筋为 2N2，弯起钢筋的面积为 1609mm^2，能够满足抗剪要求，2N2 钢筋以左的各排弯起钢筋（及斜筋）直径均为 32mm，弯筋面积为 1609mm^2，不需要作抗剪强度的校核，只需要对弯起钢筋 2N1 进行抗剪强度的校核，取 2N2 钢筋弯起点处的截面为校核截面，根据比例关系可得：该截面处需要弯起钢筋承受的剪力为：

$$\frac{4563 + 650 - 4733}{4563} = \frac{V_{sb6}}{V_{sb1}}，所以\ V_{sb6} = \frac{(4563 + 650 - 4733) \times 166.51}{4563} = 17.52\text{kN}$$

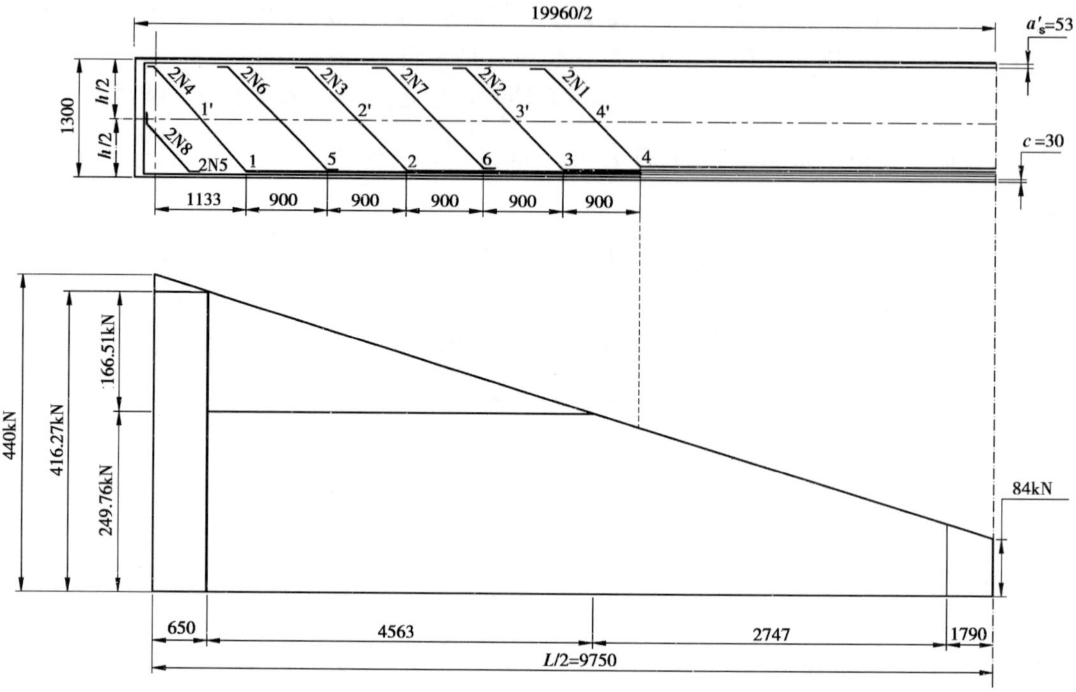

图 4-12　主梁弯起钢筋和斜钢筋布置图(尺寸单位:mm)

$$A_{sb6}=\frac{V_{sb2}}{0.75\times10^{-3}f_{sd}\sin\theta_s}=\frac{17.52}{0.75\times10^{-3}\times280\times\sin45°}\approx117.9\text{mm}^2\approx118\text{mm}^2$$

2N1 钢筋(直径为 16mm)的截面积为 402mm²,能够满足要求,且 2N1 钢筋弯起点距支座中心的距离为 5633mm,已经超出了需要配置弯起钢筋的区域范围(5213mm)。

对钢筋混凝土梁斜截面抗剪承载力的复核,按照《桥规》关于复核截面位置和复核方法的要求逐一进行,限于篇幅,本例再不作详解。

2. 正截面和斜截面抗弯承载力的复核

计算各排弯起钢筋的弯起点位置距该排钢筋充分利用点的距离和各排弯起钢筋与梁中轴线交点到该排钢筋不需要点外的距离,如表 4-4 所列。

保证正截面和斜截面抗弯承载力构造要求分析表　　表 4-4

弯起钢筋编号	弯起点符号	弯起点距跨中距离 x_1	钢筋与梁中轴线交点距跨中距离 x_2	充分利用点距跨中距离 x_3	不需要点距跨中距离 x_4	$\frac{h_0}{2}$	x_1-x_3	x_2-x_4
N4	1	8617	9183	6756	8349	617	1861	>0
N3	2	6817	7347.5	4760	6756	608	2052	>0
N2	3	5017	5511.7	955.9	4760	599	4061.1	>0
N1	4	4117	4584.6	0	955.9	597	4117	>0

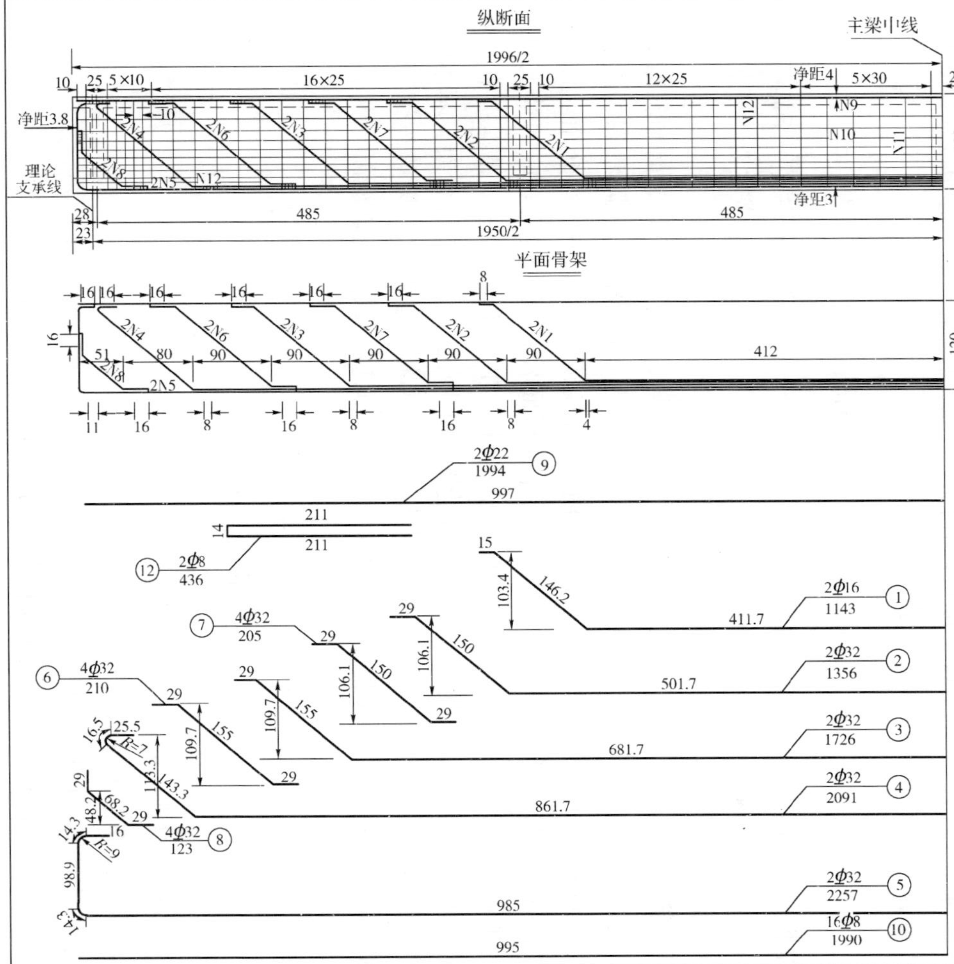

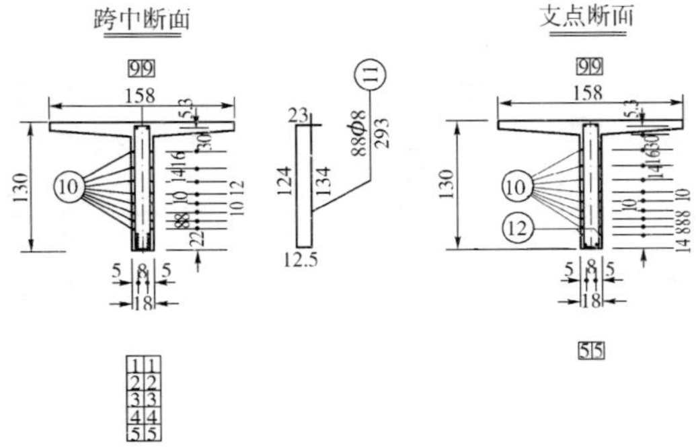

一片主梁肋钢筋数量表

类别	编号	直径(mm)	每根长(cm)	根数	共长(m)	理论重量(kg/m)	总重量(kg)
钢	10	Φ8	1990	16	318.4	0.395	231.1
	11	Φ8	293	88	257.84	0.395	
	12	Φ8	436	2	8.72	0.395	
	9	Φ22	1994	2	39.88	2.98	1253.6
	1	Φ16	1143	2	22.86	1.58	
	2	Φ32	1356	2	27.12	6.31	
	3	Φ32	1726	2	38.52	6.31	
筋	4	Φ32	2091	2	41.82	6.31	
	5	Φ32	2257	2	45.14	6.31	
	6	Φ32	210	4	8.4	6.31	
	7	Φ32	205	4	8.2	6.31	
	8	Φ32	123	4	4.92	6.31	
C30混凝土(m³)			中	边	8.64		8.19

附注：
1.本图尺寸除钢筋直径以毫米计外，余均以厘米计。
2.本图钢筋焊缝均为双面焊。
3.一片平面骨架的重量为0.60t，边主梁的安装重量为20.5t。中主梁的安装重量为21.6t。

宕昌县官鹅桥	主梁肋钢筋构造图	设计	陈彪来	复核	管频	审核	张世海	比例	1:50	图号	S-5

图4-13 T梁主梁肋钢筋构造图

由上表可见，各排弯起钢筋的弯起点位置距该排钢筋充分利用点的距离大于$\frac{h_0}{2}$，且各排弯起钢筋与梁中轴线交点均位于该排钢筋不需要点之外，即均能保证正截面抗弯强度和斜截面抗弯强度。

由于钢筋弯起后形成的抵抗弯矩图与初次弯起的相比更接近于设计弯矩包络图，设计更趋合理。另外，梁底有 2 根ϕ32 的主钢筋不弯起，通过支点截面，这 2 根主钢筋截面积为 1609mm^2，与跨中截面主筋 8ϕ32 和 2ϕ16 总截面积为 6836mm^2 之比为 23.5%，大于 20%，能够满足《桥规》的规定。

六、钢筋图的绘制

钢筋混凝土梁正截面和斜截面的强度计算结果最终是以钢筋构造图的形式来体现的，钢筋构造图是指导施工的主要依据，其内容包括钢筋装配图和钢筋详图两部分。钢筋装配图主要用于钢筋骨架的绑扎或焊接成型，应详细标明各号钢筋之间的相对位置和定位尺寸。钢筋详图主要用于钢筋的加工成型，应详细标明各号钢筋的规格、尺寸及形状。弯起钢筋的高度应按实际弯起情况准确计算，水平段长度可以在图上量取，弯起钢筋的弯起角度应以竖直段和水平段长度表示，不能直接用角度来表示。

七、工程数量表的编制

工程数量表包括钢筋明细表和工程数量总表两部分。钢筋明细表主要用于施工现场的材料管理，应标明强度等级和钢筋的规格、数量及下料长度。工程数量总表主要用于材料的采购及管理，应标明不同规格的钢筋和混凝土的总用量。

需要指出的是，一片钢筋混凝土 T 形梁的完整设计，除了进行正截面和斜截面的强度计算外，还需要通过验算该片 T 形梁在短暂状态的应力和正常使用极限状态的裂缝宽度及变形等能否满足《桥规》的规定，这一部分内容将在以后的章节中详细介绍。此外，一片 T 形梁除了主梁梁肋内要配置钢筋外，翼缘板作为桥面板，根据作用效应的情况也要配置横向主钢筋和纵向分布钢筋，关于作用效应值的计算在《桥梁工程》课本中有详细的介绍。图 4-13 所示的为 T 形梁的主梁肋钢筋构造图，采用两片平面焊接骨架。基本的制作工序为将平面骨架焊接成型后，安放在底模板上，然后绑扎箍筋和水平防收缩钢筋，并布设翼缘板和横隔梁的钢筋，形成整体钢筋骨架后再安放侧模，最后浇筑混凝土并养生至设计强度。

本章小结

(1)受弯构件斜截面的剪切破坏形态。

(2)影响有腹筋梁抗剪承载力的各个因素。

(3)受弯构件斜截面抗剪强度计算和腹筋设计的方法和一般步骤。

(4)受弯构件钢筋构造图的绘制思路和工程数量表的编制方法。

复习思考题

1. 名词解释

斜压破坏　剪压破坏　斜拉破坏　剪跨比　配箍率　抗剪强度上、下限值　梁的承载能力图

2. 试述受弯构件梁的斜截面破坏形态及各自的特点。

3. 影响斜截面抗剪承载力的主要因素有哪些？为什么？

4. 箍筋有什么作用？配箍率是怎样定义的？它对斜截面抗剪承载力有什么影响？

5. 怎样防止斜拉破坏和斜压破坏？

6. 在什么情况下可以按构造要求配置箍筋？

7. 保证斜截面抗弯承载力的构造措施是什么？

8. 什么叫抵抗弯矩图？它与设计弯矩图之间应有怎样的关系？什么是钢筋的充分利用点和理论截断点(不需要点)？

9. 如何进行全梁承载力的复核？

10. 已知标准跨径为20m的公路钢筋混凝土装配式T形梁，计算跨径$L=19.5$m，T形梁尺寸如题图4-1所示。混凝土强度等级为C30，主筋采用HRB335级(Ⅱ级)钢筋焊接骨架，箍筋采用R235(Ⅰ级)，跨中弯矩$M_{dm}=2400$kN·m，支点弯矩$M_{d0}=0$，其余截面的弯矩按二次抛物线变化，支点剪力$V_{d0}=560$kN，跨中剪力$V_{dm}=98$kN。

(1)计算跨中截面受拉钢筋面积，并进行承载力复核。

(2)设计梁的腹筋。

(3)绘制主梁肋的钢筋构造图。

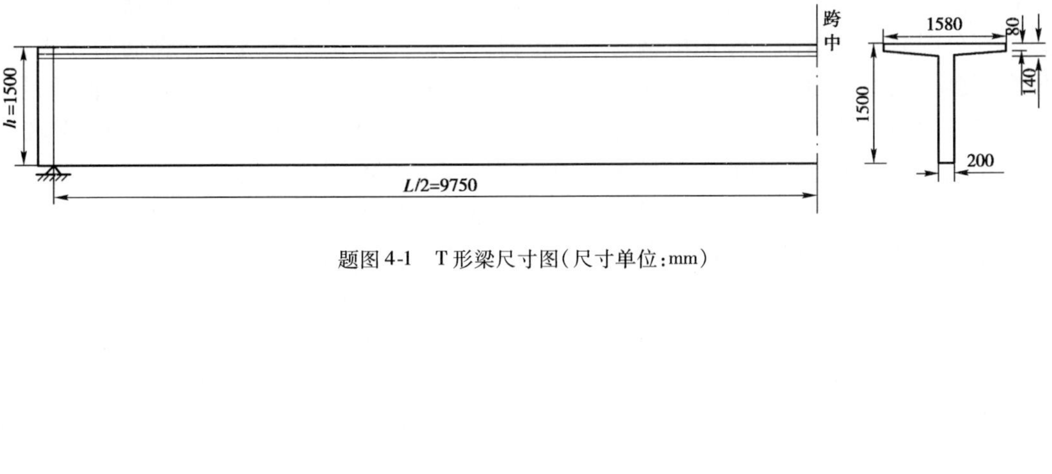

题图4-1　T形梁尺寸图(尺寸单位:mm)

第五章

钢筋混凝土受弯构件在施工阶段的应力计算

教学要求

1. 解释换算截面的概念和原理以及引进换算截面的意义；
2. 受弯构件在施工阶段的正应力和主应力计算的基本假定和计算方法；
3. 通过讲解计算示例，使学生能够套用相关公式进行受弯构件在施工阶段的应力计算。

在前面几章里，根据承载能力极限状态的设计原则，介绍了钢筋混凝土受弯构件的强度设计计算方法。但对于钢筋混凝土受弯构件，还应验算施工阶段混凝土和钢筋的应力，并以此作为施工控制的依据。

•第一节 换 算 截 面•

钢筋混凝土受弯构件受力进入第二工作阶段，其特征是弯曲竖向裂缝已形成并开展，中性轴以下部分混凝土已退出工作而由钢筋承受拉力，应力为 σ_s，但它还远小于钢筋的屈服强度。受压区混凝土的压应力图形大致是抛物线形，而受弯构件的荷载-挠度（跨中）关系曲线是一条接近于直线的曲线，因此，钢筋混凝土受弯构件的第二工作阶段又可称为开裂后弹性阶段。

由于钢筋混凝土是由钢筋和混凝土两种受力性能完全不同的材料组成，因此钢筋混凝土受弯构件的应力计算就不能直接采用材料力学的方法。但可通过换算截面的方法，按作用等效的原则把钢筋混凝土转换成同一种材料组成的匀质弹性体，即可借助材料力学的方法进行计算。

一、基 本 假 定

根据钢筋混凝土受弯构件在施工阶段及正常使用荷载作用下的主要受力特征，可作如下的假定：

（1）平截面假定。即梁在弯曲变形时，各横截面仍保持平面。

（2）弹性体假定。钢筋混凝土受弯构件在第二工作阶段时，混凝土受压区的应力图形是曲线，但此时曲线并不丰满，与直线形相差不大，可以近似地看作为直线分布，即受压区的应力与平均应变成正比。

(3)受拉区出现裂缝后,受拉区的混凝土不参加工作,拉应力全部由钢筋承担。

(4)每一种等级的混凝土,其拉、压弹性模量视为同一常值,不随应力大小而变,从而钢筋的弹性模量 E_s 和混凝土的弹性模量 E_c 之比值为一常数量 α_{Es} 即 $\alpha_{Es}=\frac{E_s}{E_c}$。

二、截面变换

上述基本假定作出的钢筋混凝土受弯构件在第二工作阶段的计算图式,如图 5-1 所示。

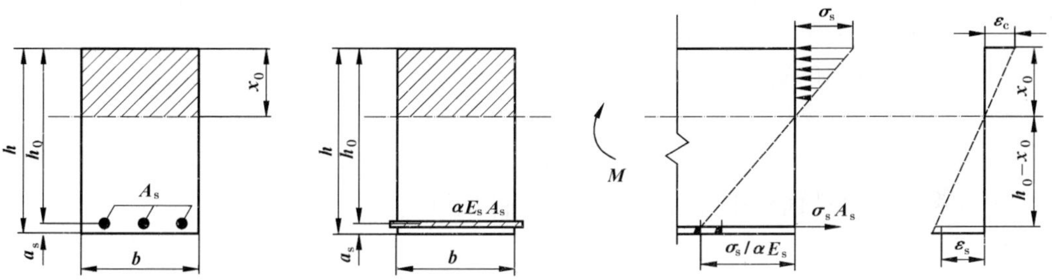

图 5-1 单筋矩形截面应力计算图式

钢筋混凝土受弯构件的正截面是由钢筋和混凝土组成的组合截面,并非均质的弹性材料,不能直接用材料力学公式进行截面计算。如果我们用虚拟的混凝土块等效地代替钢筋,如图 5-1。于是两种材料组成的组合截面就变成单一材料(混凝土)的截面,人们称之为“换算截面”。

上述等效变换的条件是:

(1)虚拟混凝土块仍居于钢筋的重心处,它们的应变相同,即 $\varepsilon_t=\varepsilon_s$。

(2)虚拟混凝土块与钢筋承担的内力相同,即 $\sigma_s A_s=\sigma_t A_t$。

综上所述,由虎克定律得:

$$\varepsilon_s=\sigma_s/E_s \qquad \varepsilon_t=\sigma_t/E_c$$

根据 $\varepsilon_t=\varepsilon_s$ 得

$$\sigma_s/E_s=\sigma_t/E_c \tag{5-1}$$

即

$$\sigma_s=\frac{E_s}{E_c}\sigma_t=\alpha_{Es}\sigma_t$$

根据 $\sigma_s A_s=\sigma_t A_t$ 得

$$A_t=\frac{\sigma_s}{\sigma_t}A_s=\alpha_{Es}A_s \tag{5-2}$$

可见,虚拟混凝土块的面积 A_t 为主钢筋截面积 A_s 的 α_{Es} 倍。

以上公式中符号意义:

E_s——普通混凝土的弹性模量;

E_c——普通钢筋的弹性模量;

α_{Es}——钢筋的弹性模量与混凝土的弹性模量比;

ε_t——等效混凝土块的应变;

ε_s——钢筋的应变；

σ_s、A_s——钢筋的应力及截面面积；

σ_t、A_t——等效混凝土块的应力及面积。

三、开裂截面换算截面的几何特征表达式

1. 单筋矩形截面

1）开裂截面换算截面面积 A_{cr}

$$A_{cr} = bx_0 + \alpha_{Es}A_s \tag{5-3}$$

式中：A_{cr}——构件开裂截面换算截面面积；

b——矩形截面的宽度，受压区混凝土面积；

x_0——受压区的高度；

其余符号意义同前。

2）开裂截面换算截面对中性轴的静矩（或面积矩）S_{cr}

受压区：
$$S_{cra} = \frac{1}{2}bx_0^2 \tag{5-4}$$

受拉区：
$$S_{crl} = a_{Es}A_s(h_0 - x_0) \tag{5-5}$$

3）开裂截面换算截面的惯性矩 I_{cr}

$$I_{cr} = \frac{1}{3}bx_0^3 + a_{Es}A_s(h_0 - x_0)^2 \tag{5-6}$$

式中：I_{cr}——构件截面开裂后的换算截面的惯性矩（又称开裂截面换算截面惯性矩）。

注意：虚拟混凝土块对其自身重心轴的惯性矩极小，通常略去不计。

4）开裂截面换算截面的抵抗矩 W_{cr}

对混凝土受压区边缘：

$$W_{cr} = \frac{I_{cr}}{x_0} \tag{5-7}$$

对受拉钢筋重心处：
$$W_{cr} = \frac{I_{cr}}{h_0 - x_0} \tag{5-8}$$

5）受压区高度 x_0

《材料力学》指出承受平面弯曲的受弯构件，其截面的中性轴通过它的重心，而任意平面图形对重心的静矩总和等于零。因此，受压区对中性轴的静矩与受拉区对中性轴的静矩之代数和等于零，即：

$$S_{cra} - S_{crl} = 0$$

由式（5-4）和式（5-5）即：

$$\frac{1}{2}bx_0^2 - \alpha_{Es}A_s(h_0 - x_0) = 0$$

化简后得：

$$bx_0^2 + 2\alpha_{Es}A_sx_0 - 2\alpha_{Es}A_sh_0 = 0$$

解得：

$$x_0=\frac{\alpha_{Es}A_s}{b}\left\{\sqrt{1+\frac{2bh_0}{\alpha_{Es}A_s}}-1\right\} \tag{5-9}$$

2. 双筋矩形截面

对于双筋矩形截面,截面变换的方法就是将受拉钢筋的截面 A_g 和受压钢筋截面 A'_g 分别用两个虚拟的混凝土块代替,形成换算截面。它跟单筋矩形截面的不同之处,仅仅是受压区配置有受压钢筋,因此,双筋矩形截面的换算截面几何特征值的表达式可在单筋矩形截面的基础上,再计入受压钢筋换算截面 $\alpha_{Es}A'_s$ 就可以了。

《桥规》规定当受压区配有纵向钢筋时,在计算受压区高度 x 和惯性矩 I_{cr} 公式中的受压钢筋的应力应符合 $\alpha_{Es}\sigma^t_{cc}\leqslant f'_{sd}$ 的条件:当 $\alpha_{Es}\sigma^t_{cc}>f'_{sd}$ 时,则各公式中所含的 $\alpha_{Es}A'_s$ 应以 $\frac{f'_{sd}}{\sigma^t_{cc}}A'_s$ 代替。此处,f'_{sd} 受压钢筋强度设计值,σ^t_{cc} 为受压钢筋合力点相应的混凝土压应力,见公式(5-21)。

3. 单筋 T 形截面

单筋 T 形截面的换算截面几何特征,根据受压区高度 x 值的大小不同,可分为两种情况:

(1)如 $x_0\leqslant h'_f$(T 形截面受压区翼缘高度),表明中性轴位于翼缘内,此时,单筋 T 形截面可以按受压区翼缘宽度 b'_f 为宽度、以 T 形截面 h 为高度的单筋矩形截面的有关公式进行计算。

(2)如 $x_0>h'_f$,则表明中性轴位于翼缘之外的梁肋内,此时梁肋有一部分在受压区(图 5-2)。

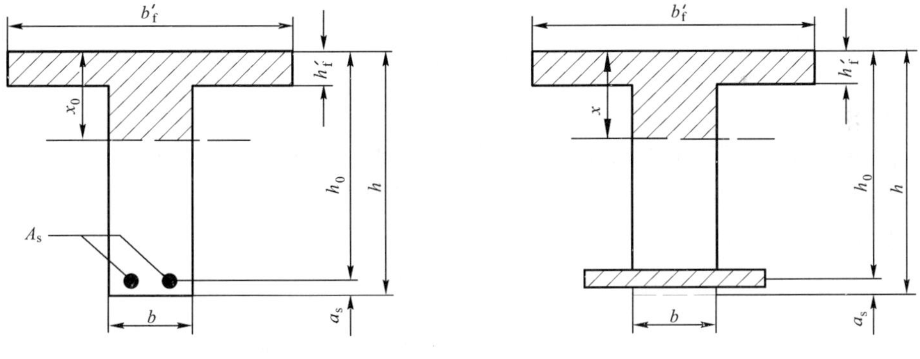

图 5-2　单筋 T 形截面

单筋 T 形开裂截面换算截面几何特征值的表达式如下:

1)开裂截面换算截面面积 A_{cr}

$$A_{cr}=bx_0+(b'_f-b)h'_f+\alpha_{Es}A_s \tag{5-10}$$

式中:A_{cr}——构件开裂截面换算截面面积;

b——T 形截面腹板宽度;

b'_f——T 形截面受压区翼缘计算宽度;

h'_f——T 形截面受压区翼缘厚度;

其余符号意义同前。

2)开裂截面换算截面对中性轴的静矩(或面积矩)S_{cr}

受压区：
$$S_{cra}=\frac{1}{2}bx_0^2+(b_f'-b)h_f'\left(x_0-\frac{1}{2}h_f'\right) \tag{5-11}$$

或
$$S_{cra}=\frac{1}{2}b_f'x_0^2-\frac{1}{2}(b_f'-b)(x_0-h_f')^2$$

受拉区：
$$S_{crl}=\alpha_{Es}A_s(h_0-x_0) \tag{5-12}$$

3）开裂截面换算截面惯性矩 I_{cr}

$$I_{cr}=\frac{1}{3}b'x_0^3-\frac{1}{3}(b_f'-b)(x_0-h_f')^3+\alpha_{Es}A_s(h_0-x_0)^2 \tag{5-13}$$

式中：I_{cr}——构件截面开裂后的换算截面的惯性矩（又称开裂截面换算截面惯性矩）。

注意：①虚拟混凝土块对其自身重心轴的惯性矩极小，通常略去不计。

②当受拉区配置有多层钢筋时，在计算开裂换算截面惯性矩的公式中所含 $\alpha_{Es}A_s(h_0-x_0)^2$ 项，应用 $\alpha_{Es}\sum_{i=1}^{n}A_{si}(h_{0i}-x_0)^2$ 代替，此外 n 为受拉钢筋层数，A_{si} 为第 i 层全部钢筋的截面面积，h_{0i} 为第 i 层钢筋 A_{si} 重心至受压区边缘的距离。

4）开裂截面换算截面的抵抗矩 W_{cr}

对混凝土受压区上缘：

$$W_{cr}=\frac{I_{cr}}{x_0} \tag{5-14}$$

对受拉钢筋重心处：

$$W_{cr}=\frac{I_{cr}}{h_0-x_0} \tag{5-15}$$

5）受压区高度 x

《材料力学》指出，承受平面弯曲的受弯构件，其截面的中性轴通过它的重心，而任意平面图形对重心的静矩总和等于零。因此，受压区对中性轴的静矩与受拉区对中性轴的静矩之代数和等于零，即：

$$S_{cra}-S_{crl}=0$$

$$\frac{1}{2}b_f'x_0^2-\frac{1}{2}(b_f'-b)(x_0-h_f')^2=\alpha_{Es}A_s(h_0-x_0) \tag{5-16}$$

化简后得：

$$x_0^2+2Ax_0-B=0$$

其中：
$$A=\frac{\alpha_{Es}A_s+h_f'(b_f'-b)}{b}$$

$$B=\frac{h_f'^2(b_f'-b)+2\alpha_{Es}A_sh_0}{b}$$

解得：

$$x_0=\sqrt{A^2+B}-A \tag{5-17}$$

或通过公式：$x_0=\dfrac{S_{cra}}{A_{cr}}$，求得受压区高度。（$S_{cra}$——换算截面对混凝土受压区上边缘的静矩）。

在钢筋混凝土受弯构件的使用阶段和施工阶段的计算中，有时会遇到全截面换算截面的概念，即《桥规》中提到的换算截面。

换算截面是混凝土全截面面积和钢筋的换算面积所组成的截面。对于图 5-1 所示的矩形截面，换算截面的几何特性计算式如下：

换算截面面积 A_0：

$$A_0 = bh + (\alpha_{Es} - 1)A_s \tag{5-18}$$

受压区高度 x_0：

$$x_0 = \frac{\frac{1}{2}bh^2 + (\alpha_{Es} - 1)A_s h_0}{A_0} \tag{5-19}$$

换算截面对中性轴的惯性矩 I_0：

$$I_0 = \frac{1}{12}bh^3 + bh\left(\frac{1}{2}h - x_0\right)^2 + (\alpha_{Es} - 1)A_s(h_0 - x_0)^2 \tag{5-20}$$

第二节　受弯构件在施工阶段的应力计算

对于钢筋混凝土梁在施工阶段，特别是梁的运输、安装过程中，梁的支承条件、受力图式会发生变化。例如，图 5-3b）所示简支梁的吊装，吊点的位置并不在梁设计的支座截面，当吊点位置 a 较大时，将会在较大的负弯矩。又如图 5-3c）所示，采用“钓鱼法”架设简支梁，在安装施工中，其受力范围较长不再是简支体系。因此，应该根据受弯构件在施工中的实际受力体系进行应力计算。对于在施工阶段的钢筋混凝土受弯构件，可以利用前述方法把构件正截面换算成换算截面，也就变成了《材料力学》所研究的匀质弹性材料，即可用《材料力学》的方法进行计算。

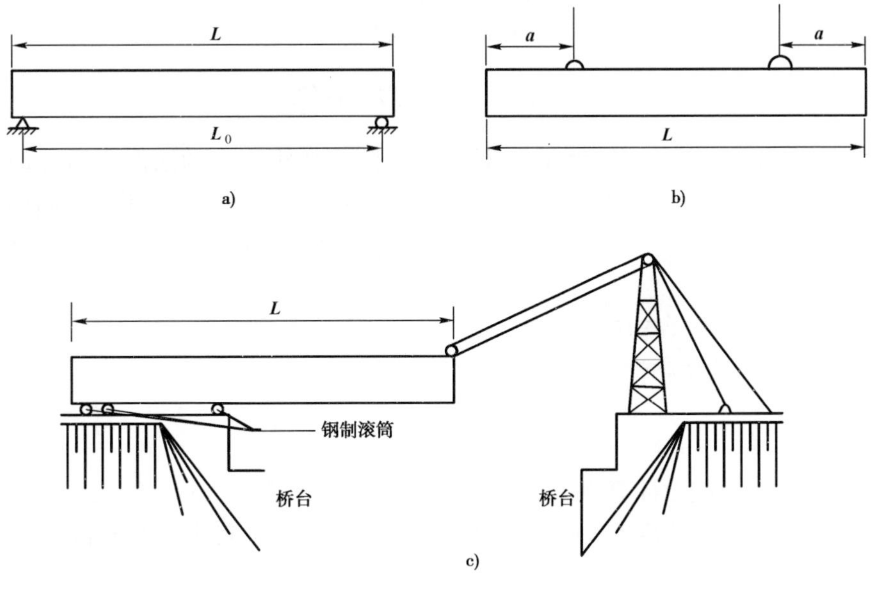

图 5-3　构件吊装

《桥规》规定构件在吊装、运输时，构件重力应乘以动力系数 1.2 或 0.85，并可视构件具体情况适当增减。

一、正应力计算

《桥规》规定钢筋混凝土受弯构件按短暂状况设计，正截面应力按下列公式计算，并应符合下列规定：

（1）受压区混凝土边缘的压应力：

$$\sigma_{cc}^{t}=\frac{M_{k}^{\prime t}x_{0}}{I_{cr}}\leqslant 0.80f_{ck}^{\prime} \tag{5-21}$$

（2）受拉钢筋应力：

$$\sigma_{si}^{t}=\alpha_{Es}\frac{M_{k}^{t}(h_{0i}-x_{0})}{I_{cr}}\leqslant 0.75f_{sk} \tag{5-22}$$

式中：M_{k}^{t}——由临时的施工荷载标准值产生的弯矩值；

x_0——换算截面的受压区高度，按换算截面受压区和受拉区对中性轴面积矩相等的原则求得；

I_{cr}——开裂截面换算截面的惯性矩，根据已求得的受压区高度 x_0；按开裂换算截面对中性轴惯性矩之和求得；

σ_{si}^{t}——按短暂状况计算时受拉区第 i 层钢筋的应力；

h_{0i}——受压区边缘至受拉区第 i 层钢筋截面重心的距离；

$f_{ck}^{\prime}$——施工阶段相应于混凝土立方体抗压强度 $f_{cu}^{\prime}$ 的混凝土轴心抗压强度标准值，按表以直线内插取用；

f_{sk}——普通钢筋抗拉强度标准值，按前面章节中表采用。

对于多层焊接骨架配筋的构件，还应验算最外排钢筋的应力。

二、剪应力和主应力计算

从材料力学分析得知，受弯构件在荷载作用下，除由弯矩产生的法向应力外，同时还伴随着剪力产生剪应力，由于法向应力和剪应力的结合，又产生斜向主应力，即主拉应力和主压应力。当主拉应力达到混凝土抗拉强度极限值时，构件就会出现斜裂缝，最终导致梁的斜截面破坏。

1. 钢筋混凝土梁的最大剪应力

由材料力学得知，均质弹性体的剪应力按下式计算：

$$\tau=\frac{VS}{Ib} \tag{5-23}$$

钢筋混凝土梁的剪应力计算以第 II 阶段应力图作为计算的基础。按前述换算截面原理，只要将公式(5-23)中的惯性矩 I 和面积 S 改为开裂的换算截面惯性矩 I_{cr} 和截面面积矩 S_0，即可用于计算钢筋混凝土梁的剪应力：

$$\tau=\frac{VS_{0}}{I_{cr}b} \tag{5-24}$$

式中：V——荷载标准值产生的剪力；

I_{cr}——换算截面惯性矩；

S_0——所求应力的水平纤维以上（或以下）部分换算面积对换算截面重心轴的面积矩；

b——所求应力的水平纤维处的截面宽度。

按公式（5-24）计算的钢筋混凝土矩形梁和T形截面梁的剪应力沿截面高度方向的变化情况示于图5-4。从图5-4可以看出，钢筋混凝土梁在中性轴处剪应力最大，一般记为τ，并在整个受拉区保持这一最大值。

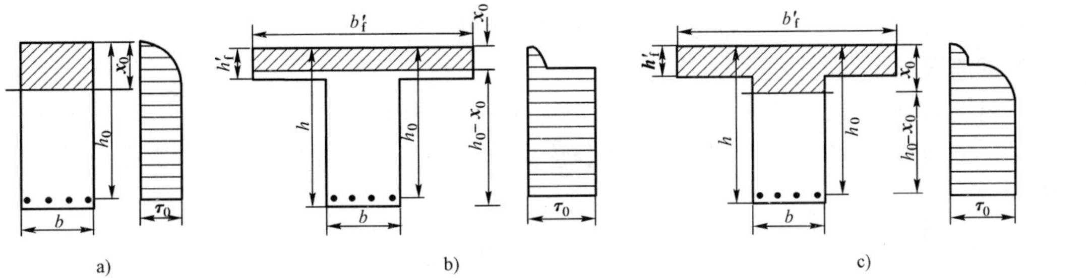

图5-4　钢筋混凝土梁的剪力图

为简化计算，钢筋混凝土梁的最大剪应力τ_0常采用下列简便公式计算。

等高度的钢筋混凝土梁由弯矩引起的法向应力和剪应力引起的剪应力分布情况如图5-5所示。

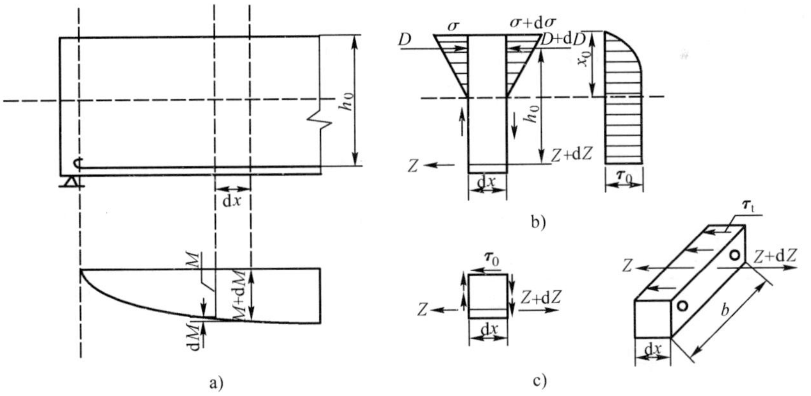

图5-5　钢筋混凝土梁段和分离体的受力情况

沿梁长方向取微分段dx来分析，在中性轴以下任意截取一部分，其上必将产生水平剪应力τ_0，以平衡两端钢筋拉力之差，由平衡条件得：

$$\tau_0 b\mathrm{d}x = \mathrm{d}Z$$

$$\tau_0 = \frac{\mathrm{d}Z}{b\mathrm{d}x} \tag{5-25}$$

而$M = Z \cdot z$，其中z为内力臂。在微分段长度dx内，可见z不变，所以：

$$\mathrm{d}M = z\mathrm{d}Z \tag{5-26}$$

$$\mathrm{d}Z = \mathrm{d}M/z$$

将公式(5-26)代入公式(5-25),并取$\frac{dM}{dx}=V$,可得:

$$\tau_0=\frac{V}{bz} \tag{5-27}$$

式中,z 为内力臂,可近似地取下列数值:

单筋矩形梁 $z=0.875h_0$

双筋矩形梁 $z=0.9h_0$

T 形梁 $z=0.92h_0$ 或 $z=h_0-h_f'/2$

2. 钢筋混凝土梁的主应力

从材料力学得知,当法向应力 σ 和剪应力 τ 同时作用在梁内某一小单元体上,则在单元体的某一方向上将出现主拉应力,在与主拉应力方向垂直的方向上将出现主压应力,其大小和方向为:

主压应力 $\sigma_{tp}=\frac{\sigma}{2}-\sqrt{\frac{\sigma^2}{4}+\tau^2}$

主拉应力 $\sigma_{tp}^{t}=\frac{\sigma}{2}+\sqrt{\frac{\sigma^2}{4}+\tau^2}$

主拉应力方向 $\tan2\alpha=-\frac{2\tau}{\sigma}$

式中,σ 值以压应力为正,拉应力为负。

在匀质梁中因受压区和受拉区和各层纤维的法向应力 σ 和剪应力 τ 都是变化的,故其主应力方向也是变化的。其主应力轨迹如图 5-6a)所示。

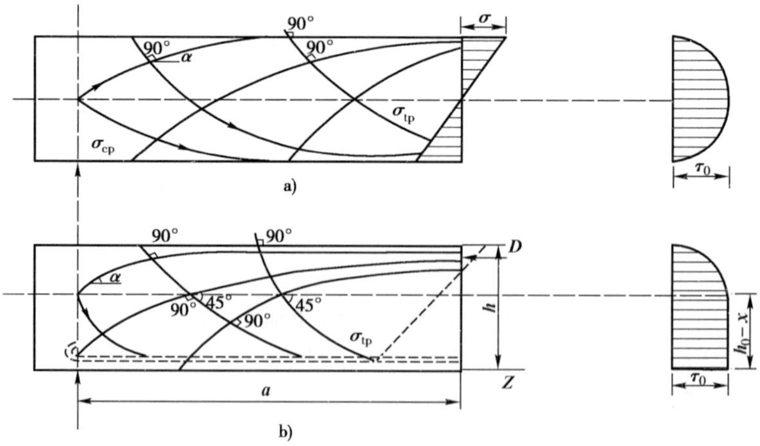

图 5-6 主应力轨迹图

a)匀质梁;b)钢筋混凝土

对处于第 II 应力阶段(带裂缝工作)的钢筋混凝土梁,观察其主应力与轨迹线的特点(图 5-6b)),得出一个重要的结论:在钢筋混凝土梁中轴线处及整个受拉区主拉应力达到最大值,主拉应力在数值上等于主压应力,且等于最大剪应力,其方向与梁轴线呈 45°交角。即:

$$\sigma_{tp}=\sigma_{cp}=\tau_0=\frac{V}{bz} \tag{5-28}$$

由于主拉应力与主压应力及最大剪应力在数值上相等，且混凝土的抗拉强度最低，所以，在钢筋混凝土结构中只验算主拉应力，不必验算主压应力和剪应力。

这样，钢筋混凝土受弯构件按短暂状况设计截面应力验算，就是计算中性轴处的主拉应力并应符合下列规定：

$$\sigma_{tp}-\frac{V_k^t}{bz_0}\leqslant f'_{tk} \tag{5-29}$$

式中：V_k^t——由施工荷载标准值产生的剪力值；

b——矩形截面宽度、T形、工形截面的腹板宽度；

z_0——受压区合力点至受拉钢筋合力点的距离，按受压区应力图形为三角形计算确定；

f'_{tk}——施工阶段的混凝土轴心抗拉强度标准值。

对于某些需要按短暂状况计算荷载或其他需按弹性分析允许应力进行抗剪配筋设计的情况，应按下列方式处理。

钢筋混凝土受弯构件中性轴处的主拉应力，若符合下条件：

$$\sigma_{tp}\leqslant 0.25f'_{tk} \tag{5-30}$$

该区段的主拉应力全部由混凝土承受，此时抗剪钢筋按构造要求配置。

中性轴处的主拉应力不符合公式(5-30)的区段，则主拉应力全部由箍筋和弯起钢筋承受，按箍筋和弯起钢筋剪应力图配置(图5-7)，并按下列公式计算：

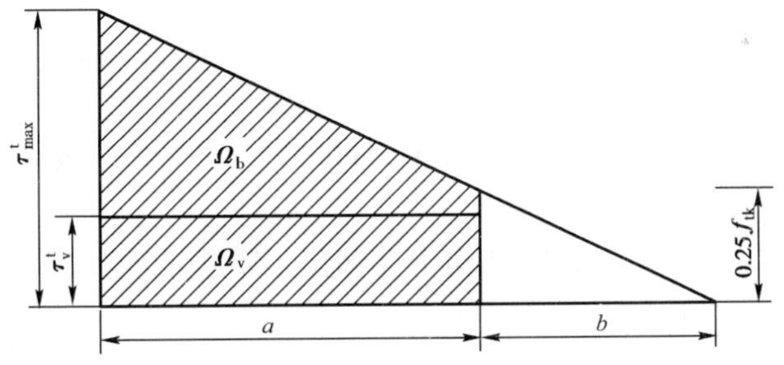

图5-7　钢筋混凝土受弯构件剪应力沿梁长方向分布图

1）箍筋

$$\tau_v^t\geqslant\frac{nA_{svl}[\sigma_{sv}^t]}{bS_v}$$

2）弯起钢筋

$$A_{sb}\geqslant\frac{b\Omega_b}{[\sigma_{sb}^t]\sin\theta_s}$$

式中：τ_v^t——由箍筋承担的主拉应力(剪应力)值；

n——同一截面内箍筋的肢数；

$[\sigma_{sv}^t]$——按短暂状况设计时，箍筋钢筋应力限值，取$[\sigma_{sv}^t]=0.75f_{sk,v}$；

A_{zvl}——一肢箍筋的截面面积；

S_v——箍筋的间距；

b——矩形截面宽度、T 形、工形截面的腹板宽度；

A_{sb}——弯起钢筋的总截面面积；

$[\sigma_{sb}^{t}]$——按短暂状况设计时，弯起钢筋应力限值，取$[\sigma_{sb}^{t}]=0.75f_{sk,b}$；

Ω_b——相应于由弯起钢筋承受的剪应力图的面积；

θ_s——弯起钢筋与构件轴线的夹角。

【例 5-1】 某装配式钢筋混凝土简支 T 形梁，其计算跨径 $L=19.5$m，截面尺寸见图(5-8)，采用 C30 混凝土($f_{tk}=2.01$MPa，$f'_{ck}=20.1$MPa)、主筋采用 HRB400 钢筋(8 Φ 32，$A_s=6434\text{mm}^2$，$f_{tk}=400$MPa)，焊接钢筋骨架。由恒载标准值产生的弯矩值 $M_k^t=766$kN·m，试进行正截面应力验算。

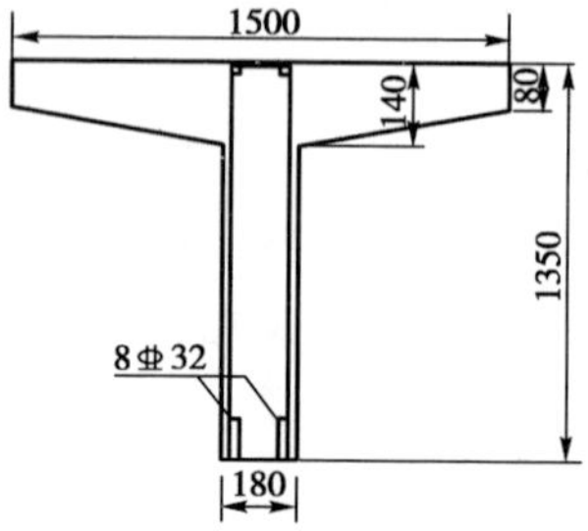

图 5-8 T 形梁截面
(尺寸单位:mm)

解：C30 混凝土的弹性模量 $E_c=3\times10^4$MPa；HRB400 钢筋的弹性模量 $E_s=2\times10^5$MPa

$\alpha_{Es}=E_s/E_c=6.67$

翼缘平均厚度为：

$h'_f=(140+80)/2=110(\text{mm})$

截面的有效高度为：

$h_0=1350-(30+2+34.5)=1251\text{mm}$

$h_{01}=1350-(30+34.5/2)=1303\text{mm}$

(1)确定受压区高度

由公式(5-17)得：$x_0=\sqrt{A^2+B}-A$

$$A=\frac{\alpha_{Es}A_s+h(b'_f-b)}{b}=\frac{6.67\times6434+110\times(1500-180)}{180}=1045.1$$

$$B=\frac{h'^2_f(b'_f-b)+2\alpha_{Es}A_sh_0}{b}=\frac{110^2\times(1500-180)+2\times6.67\times6434\times1251}{180}=685248.8$$

则 $x_0=288\text{mm}>h'_f=110\text{mm}$，说明截面中性轴位于梁肋之内，属第二类截面。

(2)求开裂截面换算截面的惯性矩

$$I_{cr}=\frac{1}{3}b'x_0^3-\frac{1}{3}(b'_f-b)(x_0-h'_f)^3+\alpha_{Es}A_s(h_0-x_0)^2$$

$$=\frac{1}{3}\times1500\times288^3-\frac{1}{3}(15000-180)(288-110)^3+6.67\times6434\times(1251-288)^2$$

$$=486.4\times10^8\text{mm}^4$$

(3)正截面应力验算

受压区混凝土边缘的压应力

$$\sigma_{cc}^{t}=\frac{M_k^tx_0}{I_{cr}}=\frac{766\times10^6\times288}{486.4\times10^8}=4.54\leqslant0.80f'_{ck}=0.8\times20.1=16.08\text{MPa}$$

最外一层受拉钢筋应力

$$\sigma_{si}^{t}=\alpha_{Es}\frac{M_k^t(h_{0i}-x_0)}{I_{cr}}=6.67\times\frac{766\times10^6\times(1303-288)}{486.4\times10^8}=106.6\text{MPa}$$

$$\leqslant0.75f_{sk}=0.75\times400=300\text{MPa}$$

因此，构件满足要求。

本 章 小 结

(1)换算截面的基本概念、换算的原则以及引进换算截面的意义。

(2)受弯构件在施工阶段的正应力、剪应力和主应力的计算方法。

(3)《桥规》关于受弯构件在施工阶段应力计算的相关规定。

复习思考题

1. 钢筋混凝土受弯构件在施工阶段的应力计算中为什么要引用换算截面的几何特性？

2. 在进行截面换算时有哪些基本假定？

3. 试推导钢筋混凝土T形截面梁全截面换算时几何特性计算公式(受压区也布置钢筋)。

4. 某装配式钢筋混凝土实体板桥，每块板宽 $b=1000\text{mm}$，板厚 $h=300\text{mm}$，采用C25混凝土，HRB335级钢筋，配筋8 Φ 16($A=1609\text{mm}^2$)受拉钢筋，$a_s=33\text{mm}$，承受计算弯矩 $M_k^t=155\text{kN}\cdot\text{m}$，试验算正截面应力。

第六章

钢筋混凝土受弯构件变形和裂缝计算

教学要求

1. 描述变形和裂缝宽度计算和控制的目的和意义，叙述荷载变形的特点，理解刚度和预拱度的概念；

2. 描述《桥规》中有关荷载变形和裂缝宽度验算的要求和预拱度的设置方法；

3. 分析钢筋混凝土受弯构件产生裂缝的原因及其影响因素，应用《桥规》的公式进行荷载裂缝宽度的验算。

《桥规》规定：钢筋混凝土构件，在正常使用极限状态下的裂缝宽度，应按照使用（或荷载）短期效应组合并考虑长期效应影响进行验算；钢筋混凝土受弯构件，在正常使用极限状态下的挠度，可以根据给定的构件刚度用结构力学的方法计算。

• 第一节　受弯构件的变形（挠度）计算 •

在荷载作用下的受弯构件，如果变形过大，将会影响结构的正常使用。例如，桥梁上部结构的挠度过大，梁端的转角亦大，车辆通过时，不仅要发生冲撞，而且还要破坏伸缩装置处的桥面，影响结构的耐久性；桥面铺装的过大变形将会引起车辆的颠簸和冲击，起着对桥梁结构不断的加载作用，所以在设计这些构件时，必须根据不同要求，把它们的弯曲变形控制在规范规定的容许值以内。这个就是所谓的刚度问题。

一般来说，满足梁的承载力要求，是问题的主要方面，但对构件的刚度问题也不能忽视。特别是当使用要求对变形控制比较严格或者构件截面过于单薄时，刚度要求可能在梁的设计中起控制作用。

对于普通的匀质弹性梁在不同荷载作用下的变形（挠度）计算，可用《材料力学》中的相应的公式求解。例如：在均布荷载作用下，简支梁的最大挠度为：

$$f=\frac{5ML^2}{48EI}\text{或}f=\frac{5qL^4}{384EI} \tag{6-1}$$

当集中荷载作用在简支梁跨中时，梁的最大挠度为：

$$f=\frac{1ML^2}{12EI}\text{或}f=\frac{PL^3}{48EI} \tag{6-2}$$

由这些公式可以看出，不论荷载的形式和大小如何，梁的挠度 f 总是与 EI 值成反比。EI

值越大,挠度值就越小;反之挠度值就增大。EI 值反映了梁的抵抗弯曲变形的能力,故 EI 又称为受弯构件的抗弯刚度。

钢筋混凝土受弯构件在使用荷载作用下的变形(挠度)计算,可以按上述公式(6-1)、式(6-2)进行。但是在应用时候,还需要考虑钢筋混凝土是由两种不同性质的材料组成。混凝土是一种非匀质的弹塑性体,受力后除产生弹性应变外还会产生塑性变形。钢筋混凝土受弯构件在使用荷载作用下会产生裂缝,其受拉区会成为非连续体,这就决定了钢筋混凝土受弯构件的变形(挠度)计算中涉及的抗弯刚度不能直接采用匀质弹性梁的抗弯刚度 EI,钢筋混凝土受弯构件的抗弯刚度通常是用 B 表示。即用 B 取代公式(6-1)和(6-2)中的 EI。

即:
$$f_s=\frac{5qL^4}{348B}\text{和}f_s=\frac{PL^3}{48B}$$

《桥规》规定:对于钢筋混凝土受弯构件的刚度按下式计算:

$$B=\frac{B_0}{\left(\frac{M_{cr}}{M_s}\right)^2+\left[1-\left(\frac{M_{cr}}{M_s}\right)^2\right]\frac{B_0}{B_{cr}}} \tag{6-3}$$

$$M_{cr}=\gamma\cdot f_{tk}W_0 \tag{6-4}$$

$$\gamma=\frac{2S_0}{W_0} \tag{6-5}$$

式中:B——开裂构件等效截面的抗弯刚度;

B_0——全截面的抗弯刚度,$B_0=0.95E_cI_0$;

B_{cr}——开裂截面的抗弯刚度,$B_{cr}=E_cI_{cr}$;

M_s——按作用(或荷载)短期效应组合计算的弯矩值;

M_{cr}——开裂弯矩;

γ——构件受拉区混凝土塑性影响系数;

S_0——全截面换算截面重心轴以上(或以下)部分面积对重心轴的面积矩;

W_0——换算截面抗裂边缘的轴心抵抗矩;

I_0——全截面换算截面惯性矩;

I_{cr}——开裂截面换算截面惯性矩;

f_{tk}——混凝土轴心抗拉强度标准值。

同时,钢筋混凝土受弯构件的挠度要考虑荷载长期效应的影响,即随着时间的增长,构件的刚度要降低,挠度要增大。这是因为:

(1)受压区的混凝土要发生徐变。

(2)受拉区裂缝间混凝土与钢筋之间的黏结逐渐退出工作,钢筋平均应变增大。

(3)受压区与受拉区混凝土压缩不一致,构件曲率增大。

(4)混凝土的弹性模量降低。

因此,《桥规》规定按荷载短期效应组合和按公式(6-3)规定的刚度计算的挠度值,要乘以挠度长期增长系数。挠度增长系数可按下列规定取用:

当采用 C40 以下混凝土时,$\eta_\theta=1.60$;当采用 C40 ~ C80 混凝土时,$\eta_\theta=1.45\sim1.35$,中间强度等级可按直线内插取用。受弯构件在使用阶段的长期挠度为:

$$f_t = \eta_\theta f_s$$

式中：f_s——按荷载短期效应组合计算的挠度值。

钢筋混凝土受弯构件按上述计算的长期挠度值，在消除结构自重产生的长期挠度后，梁式桥主梁的最大挠度处不应超过跨径的1/600；梁式桥主梁的悬臂端不应超过悬臂长度1/300。

在使用荷载作用下，受弯构件的变形（挠度）系由两部分组成：一部分是由永久作用产生的挠度，另一部分是由基本可变作用所产生的。永久作用产生的挠度，可以认为是在长期荷载作用下所引起的构件变形，它可以通过在施工时设置预拱度的办法来消除；而基本可变作用产生的挠度，则需要通过验算来分析是否符合要求。

钢筋混凝土受弯构件的预拱度可按下列规定设置：

（1）当由荷载短期效应组合并考虑荷载长期效应影响产生的长期挠度不超过计算跨径的1/1600时，可不设预拱度；

（2）当不符合上述规定时应设预拱度，且其值应按结构自重和1/2可变荷载频遇值计算的长期挠度值之和采用。

汽车荷载频遇值为汽车荷载标准的0.7倍，人群荷载频遇值为其标准值。

【例6-1】 某装配式钢筋混凝土简支T形梁，其计算跨径 $L=19.5$m，截面尺寸见图6-1，采用C30号混凝土（$f_{tk}=2.01$MPa），主筋采用HRB400钢筋（8 Φ 32，$A_s=6434\text{mm}^2$），焊接钢筋骨架。恒载弯矩标准值 $M_{GK}=766\text{kN}\cdot\text{m}$，汽车荷载弯矩标准值 $M_{Q1K}=660.8\text{kN}\cdot\text{m}$[其中包括冲击系数 $(1+\mu)=1.19$]，人群荷载弯矩标准值 $M_{Q2K}=85.5\text{kN}\cdot\text{m}$，试计算此T形梁的跨中挠度。

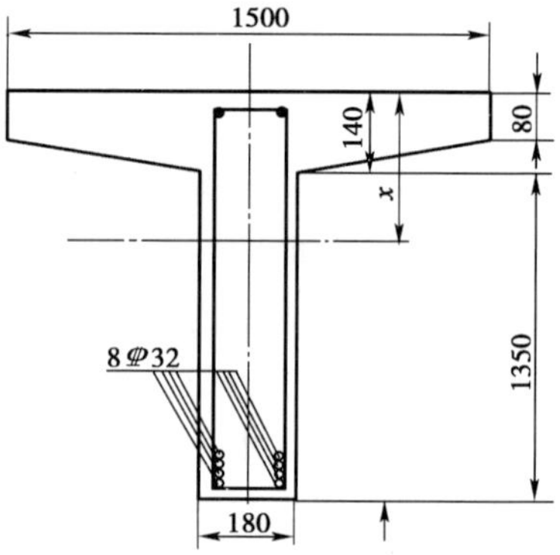

图6-1 T形梁截面（尺寸单位：mm）

解：（1）计算截面的几何特性，由计算可知开裂截面换算截面的惯性矩为 $I_{cr}=486.4\times10^8\text{mm}^4$，全截面的换算截面面积：

$$\begin{aligned}A_0 &= bh+(b_f'-b)h_f'+(\alpha_{Es}-1)A_s\\ &=180\times1350+(1500-180)\times110+(6.67-1)\times6434\\ &=424680.8\text{mm}^2\end{aligned}$$

全截面对上边缘的静矩 S_{0a}：

$$S_{0a}=\frac{1}{2}bh^2+\frac{1}{2}(b_f'-b)h_f'^2+(\alpha_{Es}-1)A_sh_0=\frac{1}{2}\times180\times1350^2$$

$$+\frac{1}{2}\times(1500-180)\times110^2+(6.67-1)\times6434\times1251=217648455.8\text{mm}^3$$

换算截面重心至受压边缘的距离 $y_0'=\frac{S_{0a}}{A_0}=512\text{mm}$，至受拉边缘的距离 $y_0=1350-512=838\text{mm}$；中性轴在梁肋内。

全截面换算截面重心轴以上部分面积对重心轴的面积矩：

$$S_0=\frac{1}{2}by_0'^2+(b_f'-b)h_f'\left(y_0'-\frac{1}{2}h_f'\right)$$

$$=\frac{1}{2}\times180\times512^2+(1500-180)\times110\times\left(512-\frac{1}{2}\times110\right)=89949360\text{mm}^3$$

全截面换算截面的惯性矩 I_0：

$$I_0=\frac{1}{3}b_f'y_0^3-\frac{1}{3}(b_f'-b)(y_0'-h_f')^3+\frac{1}{3}b(h_0-\lambda_0')^3+(\alpha_{Es}-1)A_s(h_0-y_0')^2$$

$$=\frac{1}{3}\times1500\times512^2-\frac{1}{3}(1500-180)\times(512-110)^3+\frac{1}{3}\times180\times(1251-512)^3$$

$$+(6.67-1)\times6434\times(1251-512)^2=826.6\times10^8\text{mm}^4$$

对受拉边缘的弹性抵抗矩 W_0：

$$W_0=I_0/y_0=826.6\times10^8/838=9.86\times10^7\text{mm}^3$$

(2)计算构件的刚度 B

荷载短期效应组合：

$$M_s=M_{GK}+0.7M_{Q1K}/(1+\mu)+M_{Q2K}=766+0.7\times660.8/1.19+85.5=1240.2\text{kN}\cdot\text{m}$$

全截面的抗弯刚度：$B_0=0.95E_CI_0=0.95\times3\times10^4\times826.6\times10^8=2355.8\times10^{12}\text{N}\cdot\text{mm}^2$

开裂截面的抗弯刚度：$B_{cr}=E_CI_{cr}=3\times10^4\times486.4\times10^8=1459.2\times10^{12}\text{N}\cdot\text{mm}^2$

将以上数据代入公式(6-3)得：

$$B=\frac{B_0}{\left(\frac{M_{cr}}{M_s}\right)^2+\left[1-\left(\frac{M_{cr}}{M_s}\right)^2\right]\frac{B_0}{B_{cr}}}$$

$$=\frac{2355.8\times10^{12}}{\left(\frac{360.7}{1240.2}\right)^2+\left[1-\left(\frac{360.7}{1240.2}\right)^2\right]\times\frac{2355.8\times10^{12}}{1459.2\times10^{12}}}$$

$$\approx1508.2\times10^{12}\text{N}\cdot\text{mm}^2$$

(3)荷载短期效应作用下跨中截面挠度

$$f_s=\frac{5M_sL^2}{48B}=\frac{5\times1240\times10^6\times19500^2}{48\times1508.2\times10^{12}}\approx32.6\text{mm}$$

长期挠度为：$f_s=\eta_\theta f_s=1.6\times32.6=52.2\text{mm}>L/1600=19500/1600\approx12.2\text{mm}$

应设置预拱度，按结构自重和1、2可变荷载频遇值计算的长期挠度之和采用。

$$f=\eta_\theta\times\frac{5}{48}\times\frac{\{M_{GK}+0.5\times[0.7M_{Q1K}/(1+\mu)+M_{Q2K}]\}}{B}\times L^2$$

$$=1.6\times\frac{5}{48}\times\frac{766+0.5\times(0.7\times660.8/1.19+85.5)}{1508.2\times10^{12}}\times19500^2\approx42.2\text{mm}$$

消除自重影响后的长期挠度为：

$$f_{LQ}=\eta_\theta\times\frac{5}{48}\times\frac{M_s-M_{GK}}{B}\times L^2$$

$$=1.6\times\frac{5}{48}\times\frac{(1240.2-766)\times10^6}{1508.2\times10^{12}}\times19500^2$$

$$\approx19.9\text{mm}<L/600=19500/600=32.5\text{mm}$$

计算挠度满足规范要求。

•第二节　受弯构件的裂缝宽度计算•

混凝土的抗拉强度很低，在不大的拉应力作用下就可能产生裂缝。如果构件出现过大的裂缝，不但会引起人们心理上的不安全感，而且也会导致钢筋锈蚀，有可能产生工程事故。

钢筋混凝土结构的裂缝按其产生的原因可以分为以下几类：

1. 由荷载效应（如弯矩、剪力、扭矩及拉力等）引起的裂缝

这类裂缝是由于构件下缘拉应力早已超过混凝土抗拉强度而使受拉取混凝土产生的垂直裂缝。例如 C25 混凝土，其轴心抗拉标准值 $f_{tk}=1.78\text{MPa}$，采用 HRB335 钢筋，则弹性模量比等于 7.14。在使用中当构件下缘混凝土应力达到 1.78MPa 截面即将开裂时，构件下缘混凝土早已开裂。所以，通常按承载能力极限状态设计的钢筋混凝土构件，在使用阶段总是有裂缝的。

2. 由外加变形或约束变形引起的裂缝

外加变形或约束变形一般由地基的不均匀沉降、混凝土的收缩及温度差造成的。约束变形越大，裂缝宽度越大。例如在钢筋混凝土薄腹 T 形梁的腹板表面上出现中间宽两端窄的竖向裂缝，这是混凝土结硬时，腹板混凝土受到四周混凝土及钢筋骨架的约束而引起的裂缝。施工不当如拆模时间不当、养护不周等造成的裂缝。

3. 钢筋锈蚀裂缝

由于保护层混凝土碳化或者冬季施工中掺氯盐（指一种混凝土促凝、早强剂）过多导致钢筋锈蚀，锈蚀产物的体积比钢筋被侵蚀的体积大 2 ~3 倍，这种体积膨胀使外围混凝土产生相当大拉应力，引起混凝土的开裂，甚至使混凝土的保护层剥落。

上述第一种裂缝总是要产生的，习惯上称为正常裂缝；而后两种就称为非正常裂缝。过多裂缝或者过大的裂缝宽度会影响结构的外观，造成使用者的不安。同时，某些裂缝的发生或发展，将会影响结构的使用寿命。为了保证钢筋混凝土构件的耐久性，必须在设计、施工等方面控制裂缝的宽度。对于非正常的裂缝，只要在设计与施工中采取相应的措施，如在施工中保证混凝土的密实性，在设计上采用必要的混凝土保护层厚度，大部分是可以限制并被克服的，而正常裂缝则需要进行裂缝宽度的验算。

本节主要介绍正常裂缝宽度的计算方法。

目前，国内外有关裂缝宽度的计算公式很多，尽管各种公式所考虑的参数不同，但就其研究的方法来说，可将其分为两类：第一类是以黏结 - 滑移理论为基础的半理论半经验的计算方法，按照这种理论，裂缝的间距取决于钢筋与混凝土黏结力的分布，裂缝的开展是由于钢筋与混凝土间的变形不再维持协调，出现相对滑移而产生的。第二类是以数理统计为基础的经验计算方法，即从大量的试验资料中分析影响裂缝的各种因素，保留主要因素，舍去次要因素，给出简单适用而又有一定可靠性的经验计算公式。

根据试验研究结果分析，影响裂缝宽度的主要因素有：构件应力、钢筋直径、配筋率、保护层厚度、钢筋外形、荷载作用性质（短期、长期、重复使用）、构件的受力性质（受弯、受拉、偏心受拉等）等。

1）受拉钢筋应力 σ_s

在使用荷载作用下。裂缝最大宽度与受拉钢筋应力呈线性关系，其表达式为 $w_f = k_1\sigma_s + k'_1$，其中 k_1 和 k'_1 为由试验资料决定的系数。

2）受拉钢筋直径

试验表明，在受拉钢筋配筋率和钢筋应力大致相同的情况下，裂缝宽度随钢筋直径的增大而增大。

3）受拉钢筋配筋率

试验表明，当钢筋直径相同、钢筋应力大致相同的情况下，裂缝宽度随钢筋配筋率的增加而减小，当配筋率接近某一数值，裂缝宽度接近不变。

4）混凝土保护层厚度

保护层厚度对裂缝间距和裂缝宽度均有影响，保护层愈厚，裂缝宽度愈宽。但是，从另一个方面讲，保护层愈厚，钢筋锈蚀的可能性就愈小。因此，保护层对裂缝宽度的正面影响大致抵消。故在裂缝宽度计算公式中，暂时也不考虑保护层厚度的影响。

5）受拉钢筋的外形影响

受拉钢筋表面形状对钢筋与混凝土之间的黏结力影响颇大，而黏结力又对裂缝开裂存在一定影响。公式中应用系数 c_1 来反映这种影响。对带肋钢筋取 $c_1 = 1.0$；对光圆钢筋取 $c_1 = 1.4$。

6）荷载作用性质的影响

原南京工学院的试验资料指出，构件的平均及最大裂缝宽度会随着荷载作用时间的延续，以逐渐减低的比率增加。中国建筑科学研究院的试验资料指出，重复荷载作用下发展的裂缝宽度是初试使用荷载作用下裂缝宽度的 1.0～1.5 倍，因而，人们又在裂缝宽度计算中取用扩大系数 c_2 来考虑长期或重复荷载的影响。

7）构件形式的影响

实践证明，具有腹板的受弯构件抗裂性能比板式受弯构件稍好，因此在裂缝宽度计算公式中又引入了一个与构件形式有关的系数 c_3。

《桥规》规定，矩形、T 形和工形截面混凝土构件，其最大裂缝宽度 W_{fk} 可按下列公式计算：

$$W_{fk} = c_1 c_2 c_3 \frac{\sigma_{ss}}{E_s}\left(\frac{30 + d}{0.28 + 10\rho}\right) \tag{6-6}$$

式中：W_{fk}——受弯构件最大裂缝宽度（mm）；

c_1——钢筋表面形状系数，对光面钢筋，$c_1 = 1.4$；对带肋钢筋，$c_1 = 1.0$；

c_2——作用（或荷载）长期效应影响系数，$c_2 = 1 + 0.5\frac{N_1}{N_s}$，其中 N_1 和 N_s 分别按其作用（或荷载）长期效应组合和短期效应组合计算的内力值（弯矩或轴向力）；

c_3——与构件受力性质有关的系数，当为钢筋混凝土板式受弯构件时，$c_3 = 1.15$，受弯构件 $c_3 = 1.0$，轴心受拉构件 $c_3 = 1.2$，偏心受拉构件 $c_3 = 1.1$，偏心受压构件 $c_3 = 0.9$；

σ_{ss}——钢筋应力，按公式（6-7）的规定计算；

d——纵向受拉钢筋直径(mm),当用不同直径的钢筋时,d 改用换算直径 d_e,$d_e=\frac{\sum n_i d_i^2}{\sum n_i d_i}$,式中,对钢筋混凝土构件,$n_i$ 为受拉区第 i 种普通钢筋的根数,d_i 为受拉区第 i 种普通钢筋的公称直径;对混合配筋的预应力混凝土构件,预应力钢筋为由多根钢丝或钢绞线组成的钢丝束或钢绞线束,式中 d_i 为普通钢筋公称直径、钢丝束或钢绞线束的等代直径 d_{pe},$d_{pe}=\sqrt{n}d$,此处,n 为钢丝束中钢丝根数或钢绞线束根数,d 为单根钢丝或钢绞线的公称直径;对于钢筋混凝土构件中的焊接钢筋骨架,公式中的 d 或 d_e 应乘以 1.3 系数;

ρ——纵向受拉钢筋配筋率,对矩形及 T 形截面 $\rho=A_s/bh_0$,对带有受拉翼缘的 T 形截面 $\rho=\frac{A_s}{bh_0+(b_f-b)h_f}$,当 $\rho>0.02$ 时,取 $\rho=0.02$;当 $\rho<0.006$ 时,取 $\rho=0.006$;对于轴心受拉构件,ρ 按全部受拉钢筋截面面积 A_s 的一半计算;

b_f——构件受拉翼缘宽度;

h_f——构件受拉翼缘厚度;

A_s——受拉区纵向钢筋截面面积。

上式中开裂截面纵向受拉钢筋的应力 σ_{ss},受弯构件可按下列公式计算:

$$\sigma_{ss}=\frac{M_s}{0.87A_s h_0} \tag{6-7}$$

式中:M_s——按作用(或荷载)短期效应组合计算的弯矩值。

《桥规》规定,钢筋混凝土构件,其计算的最大裂缝宽度不应超过下列规定的限值:I 类和 II 类环境为 0.20mm,III 类和 IV 类环境为 0.15mm。

【例 6-2】 根据【例 5-1】、【例 6-1】的已知条件,试验算该 T 形梁跨中截面裂缝宽度。

解:正常使用极限状态裂缝宽度计算,采用荷载短期效应组合,并考虑荷载长期效应的影响。

荷载短期效应组合: $M_s=1240.2\text{kN}\cdot\text{m}$

$$\begin{aligned}M_1&=M_{GK}+0.4[M_{Q1K}/(1+\mu)+M_{Q2K}]\\&=766+0.4\times(660.8/1.19+85.5)\\&=1022.3\text{kN}\cdot\text{m}\end{aligned}$$

荷载长期效应组合:$c_1=1.0$

$$c_2=1+0.5\frac{M_1}{M_s}=1+0.5\times\frac{1022.3}{1240.2}=1.41$$

$$c_3=1.0$$

$$\rho=\frac{A_s}{bh_0}=\frac{6434}{180\times1251}=0.029>0.02$$

取 $\rho=0.02$,则

$$\sigma_{ss}=\frac{M_s}{0.87A_s h_0}\times\frac{1240.2\times10^6}{0.87\times6434\times1251}=177.1\text{MPa}$$

将以上数据带入公式(6-6)得:

$$W_{fk}=c_1c_2c_3\frac{\sigma_{ss}}{E_s}\left(\frac{30+d}{0.28+10\rho}\right)=1.41\times\frac{177.1}{2\times10^5}\times\frac{30+1.3\times32}{0.28+10\times0.02}$$
$$=0.19\text{mm}<0.2\text{mm}$$

满足规范要求。

本章小结

(1)变形和裂缝宽度计算的意义和计算方法,荷载变形的特点。

(2)《桥规》中有关变形验算的要求和预拱度的设置方法。

(3)钢筋混凝土受弯构件产生裂缝的原因及其主要的影响因素。

(4)应用《桥规》的公式进行变形和荷载裂缝宽度的验算方法。

复习思考题

1. 什么是刚度？什么是预拱度？预拱度如何设置？有什么条件？

2. 为什么在挠度预算中要引入 η_θ？

3. 钢筋混凝土构件上容许产生挠度吗？容许值是多少？

4. 工程如何通过构造措施防止过大或集中的裂缝？

5. 钢筋混凝土构件中的裂缝对结构有哪些不利的影响？

6. 什么是正常裂缝？什么是非正常裂缝？

7. 某T形梁,截面尺寸为 $b_f'=1600\text{mm}$,$b=180\text{mm}$,$h_f'=12\text{mm}$,$h=135\text{mm}$,$h_0=124\text{mm}$,配有 $10\phi28$ 纵向钢筋。恒载弯矩标准值 $M_{GK}=750\text{kN}\cdot\text{m}$,汽车荷载弯矩标准值 $M_{Q2K}=60\text{kN}\cdot\text{m}$,试计算T形梁的跨中最大裂缝宽度及跨中挠度。

第七章

受压构件承载力计算

教学要求

1. 描述有关受压构件(轴心受压构件和偏心受压构件)的一般构造要求;
2. 通过实例分别描述受压构件的破坏特征,正确选择截面和复核承载力;
3. 描述大、小偏心受压构件的定义及判别方法:

   $x \leq \xi h_0$——大偏心构件　　$x > \xi h_0$——小偏心构件
4. 分析纵向弯曲对受压构件的影响;
5. 简述圆形截面偏心受压构件正截面承载力的计算方法。

•第一节　概　述•

以承受轴向压力为主的构件称为受压构件(柱)。轴向压力的作用线与构件轴线重合的受压构件,称为轴心受压构件。在实际结构中,真正的轴心受压构件很少,由于混凝土材料组成的不均匀性,构件施工误差,荷载位置偏差,都会导致压力偏心。如果偏心距很小,设计中可以忽略不计,即可简化为按轴心受压构件计算。

轴向外力作用线偏离构件轴线或同时作用有轴向力和弯矩的构件称为偏心受压构件。在实际结构中,在轴向力和弯矩作用的同时,往往还作用有横向剪力。在设计时,因构件截面尺寸较大,横向剪力较小,为简化计算,一般不考虑横向剪力,仅考虑轴向偏心力(或轴力和弯矩)的作用。

•第二节　轴心受压构件正截面承载力计算•

轴心受压构件按其配筋形式不同,可分为配有纵向钢筋及普通箍筋的普通箍筋柱(直接配筋)和配有纵向钢筋及密集的螺旋箍筋或焊接环形箍筋的螺旋箍筋柱(间接配筋)两种形式。承受同一荷载时,螺旋箍筋柱所需截面尺寸较小,但施工较复杂,用钢量较多,一般只在承受荷载较大,而截面尺寸又受到限制时才采用。

一、普通箍筋柱正截面的承载力计算

1. 构造要求

(1)截面尺寸:普通箍筋柱的截面常采用正方形、矩形和圆形。截面尺寸模数为:边长(矩

形以短边计，圆形以直径计）不宜小于 25cm，在 25 ~ 80cm 之间按 5cm 为一级增加，如 25cm、30cm、35cm 等；80cm 以上按 10cm 为一级增加，如 80cm、90cm、100cm 等。

（2）混凝土：混凝土强度等级一般采用 C20 ~ C50。

（3）纵向钢筋：柱中配置纵向钢筋协助混凝土承担压力，以减小截面尺寸，并增加对意外弯矩的抵抗能力，防止构件的突然破坏。纵向钢筋的直径不应小于 12mm，其净距不小于 50mm，也不大于 350mm；配筋率不应小于 0.5%，当混凝土强度等级高于 C50（包括 C50）时应不小于 0.6%；每一侧钢筋的配筋率不应小于 0.2%。受压构件的配筋率按构件的全截面面积计算（图 7-1）。

（4）箍筋：围绕着纵向钢筋配置有箍筋，箍筋与纵向钢筋形成骨架，防止纵向钢筋受力后压屈。柱的箍筋应做成封闭式，其直径应不小于纵向钢筋直径的 1/4，且不小于 8mm。构件的纵向钢筋应设置于离角筋中距不大于 150mm 的范围内，如超出此范围设置纵向钢筋，应设复合箍筋。箍筋的间距不应大于纵向受力钢筋直径的 15 倍，同时不大于矩形构件短边尺寸或圆形截面直径的 0.8 倍，并不大于 400mm。在纵向受力钢筋搭接范围内箍筋间距不应大于搭接受压钢筋直径的 10 倍，且不大于 200mm。纵向钢筋的配筋率大于 3% 时，箍筋间距不应大于纵向受力钢筋直径的 10 倍，且不大于 200mm。同一箍筋所箍的纵向钢筋根数，在构件的角边上应不多于 3 根，多于 3 根则应设置附加箍筋。

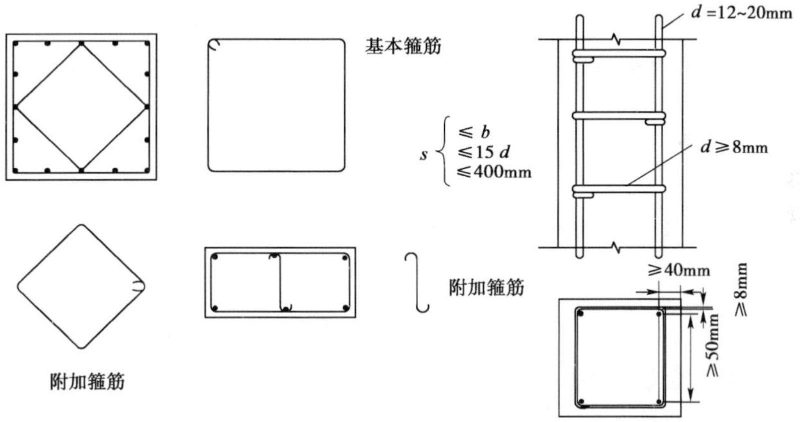

图 7-1　普通箍筋柱

2. 破坏状态

轴心受压构件破坏形态可分为短柱破坏和长柱破坏两种。

（1）短柱破坏：在荷载较小时，混凝土和钢筋都处于弹性工作阶段，随着荷载逐渐加大，混凝土的塑性变形开始发展，弹性模量降低，柱子的变形的增加越来越大，混凝土应力的增加则越来越慢，而钢筋的应力基本上与其应变成正比增加。加载至构件破坏时，柱子出现纵向裂缝，混凝土保护层剥落，箍筋间的纵向钢筋向外弯曲，混凝土被压碎。破坏时混凝土的应力达到轴心抗压强度极限值，相应的应变达到轴心抗压应变极限值（一般取 $\varepsilon_0 = 0.002$），而钢筋应力为 $\sigma'_s = \varepsilon'_s E_s = \varepsilon_0 E_s$，但应小于其屈服强度。

（2）长柱破坏：其破坏是由于丧失稳定所造成的。破坏时柱子侧向挠度增大，一侧混凝土被压碎，另一侧出现横向裂缝。与截面尺寸、混凝土强度等级和配筋相同的短柱相比，长柱的破坏荷载较小。

一般是采用纵向稳定系数 φ 来表示长柱承载能力的降低程度。稳定系数 φ 与构件的长细比有关,其值可由表 7-1 查得。柱子越细长,则 φ 值越小,承载力越低。长细比表达式为

矩形截面:l_0/b

圆形截面:$l_0/2r$

任意截面:l_0/i

钢筋混凝土轴心压构件的稳定系数　　表 7-1

l_0/b	≤8	10	12	14	16	18	20	22	24	26	28
$l_0/2r$	≤7	8.5	10.5	12	14	15.5	17	19	21	22.5	24
l_0/i	≤28	35	42	48	55	62	69	76	83	90	97
φ	1.0	0.98	0.95	0.92	0.87	0.81	0.75	0.70	0.65	0.60	0.56
l_0/b	30	32	34	36	38	40	42	44	46	48	50
$l_0/2r$	26	28	29.5	31	33	34.5	36.5	38	40	41.5	43
l_0/i	104	111	118	125	132	139	146	153	160	167	174
φ	0.52	0.48	0.44	0.40	0.36	0.32	0.29	0.26	0.23	0.21	0.19

注:①l_0 为构件的计算长度,b 为矩形截面的短边尺寸,r 为圆形截面的半径,i 为截面的最小回转半径,$i=\sqrt{I/A}$(I 为截面惯性矩,A 为截面面积);

②构件计算长度 l_0 按表 12-3 取用。

3. 正截面承载力计算

配有纵向钢筋和普通箍筋的轴心受压构件承载力计算公式,可由构件破坏时轴向力平衡条件求得:

$$\gamma_0 N_d \leqslant 0.9\varphi(f_{cd}A + f'_{sd}A'_s) \tag{7-1}$$

式中:N_d ——轴向力组合设计值;

γ_0 ——结构的重要性系数;

φ ——轴心受压构件稳定系数,按表 7-1 采用;

A'_s ——全部纵向钢筋的截面面积;

A——构件截面面积,当纵向钢筋配筋率大于 3% 时,应扣除钢筋所占的混凝土面积,即将 A 改为 A_n,$A_n = A - A'_s$。

在实际设计中,轴心受压构件计算可分为截面设计和承载力复核两种情况。

1)截面设计

(1)已知:截面尺寸 $b\times h$,计算长度 l_0,混凝土强度等级 f_{cd},钢筋抗压设计强度 f'_{sd},轴向压力设计值 $\gamma_0 N_d$。

求:纵向钢筋截面面积 A'_s。

第一步:计算构件的长细比(l_0/b),由表 7-1 查得稳定系数 φ;

第二步:由公式 7-1 计算所需钢筋截面面积,可得:

$$A'_s = \frac{\gamma_0 N_d - 0.9\varphi f_{cd} A}{0.9\varphi f'_{sd}} \tag{7-2}$$

(2)已知：计算长度 l_0，混凝土强度等级 f_{cd}，钢筋抗压设计强度 f_{sd}，轴向压力设计值 $\gamma_0 N_d$。

求：截面尺寸和纵向钢筋截面面积 A'_s。

第一步：在适宜的配筋率范围（$\rho = 0.8\% \sim 1.5\%$）内，选取一个 ρ 值，并暂设 $\varphi = 1$；

第二步：将 $A'_s = \rho A$ 代入公式(7-1)得：$\gamma_0 N_d \leqslant 0.9\varphi(f_{cd}A + f'_{sd}\rho A)$

则
$$A \geqslant \frac{\gamma_0 N_d}{0.9\varphi(f_{cd} + f'_{cd}\rho)} \tag{7-3}$$

第三步：结合构造要求选取截面尺寸，截面的边长应取模数；

第四步：按构件的实际长细比（l_0/b），由表7-1查得稳定系数 φ；

第五步：由公式(7-2)计算所需的钢筋截面面积 A'_s。

2）承载力复核

已知：截面尺寸，计算长度，混凝土强度等级，纵向钢筋抗压设计强度及配筋量，轴向力设计值。

求：截面承载能力。

第一步：根据构件的长细比（l_0/b）由表7-1查得稳定系数 φ；

第二步：由公式(7-1)求得截面所能承受的轴向力设计值为：

$$N_{ud} = 0.9\varphi(f_{cd}A + f'_{sd}A'_s)$$

若 $N_{ud} \geqslant \gamma_0 N_d$，则构件的承载力足够。

【例7-1】 有一现浇的钢筋混凝土轴心受压柱，柱高5m，底端固定，顶端铰接。承受的轴向压力组合设计值 $N_d = 950\text{kN}$，结构重要性系数 $\gamma_0 = 1.0$。拟采用C30混凝土，$f_{cd} = 13.8\text{MPa}$；HRB400钢筋，$f'_{sd} = 330\text{MPa}$。试设计柱的截面尺寸及配筋。

解：第一步：设 $\rho = 0.01$，暂取 $\varphi = 1$；

第二步：由公式(7-3)求得柱的截面面积为：

$$A \geqslant \frac{\gamma_0 N_d}{0.9\varphi(f_{cd} + f'_{sd}\rho)}$$

$$A \geqslant \frac{1.0 \times 950 \times 10^3}{0.9 \times (13.8 + 330 \times 0.01)} = 61728.4\text{mm}^2$$

第三步：选取正方形截面，$b = \sqrt{61728.4} = 248.5\text{mm}$，取 $b = 250\text{mm}$，因截面尺寸小于300mm，混凝土的抗压强度设计值应取 $f_{cd} = 0.8 \times 13.8 = 11.04\text{MPa}$；

第四步：柱体计算长度 $l_0 = 0.7l = 0.7 \times 5000 = 3500\text{mm}$，$l_0/b = 3500/250 = 14$，查表7-1得，$\varphi = 0.92$；

第五步：钢筋截面面积由公式(7-2)求得：

$$A'_s = \frac{\gamma_0 N_d - 0.9\varphi f_{cd} A}{0.9\varphi f'_{sd}}$$

$$= \frac{950 \times 10^3 - 0.9 \times 0.92 \times 11.04 \times 250^2}{0.9 \times 0.92 \times 330} = 1385.9\text{mm}^2$$

第六步：选 8 根直径 16mm 的 HRB400 钢筋，供给的钢筋截面面积 $A_s' = 1608\text{mm}^2$，实际的配筋率 $\rho = 1608/(250 \times 250) = 0.0257$，钢筋布置见图 7-2，箍筋选 $\phi 8$，间距 $s = 200\text{mm} < 15d = 15 \times 16 = 240\text{mm}$；

第七步：柱的实际承载能力为：

$$N_{du} = 0.9\varphi(f_{cd}' A + f_{sd}' A_s') = 0.9 \times 0.92 \times (11.04 \times 250^2 + 330 \times 1608)$$
$$= 1010.7 \times 10^3\text{N} = 1010.7\text{kN} > \gamma_0 N_d = 950\text{kN}$$

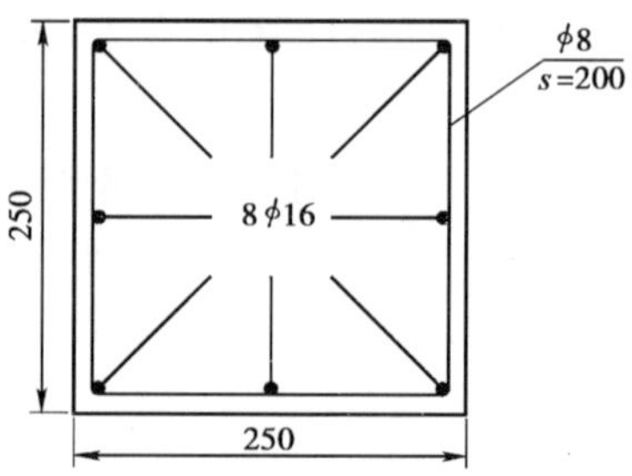

图 7-2　柱的配筋

二、螺旋箍筋柱的正截面承载力计算

1. 构造要求

（1）截面形式：通常做成圆形或正多边形（图 7-3）。

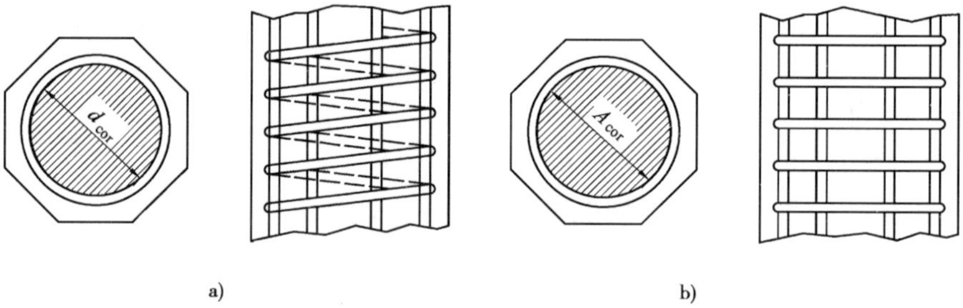

图 7-3　螺旋箍筋柱（阴影部分代表核心面积）

a）螺旋箍筋柱；b）焊接环筋柱

（2）纵向受力钢筋：沿圆周均匀布置，截面面积应不小于螺旋形或焊接环形箍筋圈内混凝土核心截面面积的 0.5%，构件核心混凝土截面面积应不小于整个截面面积的 2/3。

（3）旋箍筋：直径应不小于纵向受力钢筋直径的 1/4，且不小于 8mm。为了保证螺旋箍筋能起到限制核心混凝土横向变形的作用，须限制箍筋的间距（即螺距）。《桥规》规定，螺旋箍筋的间距应不大于核心混凝土直径的 1/5，亦不大于 80mm，也不应小于 40mm，以利于混凝土浇筑。

2. 破坏状态分析

配置有纵向钢筋和密集的螺旋形或焊接环形箍筋的柱子承受轴向压力时，螺旋形箍筋（或焊接环形箍筋）会阻止核心混凝土的横向变形，使混凝土处于三向受力状态，使核心混凝土的抗压强度提高。当轴向压力增加到一定数值时，混凝土保护层开始剥落。随着轴向压力的进一步增加，螺旋箍筋的应力也逐渐加大。最后，由于螺旋箍筋的应力达到屈服强度，失去了对核心混凝土的约束作用，使混凝土压碎而破坏。螺旋箍筋间接地提增加了柱的承载力。所以又将螺旋箍筋柱称为间接配筋柱。螺旋箍筋所提高的承载力约为同体积纵向受力钢筋承载力的 2～2.5 倍，一般以 $kf_{sd}A_{so}$ 表示。

螺旋箍筋只能提高短柱的承载力，对于长柱，由于发生失稳破坏，构件破坏时核心混凝土的横向变形不大，螺旋箍筋不能有效发挥作用。即螺旋箍筋的作用只能提高核心混凝土的抗压强度，而不能增加柱的稳定性。《桥规》规定，构件的长细比 $l_0/i \geqslant 48$（相当于$l_0/2r > 12$）时，不考虑螺旋箍筋对核心混凝土的约束作用，应按普通箍筋柱计算其承载力。只有将 $l_0/i \leqslant 48$（相当于 $l_0/2r \leqslant 12$ ）的构件设计成螺旋箍筋柱才有意义。

3. 正截面承载力计算公式

螺旋箍筋柱的承载力由三部分组成：核心混凝土承载力取 $f_{cd}A_{cor}$；纵向受力钢筋的承载力取 $f'_{sd}A'_s$；螺旋箍筋增加的承载力取 $kf_{sd}A_{so}$。因此，螺旋箍筋柱承载力计算的基本公式可写为下列形式：

$$\gamma_0 N_d \leqslant 0.9(f_{cd}A_{cor} + f'_{sd}A'_s + kf_{sd}A_{so}) \tag{7-4}$$

式中：A_{cor}——螺旋箍筋圈内的核心混凝土截面面积：

A_{so}——螺旋箍筋的换算截面面积，所谓换算截面面积是将螺旋箍筋的截面面积折算成相当的纵向钢筋截面面积，即一圈螺旋箍筋的体积除以螺旋箍筋的间距：

$$A_{so} = \frac{\pi d_{cor}A_{so1}}{s} \tag{7-5}$$

式中：d_{cor}——构件截面的核心直径；

A_{so1}——单根螺旋箍筋的截面面积；

s——沿构件轴线方向螺旋箍筋的间距。

为了更好地发挥螺旋箍筋的作用，《桥规》规定，A_{so} 应不小于全部纵向钢筋截面面积的25%。配筋率 $\rho_{so} = A_{so}/A_{cor}$ 不小于0.8% ~1.0%，但也不宜大于2.5% ~3.0%。

f_{sd}——螺旋箍筋的抗拉强度设计值；

k——间接钢筋影响系数，其数值与混凝土强度等级有关：混凝土强度等级为 C50 及以下时，取 $k=2.0$；混凝土强度等级为 C50 ~ C80 时，分别取 $k=2.0 \sim 1.7$，中间值直线插入取用。

4. 设计方法

已知螺旋箍筋柱强度等级、钢筋品种和设计承载力，截面尺寸和配筋均未知，可将纵向钢筋 A'_s 和螺旋筋换算截面面积 A_{so} 分别以配筋率 $\rho = A'_s/A_{cor}$ 和 $\rho_{so} = A_{so}/A_{cor}$ 表示，将公式(7-4)写为下列形式：

$$\gamma_0 N_d \leqslant 0.9[f_{cd}A_{cor} + f'_{sd}\rho A_{cor} + kf_{sd}\rho_{so}A_{cor}]$$

$$\gamma_0 N_d \leqslant 0.9[f_{cd} + f'_{sd}\rho + kf_{cd}\rho_{so}]A_{cor}$$

所以

$$A_{cor} \geqslant \frac{\gamma_0 N_d}{0.9[f_{cd} + \rho f'_{sd} + k\rho_{so}f_{sd}]} \tag{7-6}$$

在经济配筋范围内选取一个配筋率 ρ 和 ρ_{so}（一般 $\rho = 0.01 \sim 0.03$，$\rho_{so} = 0.01 \sim 0.025$ ）。代入公式(7-6)求得核心混凝土截面面积 A_{cor}，核心混凝土直径为：

$$d_{cor} = \sqrt{\frac{4A_{cor}}{\pi}} = 1.128\sqrt{A_{cor}} \tag{7-7}$$

构件直径为 $d = d_{cor} + 2c$（此处 c 为纵向受力钢筋的混凝土保护层厚度），并根据模数取整数。截面尺寸确定后，求得实际的核心混凝土截面面积 A_{cor} 和相应的纵向钢筋截面面积 $A'_s = \rho A_{cor}$。然后，再将其代入公式(7-4)求得螺旋箍筋的换算截面面积为：

$$A_{so} = \frac{\gamma_0 N_d - 0.9(f_{cd}A_{cor} + f'_{sd}A'_s)}{0.9kf_{sd}} \tag{7-8}$$

若已选定螺旋箍筋的直径，其间距可由公式(7-4)求得：

$$s \leqslant \frac{\pi d_{cor}A_{so1}}{A_{so}} \tag{7-9}$$

上述公式的适用条件为：

(1)为了保证在使用荷载作用下，混凝土保护层不致脱落，《桥规》规定，按螺旋箍筋柱计算的承载力设计值[公式(7-4)]，不应大于按普通箍筋柱计算的承载力设计值[公式(7-1)]的1.5倍。

(2)不满足构造要求(即 $s > 80\text{mm}$，$A_{so} < 0.25A'_s$)或构件长细比 $l_0/i > 48$(相当于 $l_0/2r > 12$)的螺旋箍筋柱，不考虑螺旋箍筋的作用，其承载力应按普通箍筋柱计算。

【例7-2】 有一现浇的圆形截面柱，半径 $r=250\text{mm}$，柱高 $l=5\text{m}$，两端按铰接计算。承受的轴向压力组合设计值 $N_d = 4700\text{kN}$，结构重要性系数 $\gamma_0 = 1.0$。拟采用C30混凝土，$f_{cd} = 13.8\ \text{MPa}$；纵向钢筋采用HRB400钢筋，$f'_{sd} = 330\text{MPa}$；箍筋采用HRB335钢筋，$f_{sd} = 280\ \text{MPa}$。试选择钢筋。

解：首先按普通箍筋柱设计。柱的计算长度 $l_0 = l = 5000\text{mm}$，$l_0/2r = 5000/(2\times250) = 10$，由表7-1查得 $\varphi = 0.96$。由公式(7-2)求得所需钢筋截面面积：

$$A'_s = \frac{\gamma_0 N_d - 0.9\varphi f_{cd}A}{0.9\varphi f'_{sd}}$$

$$= \frac{4700\times10^3 - 0.9\times0.96\times13.8\times3.14\times500^2/4}{0.9\times0.96\times330}$$

$$= 8277.5\text{mm}^2$$

配筋率 $\rho = A'_s/A = 8168/3.14\times500^2/4 = 0.0422$，此配筋率偏大，并因 $l_0/2r = 10 < 12$，可以采用配置螺旋箍筋提高柱的承载力，改为按螺旋箍筋柱设计。

假设按混凝土全截面计算的纵向钢筋配筋率 $\rho = 0.025$，纵向钢筋截面面积 $A'_s = \rho A = 0.025\times3.14\times500^2/4 = 4906\text{mm}^2$，选择13根直径22mm的HRB400钢筋，供给钢筋截面面积 $A'_s = 4941\text{mm}^2$。混凝土的保护层取25mm，则得柱的核心直径及核心截面面积为：

$$d_{cor} = 2r - 2\times25 = 2\times250 - 2\times25 = 450\text{mm}$$

$$A_{cor} = \frac{\pi d_{cor}^2}{4} = \frac{3.14\times450^2}{4} = 158962.5\text{mm}^2$$

按公式(7-8)求得所需螺旋箍筋的换算截面面积为：

$$A_{so} = \frac{\gamma_0 N_d - 0.9(f_{cd}A_{cor} + f'_{sd}A'_s)}{0.9kf_{sd}}$$

式中：f_{sd}——螺旋箍筋的抗拉强度设计值，螺旋箍筋采用HRB335钢筋，$f_{sd} = 280\text{MPa}$。对C30混凝土取 $k = 2$，代入上式后得：

$$A_{so} = \frac{4700\times10^3 - 0.9(13.8\times158962.5 + 330\times4941)}{0.9\times2\times280} = 2496.4\text{mm}^2$$

$A_{so} = 2496.4\text{mm}^2 > 0.25A'_s = 0.25\times4941 = 1235\text{mm}^2$，满足构造要求。

螺旋筋选取 $\phi 10$,单肢箍筋截面面积 $A_{sol}=78.5\text{mm}^2$。箍筋间距由公式(7-4)求得:

$$s=\frac{\pi d_{cor}A_{sol}}{A_{so}}=\frac{3.14\times 450\times 78.5}{2496.4}=44.4\text{mm}$$

取 $s=45\text{mm}$,满足不小于 40mm,并不大于 80mm 的构造要求。

实际配筋量为 $A_{so}=\dfrac{\pi d_{cor}A_{sol}}{s}=\dfrac{3.14\times 450\times 78.5}{45}=2464.9\text{mm}^2$

柱的实际承载力为:

$$\begin{aligned}N_{du}&=0.9(f_{cd}A_{cor}+f'_{sd}A'_s+kf_{sd}A_{so})\\&=0.9\times(13.8\times 158962.5+330\times 4941+2\times 280\times 2464.9)\\&=4684.1\times 10^3\text{N}=4684.1\text{kN}<\gamma_0\text{N}_d=4700\text{kN}\end{aligned}$$

但是,$\dfrac{4700-4684.1}{4700}=0.034$,相差仅 3.4%,满足工程允许的 5% 的误差要求。

按普通箍筋柱计算柱子的承载力为(φ 值查表 7-1 得 $\varphi=0.9575$):

$$N_{du}\leqslant 1.5\times 0.9\varphi(f_{cd}A+f'_{sd}A'_s)$$

$$4684.1\text{kN}\leqslant 1.5\times 0.9\times 0.96\left(13.8\times\frac{3.14\times 500^2}{4}+330\times 4941\right)=5623.1\text{kN}$$

所以柱子的承载力满足要求,在使用荷载作用下混凝土保护层不会脱落。

●第三节 偏心受压构件承载力计算●

在工程实践中,钢筋混凝土偏心受压构件应用很广。例如钢筋混凝土拱桥的主拱圈、刚架桥的支柱和横梁、桥梁墩台的桩柱等。

一、构造要求

偏心受压构件通常采用矩形截面,长边布置在弯矩作用方向,长短边的比值为 1.5~3.0。截面尺寸较大时采用工形和箱形截面,柱式墩台及桩基础多采用圆形截面。

偏心受压构件的纵向钢筋,分别集中布置在弯矩作用方向截面的两侧面,布置在受压较大边的钢筋用 A'_s 表示,布置在受拉边或受压较小边的钢筋用 A_s 表示,如图 7-4。全部纵向钢筋的配筋率 $\rho=(A_s+A'_s)/bh$,ρ 应不小于 0.5%,当采用 C50 及以上混凝土强度等级时,不应小于 0.6%;同时,每侧纵向钢筋配筋率($\rho=A_s/bh$ 或 A'_s/bh)不应小于 0.2%。桥梁结构中,常由于荷载作用位置的变化,在截面中产生数值接近而方向相反的弯矩,这时纵向受力钢筋大多采用对称布置方案。

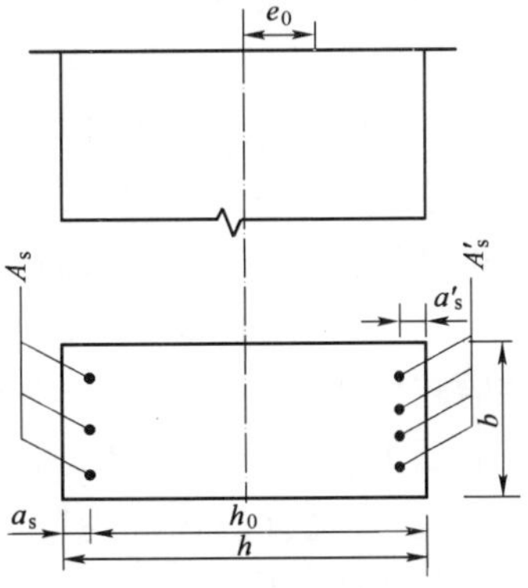

图 7-4 偏心受压构件截面及配筋

偏心受压构件的纵向受力钢筋和箍筋的直径、间距等的规定与轴心构件相同,由于偏心受压构件沿弯矩作用方向的截面高度较大,当截面高度 $h\geqslant 600\text{mm}$ 时,在侧面应设置直径为 10~16mm 的纵向箍筋,并相应设置复合箍筋(图 7-5)。箍筋应采用闭合箍筋,不准采用有内折角的箍筋。

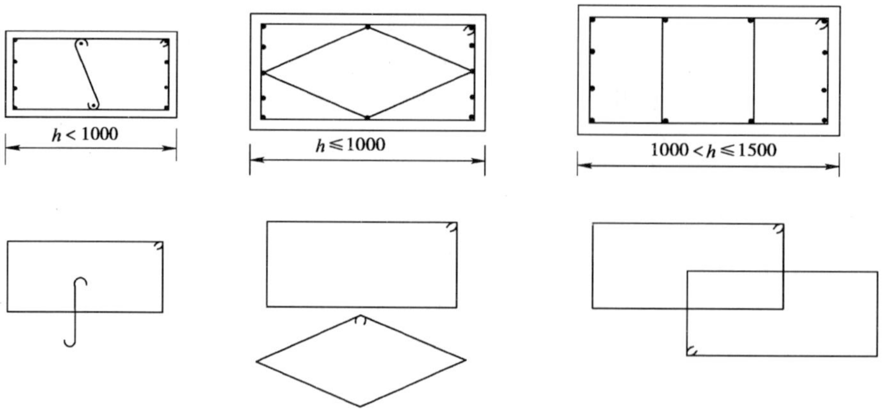

图 7-5　偏心受压柱的纵向钢筋构造及复合箍筋(尺寸单位:mm)

二、破坏状态

钢筋混凝土偏心受压构件的破坏,都是由受压区混凝土压碎造成的。但是,荷载相对偏心距和配筋情况不同时,混凝土压碎情况不一样。

(1)大偏心破坏:当相对偏心较大,且受拉钢筋配置不太多时,构件的破坏情况如图 7-6a)所示。这种破坏的特点是受拉区横向裂缝出现较早,随着荷载的增加,裂缝不断伸展,并逐渐形成一条明显的主裂缝。破坏时受拉区钢筋的应力先达到屈服强度,钢筋变形急剧增加,受拉区裂缝扩展,受压区高度减小,从而使混凝土的压应力增大而压碎,这种破坏称为"拉破坏",即大偏心受压构件。

(2)小偏心破坏:当相对偏心距较小,或者偏心距虽然相对较大,但配置了较多的受拉钢筋时,构件的破坏情况如图 7-6b)所示。这种破坏的特点是受拉区横向裂缝出现较晚,裂缝开展宽度不大,无明显的主裂缝,受压区混凝土局部"起皮脱落"或出现微小的网状裂缝后,随即引起混凝土的大面积压碎脱落,某些受压钢筋压屈,构件在某一横向裂缝处折断。这种情况混凝土本身承担的压力较大,由于压应力增高引起混凝土压碎,构件破坏时受拉边(或受压较小边)钢筋的应力尚小于屈服强度,通常将这种破坏称为"压破坏",即小偏心受压构件。

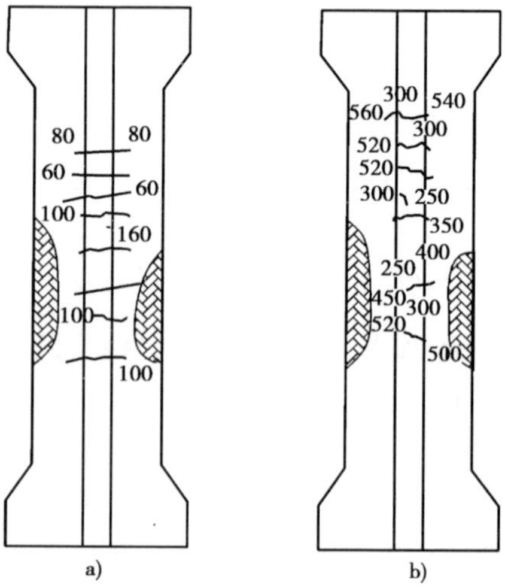

图 7-6　偏心受压构件的破坏情况

a) $N_D^S = 158\text{kN}$;b) $N_D^S = 580\text{kN}$

在大、小偏心受压构件之间存在一个分界线,这种构件的破坏特点是受拉钢筋应力达到屈服强度的同时,受压区混凝土边缘纤维的应变也恰好达到混凝土的极限压应变,通常将这种破坏称为"界限破坏"。界限破坏时的混凝土受压区高度,一般以 $x_b = \xi_b h_0$ 表示,ξ_b 为相对界限受压区高度。根据构件破坏时混凝土受压区高度判断偏心受压构件的类型:

若 $x \leqslant \xi_b h_0$，属于大偏心受压构件，其正截面承载力主要由受拉钢筋控制；

若 $x > \xi_b h_0$，属于小偏心受压构件，其正截面承载力主要取决于受压区混凝土强度。

三、偏心受压构件的纵向弯曲影响

长细比较大的钢筋混凝土柱，在偏心荷载作用下，构件在弯矩作用平面内将发生纵向弯曲，从而导致初始偏心距的增加，使柱的承载力降低（图 7-7）。

《桥规》规定，对于长细比 $l_0/i > 17.5$（矩形截面 $l_0/h > 5$ 或圆形截面 $l_0/d > 4.4$）的构件，应考虑弯矩作用平面内挠曲对轴向力偏心距的影响。此时，应将轴向力对截面重心轴的偏心距 e_0 乘以偏心距增大系数 η。

$$e_0' = e_0 + f = e_0\left(1 + \frac{f}{e_0}\right) = \eta e_0 \tag{7-10}$$

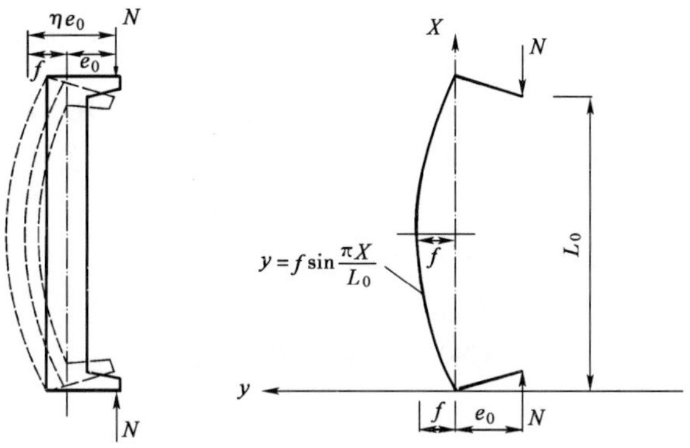

图 7-7 偏向受压柱的纵向弯曲

式中：e_0'——相对于截面重心轴的计算偏心距；

e_0——相对于截面重心轴的初始偏心距；

f——由偏心距为 e_0 的偏心荷载引起的构件在弯矩作用平面内产生的挠度。

矩形、T 形、工形和圆形截面偏心受压构件，其偏心距增大系数应按下列公式计算。

$$\eta = \left[1 + \frac{1}{1400e_0/h_0}(l_0/h)^2\zeta_1\zeta_2\right]$$

$$\zeta_1 = 0.2 + 2.7e_0/h_0 \leqslant 1 \tag{7-11}$$

$$\zeta_2 = 1.15 - 0.01\frac{l_0}{h} \leqslant 1$$

式中：l_0——构件的计算长度，按表 12-3 的规定计算；

h_0——截面的有效高度，$h_0 = h - a_s$；

h——截面高度，对圆形截面取 $h = 2r$（式中 r 为圆形截面半径）；

ζ_1——荷载偏心率对截面曲率的影响系数；

ζ_2——构件长细比对截面曲率的影响系数。

偏心受压构件除应计算弯矩作用平面的承载力外，尚应按轴心受压构件验算垂直于弯矩作用平面的承载力。此时不考虑弯矩的作用，但应考虑纵向挠曲系数的影响。

四、矩形截面偏心受压件正截面承载力计算

1. 计算的基本假定

为了简化计算，在试验研究的基础上，引入下列基本假设：

（1）构件截面变形符合平截面假设。

（2）在极限状态下，受压区混凝土应力达到混凝土抗压强度设计值 f_{cd}，并取矩形应力图

计算,矩形应力图的高度取 $x = \beta x_0$(式中 x_0 为应变图应变零点至受压较大边截面边缘的距离;β 为矩形应力图高度系数);受压较大边钢筋的应力取钢筋抗压强度设计值 f'_{sd}。

(3)不考虑受拉区混凝土参加工作,拉力全部由钢筋承担。

(4)受拉边(或受压较小边)钢筋的应力,原则上根据其应变确定:

当 $x \leqslant \xi_b h_0$ 时,构件属大偏心受压,取 $\sigma = f_{sd}$;

当 $x > \xi_b h_0$ 时,构件属小偏心受压,钢筋应力按下式计算:

$$\sigma_{si} = \varepsilon_{cu} E_s \left(\frac{\beta}{x/h_{oi}} - 1 \right) \tag{7-12}$$

式中:σ_{si}——第 i 层纵向钢筋的应力,正值表示拉应力,负值表示压应力;

ε_{cu}——混凝土极限压应变,混凝土强度等级 C50 及以下时取 $\varepsilon_{cu} = 0.0033$,C80 时取 $\varepsilon_{cu} = 0.003$,中间强度等级用直线插入求得;

E_s——钢筋的弹性模量;

β——截面受压区矩形应力图高度系数,混凝土强度等级 C50 及以下时取 $\beta = 0.8$,C80 时取 $\beta = 0.74$,中间强度等级用直线插入求得;

x——截面受压区高度;

h_{oi}——第 i 层纵向钢筋截面面积重心至受压较大边边缘的距离。

小偏心受压构件受拉边(或受压较小边)钢筋应力 σ_s 的取值,对于 C50 及以下混凝土将 $\varepsilon_{cu} = 0.0033$,$\beta = 0.8$ 代入得:

$$\sigma_{si} = 0.0033 E_s \left(\frac{0.8}{x/h_{oi}} - 1 \right)$$

钢筋混凝土偏心受压构件正截面承载力计算公式,可根据上述基本假设,由内力平衡条件求得。

2. 矩形截面偏心受压构件正截面承载力计算

1)正截面承载力计算基本方程式

根据基本假定绘制矩形截面偏心受压构件正截面承载力计算图(图 7-8)。基本公式通过构件破坏时的内力平衡条件求得:

轴向力平衡即 $\sum N = 0$,得:

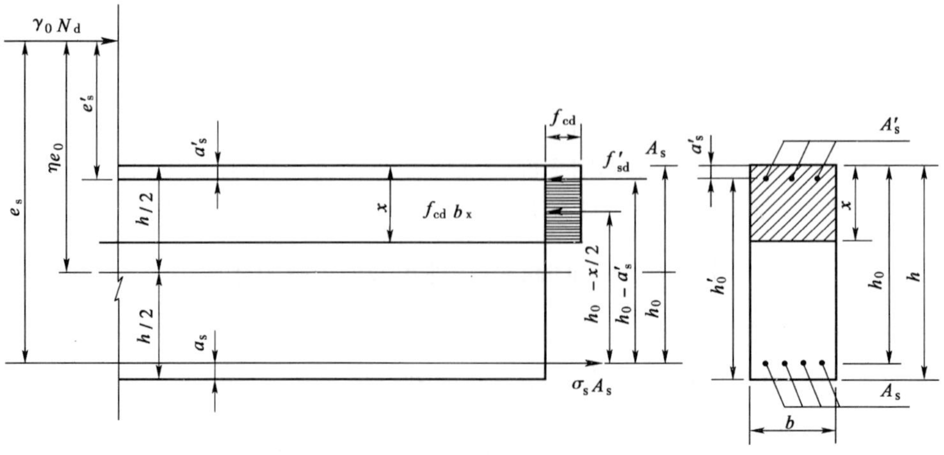

图 7-8 矩形截面偏心受压构件正截面承载力计算图

$$\gamma_0 N_d \leqslant f_{cd}bx + f'_{sd}\ A'_s - \sigma_s A_s \tag{7-13}$$

所有的力对受拉边（或受压较小边）钢筋合力作用点取矩，即$\sum M_{As} = 0$，得：

$$\gamma_0 N_d e_s \leqslant f_{cd}bx\left(h_0 - \frac{x}{2}\right) + f'_{sd}\ A'_s(h_0 - a'_s) \tag{7-14}$$

所有的力对受压较大边钢筋合力作用点取矩，即$\sum M_{A's} = 0$，得：

$$\gamma_0 N_d e'_s \leqslant -f_{cd}bx\left(\frac{x}{2} - a'_s\right) + \sigma_s A_s(h_0 - a'_s) \tag{7-15}$$

所有的力对轴向力作用点取矩，即$\sum M_N = 0$，得：

$$f_{cd}bx\left(e_s - h_0 + \frac{x}{2}\right) = \sigma_s A_s e_s - f'_{sd}\ A'_s e'_s \tag{7-16}$$

公式中符号须着重说明的有：

σ_s——受拉边（或受压较小边）钢筋的应力，其取值与受压区高度 x 有关：当 $x \leqslant \xi_b h_0$ 时，取 $\sigma_s = f_{sd}$；当 $x > \xi_b h_0$ 时，σ_s 按公式（7-12）计算；

e_s——轴向力作用点至受拉边（或受压较小边）钢筋合力作用点的距离，$e_s = \eta e_0 + h_0 - \dfrac{h}{2}$；

e'_s——轴向力作用点至受压较大边钢筋合力作用点的距离 $e'_s = \eta e_0 - \dfrac{h}{2} + a'_s$；

e_0——轴向力作用点至混凝土截面重心轴的距离，即初始偏心距，$e_0 = \dfrac{M_d}{N_d}$；

η——偏心距增大系数，按公式（7-11）计算。

公式适用条件：

为了保证受压钢筋的应力达到其抗压强度设计值，混凝土受压区高度应满足：

$$x \geqslant 2a'_s \tag{7-17}$$

若不符合公式（7-17）的条件，说明受压钢筋离中性轴太近，构件破坏时，受压钢筋的应力达不到抗压强度设计值。这时，构件的正截面承载力可按下列近似公式求得：

$$\gamma_0 N_d e'_s \leqslant f_{cd} A_s(h_0 - a'_s) \tag{7-18}$$

计算小偏心受压构件承载力时，当轴向力作用在纵向钢筋 A_s 和 A'_s 之间时，为了防止离轴向力较远一侧混凝土先压坏，尚应满足下列条件：

$$\gamma_0 N_d e'_s \leqslant f_{cd}bh\left(h'_0 - \frac{h}{2}\right) + f'_{sd}\ A_s(h_0 - a'_s) \tag{7-19}$$

式中：e'_s——轴向力作用点至受压较大边钢筋合力作用点的距离，其数值应以正值代入上式，即改为按下式计算，$e'_s = h/2 - \eta e_0 - a'_s$；

h'_0——受压较大边钢筋合力作用点至截面受压较小边的距离，$h'_0 = h - a'_s$。

2）计算方法

偏心受压构件正截面强度计算通常遇到截面设计和承载力复核两类问题。

（1）截面设计

偏心受压构件的截面尺寸，一般是根据构造要求预先确定，截面设计的内容主要是根据已知的内力组合设计值选择钢筋。

已知截面尺寸 $b \times h$，荷载效应不利组合设计值 $\gamma_0 N_d$、$\gamma_0 M_d$，混凝土强度等级及钢号，构件长细比 l_0/h，求钢筋截面面积 A_s 和 A'_s。

①非对称配筋计算步骤。

对于非对称配筋情况，基本方程式有三个未知数（A_s、A'_s 和 x）。但是基本方程只有两个独立方程式，因而问题的解答有无穷多个。为了求得合理的解答，必须根据不同的设计要求，预先确定其中一个未知数。

根据已知条件计算原始偏心距 $e_0 = M_d/N_d$、偏心距增大系数 η。

情况一：当相对偏心距较大时（$\eta e_0/h_0 > 0.3$），先按大偏心受压构件计算。

第一步：按照充分利用混凝土抗压强度的设计原则，假设 $x = \xi_b h_0$。x 确定后，只剩下两个未知数（A_s 和 A'_s），问题可解。

第二步：取 $\sigma_s = f_{sd}$，$x = \xi_b h_0$，分别代入公式（7-14）和公式（7-15）中，求受压钢筋截面面积 A'_s 和受拉钢筋截面面积 A_s：

$$A'_s = \frac{\gamma_0 N_d e_s - f_{cd} bx(h_0 - x/2)}{f'_{sd}(h_0 - a'_s)} \tag{7-20}$$

$$A_s = \frac{\gamma_0 N_d e'_s - f_{cd} bx(x/2 - a'_s)}{f_{sd}(h_0 - a'_s} \tag{7-21}$$

若按公式（7-20）求得的受压钢筋配筋率小于每侧受压钢筋的最小配筋率（$\rho_{min} = 0.2\%$），则应按构造要求取 $A'_s = 0.002bh$。这时，应按受压钢筋截面面积 A'_s 已知的情况，重新求解 x 和 A_s。

第三步：由 $\sum M_{As} = 0$ 的条件即公式（7-14），求得混凝土受压区高度 x。若 $x \leqslant \xi_b h_0$，属于大偏心受压构件，则取 $\sigma_s = f_{sd}$；若 $x > \xi_b h_0$，属于小偏心受压构件，应按公式（7-12）计算 σ_s 值。然后，将所得 x 和相应的 σ_s 值代入公式（7-13）中，由 $\sum N = 0$ 的平衡条件，或代入公式（7-15）中，由 $\sum M_{A's} = 0$ 的平衡条件，求得受拉边（或受压较小边）的钢筋截面面积 A_s。若按此步骤求得的 A_s 值仍小于最小配筋率限值，则应按构造要求配筋，取 $A_s = 0.002bh$。

情况二：偏心距较小（$\eta e_0/h_0 \leqslant 0.3$），先按小偏心构件计算。

第一步：由于受拉边（或受压较小边）钢筋应力很小，对截面承载能力影响不大，可按构造要求取 $A_s = 0.002bh$，根据受拉边（或受压较小边）钢筋截面面积 A_s 已知的情况，求解 x 和 A'_s。

第二步：将 σ_s 的计算表达式（7-12）代入公式（7-15），由 $\sum M_{A's} = 0$ 的平衡条件，求得混凝土受压高度 x。

第三步：若所得 x 满足 $\xi_b h_0 \leqslant x \leqslant h$，则将其代入公式（7-12）计算 σ_s 值。然后，将所得 x 和 σ_s 值代入公式（7-13），求得受压较大边钢筋截面面积 A'_s。若求得的 A'_s 值仍小于最小配筋率限值，则应按构造要求配筋，取 $A'_s = 0.002bh$。

若求得的 $x > h$，即相当于全截面均匀受压的情况。这时，将 σ_s 包含未知数 x 的公式（7-12）代入（7-15）式，解一元三次方程确定 x 值和 σ_s 值。然后，再将 σ_s 值代入公式（7-13），求得钢筋截面面积 A'_s。

②对称配筋计算步骤。

在桥梁结构中，常由于荷载作用位置不同，在截面中产生方向相反的弯矩，当其绝对值相差不大时,可采用对称配筋方案。装配式柱子为了保证安装不出差错,有时也采用对称配筋。

运用基本方程式(7-13)~式(7-16),解决对称配筋设计问题,只存在两个未知数($A_s = A'_s$ 和 x),问题是可解的。

情况一:当 $\gamma_0 N_d \leqslant f_{cd} b \xi_b h_0$ 时为大偏心受压构件。

第一步:取 $\sigma_s = f_{sd}$,由公式(7-13)求得混凝土受压区高度:

$$x = \frac{\gamma_0 N_d}{f_{cd} b} \tag{7-22}$$

第二步:若所得 $x \leqslant \xi_b h_0$,将其代入公式(7-14),求得钢筋截面面积:

$$A'_s = A_s = \frac{\gamma_0 N_d e_s - f_{cd} b_x \left(h_0 - \frac{x}{2} \right)}{f_{sd}(h_0 - \alpha'_s)} \tag{7-23}$$

情况二:当 $\gamma_0 N_d > f_{cd} b \xi_b h_0$ 时为小偏心受压构件。

第一步:将 σ_s 的计算表达式公式(7-12),代入公式(7-13);

第二步:公式(7-13)和公式(7-14)成立联立方程,根据 $A_s = A'_s$ 条件,求得 x 和 $A_s = A'_s$。若 $\xi_b h_0 < x < h$,则所得 $A_s = A'_s$。即为所求。

(2)承载力复核

对初步设计好的偏心受压构件进行承载能力复核可分为两种情况:

第一类问题是在保持偏心距不变的情况下,计算构件所能承受的轴向力设计值 N_{du},若 $N_{du} > \gamma_0 N_d$,说明构件的承载力是足够的。

第二类问题在保持轴向力设计值不变的情况下,计算构件所能承受的弯矩设计值 M_{du}(或偏心距 e_{ou}),若 $M_{du} \geqslant \gamma_0 M_d$(或 $e_{ou} \geqslant e_0$),说明构件的承载力是足够的。

①第一类偏心受压构件的强度复核问题:运用基本方程式(7-13)~式(7-16)只存在两个未知数(x 和 N_{du}),问题可解。

第一步:由公式(7-16),$\sum M_N = 0$ 的平衡条件,确定混凝土受压区高度 x。

先按大偏心受压构件计算,取 $\sigma_s = f_{sd}$ 代入公式(7-16)得:

$$f_{cd} bx \left(e_s - h_0 + \frac{x}{2} \right) = f_{sd} A_s e_s - f'_{sd} A'_s e'_s \tag{7-24}$$

解一元二次方程求得 x。

第二步:

情况一:若 $x \leqslant \xi_b h_0$,则应按大偏心受压构件计算。将 x 代入下式

$$N_{du} = f_{cd} bx + f_{sd} A'_s - f_{sd} A_s$$

若 $N_{du} > \gamma_0 N_d$,说明构件的承载力是足够的。

情况二:若 $x > \xi_b h_0$,则应按小偏心受压构件计算,将公式(7-12)代入公式(7-16)。经展开整理后为以 x 为未知数的一元三次方程,解三次方程求得 x 值。若 $\xi_b h_0 < x \leqslant h$,则所得 x 即为所求。并代入公式(7-12)计算 σ_s 值。

若按小偏心受压构件计算,由公式(7-16)求得 $x > h$,即相当于混凝土全截面均匀受压的情况,计算混凝土合力及其作用点位置时,应取 $x = h$;计算钢筋应力 σ_s 时,仍以包含未知 数 x 的公式(7-12) 代入公式(7-16) 重新确定 x 值和计算相应的 σ_s 值。

求得混凝土受压区高度后，将 x 及与其相对应的 σ_s 值，代入公式(7-13)，求得构件所能承受的轴向力设计值：

$$N_{du} = f_{cd}bx + f_{sd}A'_s - \sigma_s A_s \tag{7-25}$$

式中：

当 $x > \xi_b h_0$ 时，σ_s 按公式(7-12)计算；

当 $x > h$ 时，计算混凝土合力项时取 $x = h$；

若 $N_{du} > \gamma_0 N_d$，说明构件的承载力是足够的。

②第二类偏心受压构件承载力复核问题：运用基本方程式(7-13)～式(7-16)解决只存在两个未知数 e'_s（或 e_s）和 x，问题可解。

第一步：先按大偏心受压构件，令 $\sigma_s = f_{sd}$ 代入公式(7-13)，由 $\sum N = 0$ 的平衡条件，确定混凝土受压区高度 x。

第二步：

情况一：若所得 $x \leqslant \xi_b h_0$，则将所得 x 值代入公式(7-14)或式(7-15)，求得允许偏心距 e_{su}（或 e'_{su}）。若 $e_{su} \geqslant e_s$（或 $e'_{su} \geqslant e'_s$）说明构件的承载力是足够的。

情况二：若求得的 $x > \xi_b h_0$，则应改为按小偏心受压构件计算，将 σ_s 计算表达式(7-12)代入公式(7-13)。求得混凝土受压区高度 x，若 $\xi_b h_0 < x < h$，则将其代入公式(7-14)或式(7-15)，计算容许的偏心距 e_{su}（或 e'_{su}）。若 $e_{su} \geqslant e_s$（或 $e'_{su} \geqslant e_s$），说明构件的承载能力是足够的。

【例 7-3】 有一钢筋混凝土偏心受压构件，计算长度 $l_0 = 10$m，截面尺寸为 300mm × 600mm，承受的轴向力组合设计值 $N_d = 315$ kN，弯矩组合设计值 $M_d = 210$kN · m，结构重要性系数 $\gamma_0 = 1$，拟采用 C30 混凝土，$f_{cd} = 13.8$ MPa；HRB335 钢筋，$f_{sd} = 280$MPa，$f'_{sd} = 280$MPa，$E_s = 2 \times 10^5$ MPa，$\xi_b = 0.56$。试选择钢筋，并复核承载力。

解： 因 $l_0/h = 10000/600 = 16.67 > 5$，故应考虑偏心距增大系数 η 的影响，η 值按公式(7-11)计算：

$$\eta = 1 + \frac{1}{1400e_0/h_0}(l_0/h)^2\zeta_1\zeta_2$$

式中：$e_0 = M_d/N_d = \dfrac{210}{315} \times 10^3 = 666.7$ mm

$h_0 = h - a_s = 600 - 45 = 555$mm（假设 $a_s = a'_s = 45$mm）

$l_0 = 10000$mm；$h = 600$mm

$\zeta_1 = 0.2 + 2.7e_0/h_0 = 0.2 + 2.7 \times 666.7/555 = 3.44 > 1$，则取 $\zeta_1 = 1$

$\zeta_2 = 1.15 - 0.01\dfrac{l_0}{h} = 1.15 - 0.01\dfrac{10000}{600} = 0.98 < 1$

代入上式则得：

$$\eta = 1 + \frac{1}{1400 \times \dfrac{666.7}{555}}\left(\frac{10000}{600}\right)^2 \times 1 \times 0.98 = 1.16$$

计算偏心距：

$$e_s = \eta e_0 + h_0 - \frac{h}{2} = 1.16 \times 666.7 + 555 - \frac{600}{2} \approx 1028.4\text{mm}$$

$$e'_s = \eta e_0 - \frac{h}{2} + a'_s = 1.16 \times 666.7 - \frac{600}{2} + 45 \approx 518.4\text{mm}$$

(1)截面选择

因 $\eta e_0/h_0 = 1.16 \times 666.7/555 \approx 1.39 > 0.3$，显然为大偏心受压构件，取 $\sigma_s = f_{sd} = 280\text{MPa}$。

首先，以 $x = \xi_b h_0 = 0.56 \times 555 = 310.8\text{mm}$ 代入公式(7-20)，求得受压钢筋截面面积。

$$A'_s = \frac{\gamma_0 N_d e_s - f_{cd} bx\left(h_0 - \frac{x}{2}\right)}{f'_{sd}(h_0 - a'_s)}$$

$$= \frac{1 \times 315 \times 10^3 \times 1028.4 - 13.8 \times 300 \times 310.8\left(555 - \frac{310.8}{2}\right)}{280(555 - 45)}$$

$$= -1332.1\text{mm}^2$$

A'_s 出现负值，则应改为按构造要求取。

$A'_s = 0.002bh = 0.002 \times 300 \times 600 = 360\text{mm}^2$，选 $3\phi14$（外径 16.2mm），供给的 $A'_s = 462\text{mm}^2$，仍取 $a'_s = 45\text{mm}$。

这时，应由公式(7-14)计算混凝土受压高度 x：

$$\gamma_0 N_d e_s = f_{cd} b_x \left(h_0 - \frac{x}{2}\right) + f'_{sd} A'_s (h_0 - a'_s)$$

$$= 1 \times 315 \times 10^3 \times 1028.4 = 13.8 \times 300x\left(555 - \frac{x}{2}\right) + 280 \times 462(555 - 45)$$

展开整理后得：

$$x^2 - 1110x + 124624.35 = 0$$

解之得：$x = 126.75\text{mm} < \xi_b h_0 = 0.56 \times 555 = 310\text{mm} > 2a'_s = 2 \times 45 = 90\text{mm}$

将所得 x 值代入公式(7-13)，求得受拉钢筋截面面积为：

$$A_s = \frac{f_{cd} bx + f'_{sd} A'_s - \gamma_0 N_d}{f_{sd}}$$

$$= \frac{13.8 \times 300 \times 126.75 + 280 \times 462 - 1 \times 315 \times 10^3}{280} = 1211\text{mm}^2$$

选 $4\phi20$（外径 22.7mm），供给的 $A_s = 1256\text{mm}^2$，布置成一排，所需截面最小宽度 $b_{min} = 2 \times 30 + 3 \times 30 + 4 \times 22.7 \approx 241\text{mm} < b = 300\text{mm}$，仍取 $a_s = 45\text{mm}$，$h_0 = 555\text{mm}$（图 7-9）。

(2)稳定验算

因 $l_0/b = 10000/300 = 33.7 > 8$，应对垂直于弯矩作用平面进行稳定验算。稳定验算时，不考虑弯矩的作用，由公式(7-1)得：

$$N_{du} = 0.9\varphi[f_{cd} bh + f'_{sd}(A_s + A'_s)]$$

按 $l_0/b = 33.3$，查表 7-1 得 $\varphi = 0.467$，代入上式得：

$$N_{du} = 0.9 \times 0.467 \times [13.8 \times 300 \times 600 + 280 \times (462 + 1256)]$$

$$= 1246.2 \times 10^3\text{N} = 1246.2\text{kN} > \gamma_0 N_d = 315\text{kN}$$

计算结果表明,垂直弯矩作用平面的稳定性满足要求。

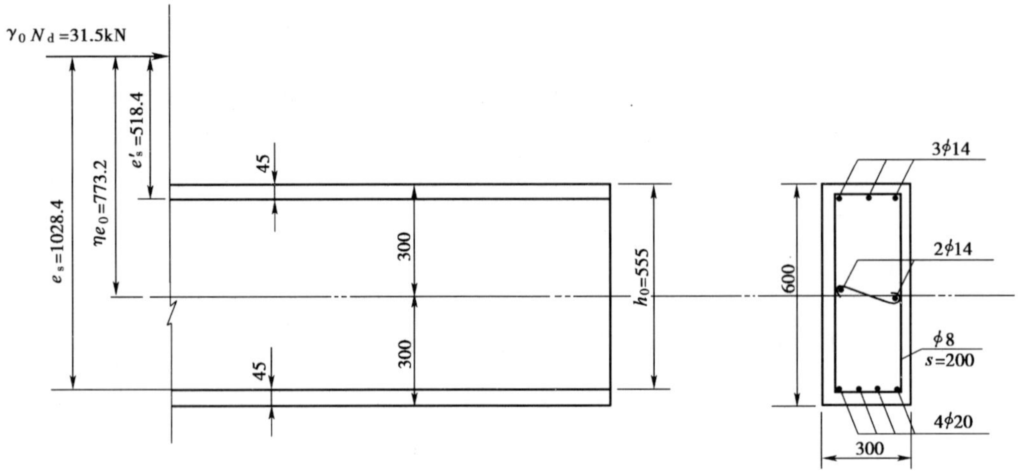

图 7-9　偏心受压构件计算简图及配筋(尺寸单位:mm)

(3)承载力复核

按实际配筋情况进行承载力复核时,应由$\sum M_N = 0$的平衡条件公式(7-16),确定混凝土受压区高度x:

$$f_{cd}bx\left(e_s - h_0 + \frac{x}{2}\right) = f_{sd}A_s e_s - f'_{sd}\ A'_s e'_s$$

$$13.8 \times 300x\left(1028.4 - 555 + \frac{x}{2}\right) = 280 \times 1256 \times 1028.4 - 280 \times 462 \times 518.4$$

展开整理后得:

$$x^2 + 946.8x - 142322.46 = 0$$

解之得:

$$x = 131.9\text{mm} < \xi_b h_0 = 0.56 \times 555 = 310.8\text{mm} > 2a'_s = 2 \times 45 = 90\text{mm}$$

将所得x值,代入公式(7-13)得:

$$\begin{aligned} N_{du} &= f_{cd}bx + f'_{sd}\ A'_s - f_{sd}A_s \\ &= 13.8 \times 300 \times 131.9 + 280 \times 462 - 280 \times 1256 \\ &= 323.9 \times 10^3\text{N} = 323.9\text{kN} > \gamma_0 N_d = 315\text{kN} \end{aligned}$$

计算结果表明,结构的承载力是足够的。

【例 7-4】　有一现浇的钢筋混凝土偏心受压构件,计算长度l_0=2.5m,截面尺寸250mm×500mm,承受的轴向力不利组合设计值N_d = 1200kN,弯矩不利组合设计值M_d = 120 kN·m,结构重要性系数$\gamma_0 = 1$。拟采用C25混凝土,f_{cd} = 11.5MPa,f_{td} = 1.23MPa;纵向钢筋拟采用HRB335钢筋,f'_{sd} = 280MPa,$E_s = 2.0 \times 10^5$MPa,f_{sd} = 280MPa,ξ_b = 0.56。试选择钢筋,并复核承载能力。

解:因$l_0/h = 2500/500 = 5$,故可不考虑附加偏心增大系数的影响。即$\eta = 1$,假设$a_s = a'_s$ =37mm,$h_0 = h - a_s$ =500−37=463mm。计算偏心距为:$e_0 = M_d/N_d = \frac{120}{1200} \times 10^3$ =100mm

$$e_s = \eta e_0 + h_0 - \frac{h}{2} = 100 + 463 - \frac{500}{2} = 313\text{mm}$$

$$e'_s = \eta e_0 - \frac{h}{2} + a'_s = 100 - \frac{500}{2} + 37 = -113\text{ mm}$$

(1)截面设计

$\eta e_0/h_0 = 100/463 \approx 0.216 < 0.3$，偏心距较小，先按小偏心受压构件设计。

首先按构造要求，确立受拉边(或受压较小)钢筋截面面积，取 $A_s \geqslant 0.002bh = 0.002 \times 250 \times 500 = 250\text{mm}^2$，选取 3$\phi$12 (外径 13.9mm)供给 $A_s = 339\text{mm}^2$，$a'_s = 30 + 13.9/2 \approx 37\text{mm}$。

然后，由 $\sum M_{A's} = 0$ 的条件[公式(7-15)]，求混凝土受压区高度 x。

式中，σ_s 按公式(7-12)计算，对 C50 及以下混凝土，$\varepsilon_{cu} = 0.0033$，$\beta = 0.8$；HRB335 钢筋弹性模量 $E_s = 2 \times 10^5\text{MPa}$；$h_0 = 463\text{mm}$，代入后得：

$$\sigma_s = \varepsilon_{cu} E_s \left(\frac{\beta}{x/h_0} - 1\right) = 0.0033 \times 2 \times 10^5 \left(\frac{0.8}{x/463} - 1\right)$$

将上式和有关数据代入公式(7-16)，可得：

$$1200 \times 10^3 \times (-113) = -11.5 \times 250x\left(\frac{x}{2} - 37\right) + 660 \times \left(\frac{370.4}{x} - 1\right) \times 339(463 - 37)$$

展开整理后得：$x^3 - 74x^2 - 28025.6x - 24559321 = 0$

采用 Podolsky 逐次渐近法求解三次方程得：

$x = 351.9\text{mm} > \xi_b h_0 = 0.56 \times 463 = 259.28\text{mm}$，说明按小偏心受压构件计算是正确的。

设 $f(x) = Ax^3 + Bx^2 + Cx + D$

令 $x = x_1 + \Delta x_1$，其中 x_1 为第一次假定值，Δx_1 为校正值，由台劳公式可得：

$$f(x) = f(x_1 + \Delta x_1) = f(x_1) + \frac{\Delta x_1}{1!} f'(x_1) + \frac{\Delta x_1^2}{2!} f''(x_1) + \cdots = 0$$

略去 Δx_1 的高次项得：

$$f(x_1) = -\Delta x_1 f'(x_1)$$

所以，$\Delta x_1 = -\dfrac{f(x_1)}{f'(x_1)}$

则 $x = x_1 + \Delta x_1 = x_1 - \dfrac{f(x_1)}{f'(x_1)} = x_1 - \dfrac{Ax^3 + Bx^2 + Cx + D}{3Ax^2 + 2Bx + C}$

将上式求得的 x，作为第二次假定值，继续试算，一般通过 2 ~ 3 次试算，即可达到要求。

受拉边或受压较小边的钢筋应力为：

$$\sigma_s = \varepsilon_{cu} E_s \left(\frac{\beta}{x/h_0} - 1\right) = 660 \times \left(\frac{370.4}{x} - 1\right)$$

$$= 660 \times \left(\frac{370.4}{351.9} - 1\right) \approx 34.7\text{MPa}(\text{拉应力})$$

由 $\sum N = 0$ 的条件[公式(7-13)]，求得受压较大边钢筋截面面积为：

$$A'_s = \frac{\gamma_0 N_d - f_{cd} bx + \sigma_s A_s}{f'_{sd}}$$

$$=\frac{1\times1200\times10^3-11.5\times250\times351.9-34.7\times339}{280}=714.5\text{mm}^2$$

选取 4ϕ16(外径 18.4mm),供给 $A'_s=804\text{mm}^2$,$a'_s=30+18.4/2=39.2\text{mm}$,取 $a'_s=40\text{mm}$。钢筋按一排布置,所需截面最小宽度 $b_{min}=2\times30+4\times18.4+3\times30=223.6\text{mm}<b=250\text{mm}$。

受压较小边钢筋已选取 3ϕ12,$A_s=339\text{mm}^2$,仍取 $a_s=37\text{mm}$,$h_0=463\text{mm}$。实际的计算偏心距为:

$$e_0=100\text{mm}$$

$$e_s=313\text{mm}$$

$$e'_s=e_0-h/2+a'_s=100-500/2+40=-110\text{mm}$$

(2)稳定验算

因对垂直于弯矩作用平面进行稳定验算,稳定验算时,由公式(7-1)得:

$$N_{du}=0.9\varphi[f_{cd}bh+f'_{sd}(A_s+A'_s)]$$

由 $l_0/b=2500/250=10$,查表 7-1 得 $\varphi=0.98$,代入上式得:

$$N_{du}=0.9\times0.98\times[11.5\times250\times500+280(339+804)]$$

$$\approx1550\times10^3\text{N}=1550\text{kN}>\gamma_0N_0=1200\text{kN}$$

计算结果表明,垂直于弯矩作用平面的稳定性满足要求(图 7-10)。

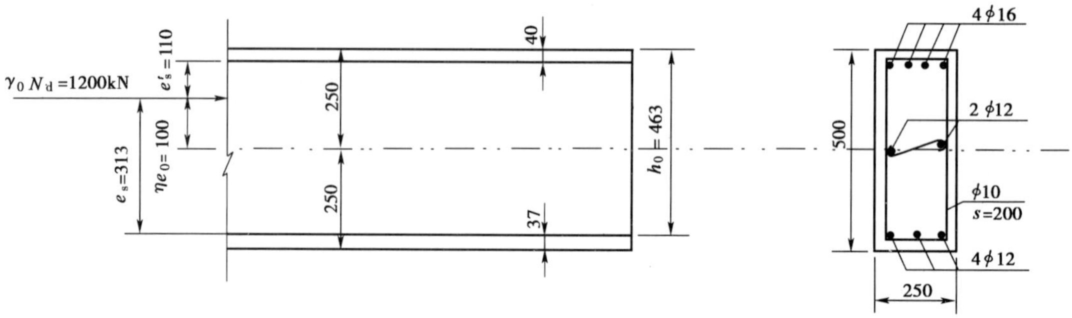

图 7-10 偏心受压构件计算简图及配筋(尺寸单位:mm)

(3)承载力复核

由 $\sum M_N=0$ 的平衡条件[公式(7-16)],确定受压区高度 x,可得:

$$f_{cd}bx\left(e_s-h_0+\frac{x}{2}\right)=\sigma_sA_se_s-f'_{cd}A'_se'_s$$

将 $\sigma_s=\varepsilon_{cu}E\left(\frac{\beta}{x/h_0}-1\right)=660\times\left(\frac{370.4}{x}-1\right)$ 和有关数据代入上式得:

$$11.5\times250x\left(313-463+\frac{x}{2}\right)=660\times\left(\frac{370.4}{x}-1\right)\times339\times313-280\times804\times(-110)$$

展开整理后得:

$$x^3-300x^2+31803.6x-18044759.4=0$$

解三次方程得 $x=354.1\text{mm}>\xi_bh_0=0.56\times463=259.28\text{mm}$,属于小偏心受压构件。

受压较小边钢筋应力为:

$$\sigma_s = \varepsilon_{cu}E_s\left(\frac{\beta}{x/h_0 - 1}\right) = 660 \times \left(\frac{370.4}{354.1} - 1\right) = 30.4\text{MPa}(\text{拉应力})$$

将所得 x 和 σ_s 值代入公式(7-13)得:

$$\begin{aligned} N_{cu} &= f_{cd}bx + f'_{sd}A'_s - \sigma_s A_s \\ &= 11.5 \times 250 \times 354.1 + 280 \times 804 - 30.4 \times 339 \\ &\approx 1232.9 \times 10^3\text{N} = 1232.9\text{kN} > \gamma_0 N_d = 1200\text{kN} \end{aligned}$$

计算结果表明,承载力是足够的。

此外,对于轴向力作用于 A_s 和 A'_s 之间的小偏心受压构件为了防止离轴向力较远一侧混凝土先压坏,尚应满足公式(7-19)的限制条件:

$$\gamma_0 N_d e'_s \leqslant f_{cd}bh\left(h'_0 - \frac{h}{2}\right) + f'_{sd}A_s(h_0 - a_s)$$

式中 $h'_0 = h - a'_s = 500 - 40 = 460\text{mm}$,$e'_s = 110\text{mm}$ 代入上式后得:

$$1.0 \times 1200 \times 10^3 \times 110 \leqslant 11.5 \times 250 \times 500 \times \left(460 - \frac{500}{2}\right) + 280 \times 339 \times (460 - 37)$$

$132 \times 10^6\text{N} \cdot \text{mm} \leqslant 342 \times 10^6\text{N} \cdot \text{mm}$ 满足要求。

【例 7-5】 有一装配式钢筋混凝土柱,计算长度 $l_0 = 3.5\text{m}$,截面尺寸为 250mm×500mm。承受的轴向力不利组合设计值 $N_d = 1328\text{kN}$,双向变号弯矩不利组合设计值 $M_d = \pm 121.9\text{kN} \cdot \text{m}$,结构重要性系数 $\gamma_0 = 1.0$。拟采用 C25 混凝土,$f_{cd} = 11.5\text{MPa}$,$f_{td} = 1.23\text{MPa}$;R235 钢筋 $f_{sd} = f'_{sd} = 195\text{MPa}$,$\xi_b = 0.62$,$E_s = 2.1 \times 10^5\text{MPa}$。试按对称配筋原则选择钢筋,并进行强度复核。

解:因 $l_0/h = 3500/500 = 7$,故可不考虑附加偏心增大系数的影响,即 $\eta = 1$。假设 $a'_s = a_s = 37\text{mm}$,则 $h_0 = h - a = 500 - 37 = 463\text{mm}$。计算偏心距为:

$$e_0 = M_d/N_d = 121.9/1328 \approx 91.8\text{mm}$$

$$e_s = \eta e_0 + h_0 - \frac{h}{2} = 91.8 + 463 - \frac{500}{2} = 304.8\text{mm}$$

$$e'_s = \eta e_0 - \frac{h}{2} + a'_s = 91.8 - \frac{500}{2} + 37 = -121.2\text{mm}$$

(1)截面设计

$\eta e_0/h_0 = 1 \times 91.8/463 = 0.198 < 0.3$,因相对偏心距较小,可先按小偏心受压构件计算,则

$$\begin{aligned} \sigma_s &= \varepsilon_{cu}E_s\left(\frac{\beta}{x/h_0} - 1\right) = 0.0033 \times 2.1 \times 10^5 \times \left(\frac{0.8 \times 463}{x} - 1\right) \\ &= 693 \times \left(\frac{370.4}{x} - 1\right) \end{aligned}$$

将 σ_s 代入公式(7-13),并取 $A_s = A'_s$

$$\gamma_0 N_d = f_{cd}bx + f'_{sd}A'_s - \sigma_s A_s$$

$$\gamma_0 N_d = f_{cd}bx + \left[f'_{sd} - 693 \times \left(\frac{370.4}{x} - 1\right)\right]A'_s$$

$$A_s = A'_s = \frac{\gamma_0 N_d - f_{sd} bx}{f'_{sd} - 693 \times \left(\frac{370.4}{x} - 1\right)}$$

$$= \frac{1328 \times 10^3 - 11.5 \times 250x}{195 - 693 \times \left(\frac{370.4}{x} - 1\right)} = \frac{1328 \times 10^3 x - 2875x^2}{888x - 256687.2}$$

将上式代入公式(7-14),得:

$$\gamma_0 N_d e_s = f_{cd} bx\left(h_0 - \frac{x}{2}\right) + f'_{sd} A'_s (h_0 - a'_s)$$

$$1328 \times 10^3 \times 304.8 = 11.5 \times 250x\left(463 - \frac{x}{2}\right) + 195 \times \left(\frac{1328 \times 10^3 x - 2875x^2}{888x - 256687.2}\right) \times (463 - 37)$$

展开整理后得:$x^3 - 1027.97x^2 + 462832x + 81394757 = 0$

解三次方程得 $x = 372\text{mm} > \xi_b h_0 = 0.62 \times 463 = 287.06\text{mm}$

说明按小偏心受压构件计算是正确的。

受拉边或受压较小边的钢筋应力为:

$$\sigma_s = \varepsilon_{cu} E_s \left(\frac{\beta}{x/h_0} - 1\right) = 693 \times \left(\frac{370.4}{372} - 1\right) = -3.0\ \text{MPa}(压应力)$$

所需钢筋截面面积为:

$$A_s = A'_s = \frac{\gamma_0 N_d - f_{cd} bx}{f_{sd} - \sigma_s} = \frac{1328 \times 10^3 - 11.5 \times 250 \times 372}{[195 - (-3)]} = 1305.6\text{mm}^2$$

选取 4ϕ22,供给的 $A_s = A'_s = 1520\text{mm}^2$,钢筋布置成一排,所需截面最小宽度 $b_{min} = 2 \times 30 + 4 \times 22 + 3 \times 30 = 238\text{mm} < b = 250\text{mm}$。$a_s = a'_s = 30 + 22/2 = 41\text{mm}$,$h_0 = 500 - 41 = 459\text{mm}$,见图 7-11 所示。

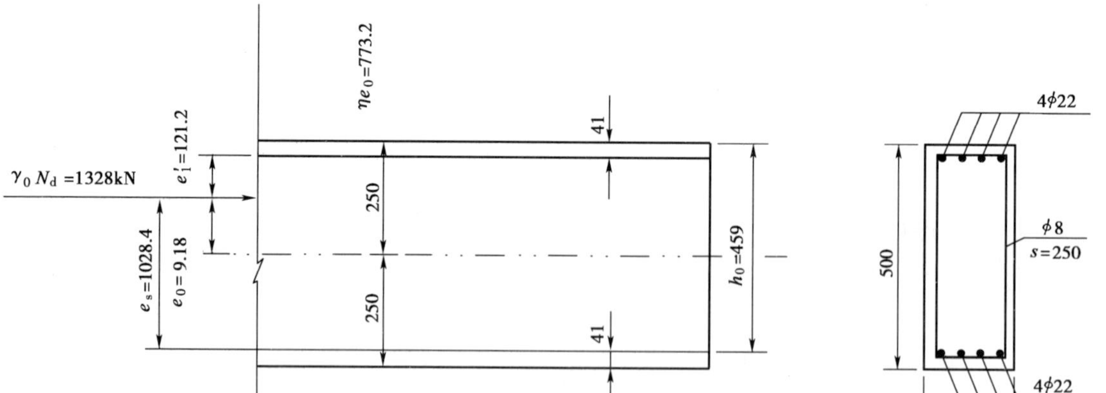

图 7-11 偏心受压构件计算简图及配筋(尺寸单位:mm)

(2)稳定验算

因 $l_0/b = 3500/250 = 14 > 8$ 故应对垂直于弯矩作用平面进行稳定验算,由公式 7-1 得:

$$N_{du} = 0.9\varphi(f_{cd} bh + 2f'_{sd} A'_s)$$

按 $l_0/b = 14$,查表 7-1 得 $\varphi = 0.92$,代入上式,得:

$$N_{du}=0.9\times0.92\times(11.5\times250\times500+2\times195\times1520)$$
$$\approx1681.1\times10^3\text{N}=1681.1\text{kN}>\gamma_0N_d=1328\text{kN}$$

(3)承载力复核

由 $\sum M_N=0$ 的条件[公式(7-16)]确定混凝土受压区高度 x,得:

$$f_{cd}bx(e_s-h_0+\frac{x}{2})=\sigma_sA_se_s-f'_{cd}A'_se'_s$$

将 $\sigma_s=\varepsilon_{cu}E_s\left(\frac{\beta}{x/h_0}-1\right)=693\times\left(\frac{370.4}{x}-1\right)$ 和有关数据代入上式,得:

$$11.5\times250x\left(304.8-459+\frac{x}{2}\right)=693\times\left(\frac{370.4}{x}-1\right)\times1520\times304.8-195\times1520\times(-121.2)$$

展开整理后得:

$$x^3-308.4x^2+198358.6x-82728452=0$$

解三次方程得:$x=372.4\text{mm}>\xi_bh_0=0.62\times459\approx284.6\text{mm}$

受拉边或受压较小边钢筋应力为:

$$\sigma_s=\varepsilon_{cu}E_s\left(\frac{\beta}{x/h_0}-1\right)=693\times\left(\frac{370.4}{372.4}-1\right)\approx-3.7\text{ MPa}$$

将所得 x 和 σ_s 值代入公式(7-13)得:

$$N_{du}=f_{cd}bx+f_{sd}A'_s-\sigma_sA_s$$
$$N_{du}=11.5\times250\times372.4+195\times1520-(-3.7)\times1520$$
$$=1372.7\times10^3\text{N}=1372.7\text{kN}>\gamma_0N_d=1328\text{kN}$$

计算结果表明,结构的承载力是足够的。

五、圆形截面偏心受压构件正截面承载力计算

钢筋混凝土圆形截面偏心受压构件在桥梁结构中应用广泛,如柱式桥梁墩台、各种桩基础等。

圆形截面偏心受压构件的纵向受力钢筋,通常是沿圆周均匀布置,其根数不少于6根。对于一般的钢筋混凝土圆形截面偏心受压柱,纵向钢筋的直径不宜小于12mm,保护层厚度不小于30~40mm。桥梁工程中采用的钻孔灌注桩,直径 D 不小于800mm,桩内纵向钢筋的直径不宜小于14mm,根数不宜少于8根,其净距不宜小于80mm,保护层厚度不宜小于60~75mm,箍筋的间距为200~400mm。对于直径较大的桩,为了加强钢筋骨架的刚度,可在钢筋骨架上每隔2~3m,设置一道直径为14~18mm的加劲箍筋。

试验研究表明,钢筋混凝土圆形截面偏心受压构件的破坏,都是由于受压区混凝土压碎所造成的。荷载偏心距不同时,也会出现类似图7-7所示的“拉破坏”和“压破坏”两种破坏形态。但是,对于钢筋沿圆周均匀布置的圆形截面来说,构件破坏时各根钢筋的应变是不等的,应力也不完全相同。随着荷载偏心距的增加,构件的破坏由“压破坏”向“拉破坏”的过渡基本上是连续的。

1. 基本假定

在试验研究的基础上,引入下列假设作为计算的基础(图7-12):

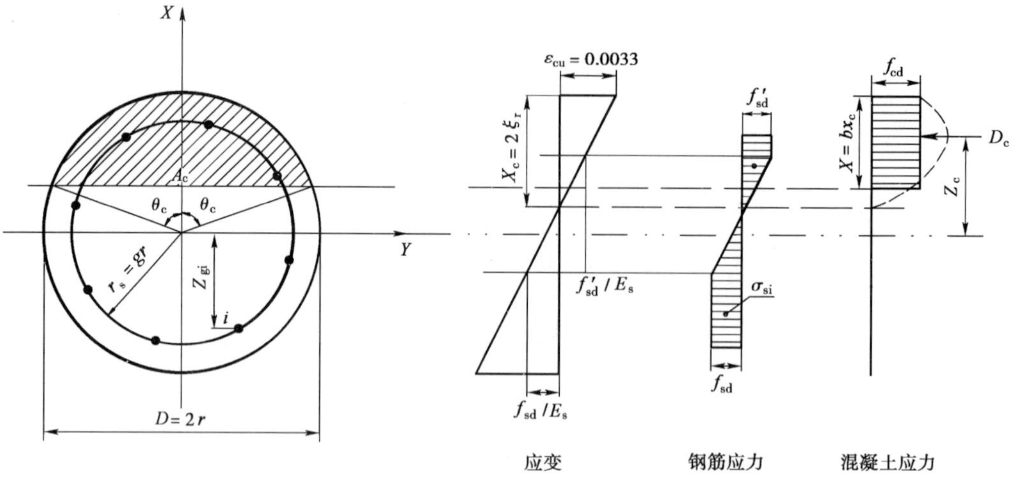

图 7-12 圆形截面偏心受压构件正截面承载力计算图

(1)构件变形符合平截面假设。

(2)构件达到极限破坏时,受压区混凝土的应力采用矩形应力图,矩形应力图的宽度取混凝土轴心抗压强度设计值f_{cd},矩形应力图高度取 $x = \beta x_0$,(式中 x_0 为应变图变形零点至受压较大边截面边缘的距离),应力图高度系数β与变形零点相对位置$\zeta = x_0/2r$有关(式中 r 为圆形截面半径),按下式计算:

$$\left.\begin{aligned}&当\zeta \leqslant 1 时,取\beta = 0.8\\&当1 < \zeta < 1.5 时,\beta = 1.067 - 0.267\zeta\end{aligned}\right\} \tag{7-26}$$

当$\zeta > 1$时,按全截面混凝土均匀受压处理。

(3)不考虑受拉区混凝土参加工作,拉力全部由钢筋承担。

(4)将钢筋视为理想的弹塑性体,各根钢筋的应力根据其应变确定。

对于具有 n 根钢筋的圆形截面偏心受压构件,其正截面承载力计算的基本方程可写成下列形式:

$$\gamma_0 N_d \leqslant D_c + D_s = f_{cd}A_c + \sum_{i=1}^{n}\sigma_{si}A_{si} \tag{7-27}$$

$$\gamma_0 N_d e'_0 \leqslant M_c + M_s = f_{cd}A_c Z_c + \sum_{i=1}^{n}\sigma_{si}A_{si}Z_{si} \tag{7-28}$$

式中:N_d ——轴向力组合设计值;

e'_0—— 轴向力相对于 r 轴的计算偏心距:

$$e'_0 = \eta e_0 = \eta\frac{M_d}{N_d}$$

η ——偏心距增大系数,按公式(7-11)计算;

D_c ——受压区混凝土应力的合力;

M_c ——受压区混凝土应力的合力对 y 轴的力矩;

D_s ——钢筋应力的合力;

M_s ——钢筋应力的合力对 y 轴的力矩;

A_c ——受压混凝土矩形应力图所对应的弓形截面面积；

Z_c ——受压区混凝土弓形面积的重心至 y 轴的距离；

Z_{si} ——第 i 根钢筋的截面面积重心至 y 轴的距离；

f'_{sd}——钢筋的抗压强度设计值；

A_{si}—— 第 i 根钢筋的截面面积；

σ_{si}—— 第 i 根钢筋的应力。

钢筋应力 σ_{si} 按其应变 $\varepsilon_{si} = \dfrac{x_e - r + Z_{si}}{x_e} \times 0.0033$ 确定，按下列规定取值：

$$\left.\begin{array}{l}\text{若 } \varepsilon_{si} \geqslant f'_{sd}/E_s\text{，取 } \sigma_{si} = f'_{sd} \\ \text{若 } -f'_{sd}/E_s < \varepsilon_{si} < f'_{sd}/E_s\text{，取 } \sigma_{si} = f'_{sd} \\ \text{若 } \varepsilon'_{si} \leqslant -f'_{sd}/E_s\text{，取 } \sigma_{si} = -f'_{sd}\end{array}\right\} \tag{7-29}$$

式中，以压应力为(+)，拉应力为(-)，对常用普通钢筋，$|f_{sd}| = |f'_{sd}|$，按上述符号规律，$f_{sd} = -f'_{sd}$。

利用上述公式进行正截面承载力计算，通常采用试算法，在每次试算时都要根据假设的 $\xi = x_0/2r$ 值，确定每根钢筋的应变，计算每根钢筋的应力，这是一件很麻烦的工作。

为了简化计算，可近似地将沿圆周均匀布置的单根钢筋，用一个假想的薄壁钢环来代替(图 7-13)，并认为该薄壁钢环壁厚中心至截面重心的距离为 $r_s = gr$，薄壁钢环的壁厚为：

$$t_s = \frac{\sum_{i=1}^{n} A_{si}}{2\pi r_s} = \frac{\rho r}{2g} \tag{7-30}$$

式中：ρ——配筋率，$\rho = \dfrac{\sum_{i=1}^{n} A_{si}}{\pi r^2}$

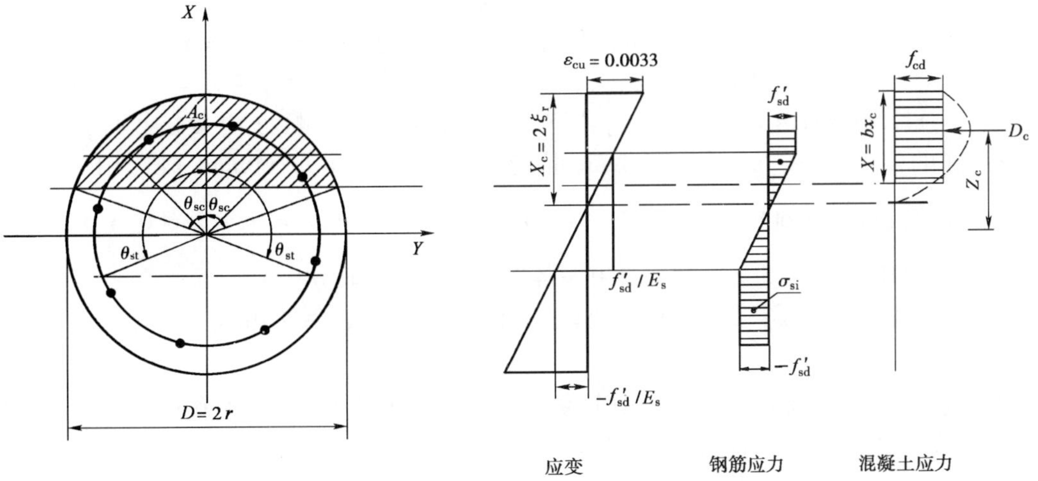

图 7-13　圆形截面偏心受压构件正截面承载力计算简化图式

钢环截面变形符合平截面假设。这样，方程式(7-27)和(7-28)即可改写为下列简单形式：

$$\gamma_0 N_d \leqslant Ar^2 f_{cd} + C\rho r^2 f'_{sd} \tag{7-31}$$

$$\gamma_0 N_d e'_0 \leqslant Br^3 f_{cd} + D\rho g r^3 f'_{sd} \tag{7-32}$$

式中,系数 A、B 仅与变形零点相对位置 $\xi = x_0/2r$ 有关,系数 C、D 与变形零点相对位置 ζ、钢筋种类 f'_{sd}、E_s 及钢筋相对位置 $g = r_s/r$ 有关,其数值编制成表(见表 7-2)。对于常用的普通钢筋 $f'_{sd}/E_s = 0.000928 \sim 0.00165$,平均值为 0.0014,一般钻孔灌注柱 g 值的变化范围大致为 0.88 ~ 0.92。为了减少表格的篇幅,在编制系数 C、D 时,近似地取 $f'_{sd}/E_s = 0.0014$,$g = 0.88$。

利用公式(7-31)和公式(7-32)进行圆形截面偏心受压构件正截面承载能力计算,一般采用试算修正法,实际工作中可分为承载力复核和配筋设计两种情况。

(1)承载力复核

对截面尺寸和配筋已知的构件进行承载力复核,可将公式(7-31)和公式(7-32)相除得:

$$e'_0 = \frac{Bf_{cd} + D\rho g f'_{sd}}{Af_{cd} + C\rho f'_{sd}} r \tag{7-33}$$

根据假定的 ξ 值,查表 7-2,求得系数 A、B、C 和 D,代入公式(7-33) 计算偏心距,若所得数值与实际基本相符(允许偏差在2% 以内),则假定的 ξ 值即为所求。然后,将与其对应的系数代入公式(7-31),计算构件所能承受的轴向力设计值 N_{du},若 $N_{du} \geqslant \gamma_0 N_d$,说明构件的承载力是足够的。

(2)配筋设计

当截面尺寸已知,需选择配筋时,可将公式(7-33)改写为下列形式:

$$\rho = \frac{f_{cd}}{f'_{sd}} \frac{Ae'_0 - Br}{Dgr - Ce'_0} \tag{7-34}$$

根据假定的 ξ 值,查表 7-2,求得系数 A、B、C 和 D,代入公式(7-34)计算配筋率 ρ,然后,将其代入公式(7-31),若所得轴向力与实际值 $\gamma_0 N_d$ 基本相等,则所得配筋率即为所求,所需钢筋截面面积为:

$$A_s = \rho \pi r^2 \tag{7-35}$$

【例 7-6】 有一根直径 $D = 1.2\text{m}$ 的钻孔灌注桩,桩的计算长度 $l_0 = 5.2\text{m}$,承受的轴向力设计值 $N_d = 11500\text{kN}$,弯矩设计值 $M_d = 2415\text{kN}\cdot\text{m}$,结构重要性系统 $\gamma_0 = 1$。拟采用 C25 混凝土,$f_{cd} = 11.5\text{MPa}$;HRB335 钢筋,$f'_{cd} = 280\text{MPa}$。试选择截面配筋,并复核截面抗压承载力。

解: 桩的半径 $r = 1200/2 = 600\text{mm}$,混凝土保护层厚度取 60mm,拟选用 ϕ28(外径 31.6mm)钢筋,则 $r_s = 600 - (60 + \frac{31.6}{2}) = 524.2\text{mm}$,$g = r_s/r = 524.2/600 \approx 0.874$

桩的长细比 $l_0/D = 5.2 \times 10^3/1200 \approx 4.33 < 4.4$,则取 $\eta = 1$

计算偏心距 $e'_0 = \eta e_0 = M_d/N_d = 2415 \times 10^6/1150 \times 10^3 = 210\text{mm}$

(1)截面配筋设计

假设 $\xi = 0.8$,查表 7-2 求得系数:$A = 2.1234$,$B = 0.5898$,$C = 1.6381$,$D = 1.1212$。

将其代入公式(7-34)计算配筋率得:

$$\rho = \frac{f_{cd}}{f'_{sd}} \times \frac{Ae'_0 - Br}{Dgr - Ce'_0}$$

$$\rho = \frac{11.5}{280} \times \frac{2.1234 \times 210 - 0.5895 \times 600}{1.1212 \times 0.876 \times 600 - 1.6381 \times 210} = 0.0154$$

将所得配筋率代入公式(7-31)求得轴向力设计值为：$N_{du}=Ar^2f_{cd}+C\rho r^2f'_{sd}$

$$N_{du}=2.1234\times600^2\times11.5+1.6381\times0.0154\times600^2\times280$$
$$=11333731\text{N}=11333.73\text{kN}$$
$$N_{du}/\gamma_0N_d=11333.73/11500=0.9856$$

计算轴向力设计值与实际值相等，所得配筋 $\rho=0.0154$ 即为所求，所需钢筋截面面积为：

$$A=\rho\pi r^2=0.0154\times3.1416\times600^2\approx17417\text{mm}^2$$

选 29 ϕ 28，供给钢筋截面面积 $A_s=17855\text{mm}^2$，$r_s=524.2\text{mm}$，钢筋距为 $2\pi r_s/n=2\times3.14\times526/29\approx114\text{mm}$

实际配筋率 $\rho=A_s/\pi r^2=17855/(3.1416\times600^2)\approx0.01578$

(2)承载力复核

因实际配筋率略高于计算值，假设 $\xi=0.805$，由表 7-2 查得系数：$A=2.1387$，$B=0.5854$，$C=1.6596$，$D=1.1073$。将其代入公式(7-33)得：

$$e'_0=\frac{Bf_{cd}+D\rho gf'_{sd}}{Af_{cd}+C\rho gf'_{sd}}\times r$$

$$e'_{0(计)}=\frac{0.5854\times11.5\times1.1073\times0.01578\times0.876\times280}{2.1387\times11.5+1.6596\times0.01578\times280}\times600=207\text{ mm}$$

$e'_{0(计)}/e'_{0(实)}=207/210=0.9857$

计算偏心距与实际值基本相等，$\xi=0.805$ 即为所求。截面所能承受的轴向力设计值由公式(7-31)求得：

$$N_{du}=Ar^2f_{cd}+C\rho r^2f'_{sd}$$
$$=2.1387\times600^2\times11.5+1.6596\times0.01587\times600^2\times280$$
$$=11494\times10^3\text{N}=11494\text{kN}\approx\gamma_0N_d=11500\text{kN}$$

计算结果表明，截面抗压承载力满足要求，结构是安全的。

圆形截面钢筋混凝土偏压构件正截面抗压承载力计算系数 表 7-2

ξ	A	B	C	D	ξ	A	B	C	D
0.20	0.3244	0.2628	−1.5296	1.4216	0.32	0.6351	0.4433	−0.8656	1.7721
0.21	0.3481	0.2787	−1.4676	1.4623	0.33	0.6631	0.4568	−0.8154	1.7903
0.22	0.3723	0.2945	−1.4074	1.5044	0.34	0.6915	0.4699	−0.7657	1.8071
0.23	0.3969	0.3103	−1.3486	1.5361	0.35	0.7201	0.4828	−0.7165	1.8225
0.24	0.4219	0.3259	−1.2911	1.5697	0.36	0.7489	0.4952	−0.6676	1.8366
0.25	0.4473	0.3413	−1.2348	1.6012	0.37	0.7780	0.5073	−0.6190	1.8494
0.26	0.4731	0.3566	−1.1769	1.6307	0.38	0.8074	0.5191	−0.5707	1.8609
0.27	0.4992	0.3717	−1.1254	1.6584	0.39	0.8369	0.5304	−0.5227	1.8711
0.28	0.5258	0.3865	−1.0720	1.6843	0.40	0.8667	0.5414	−0.4749	1.8801
0.29	0.5526	0.4011	−1.0194	1.7086	0.41	0.8966	0.5519	−0.4273	1.8878
0.30	0.5798	0.4155	−0.9675	1.7313	0.42	0.9268	0.5620	−0.3798	1.8943
0.31	0.6073	0.4295	−0.9163	1.7524	0.43	0.9571	0.5717	−0.3323	1.8996

续上表

ξ	A	B	C	D	ξ	A	B	C	D
0.44	0.9876	0.5810	-0.2377	1.9065	0.79	2.0926	0.5982	1.5938	1.1496
0.45	1.0182	0.5898	-0.2377	1.9065	0.80	2.1234	0.5898	1.6381	1.1212
0.46	1.0490	0.5982	-0.1903	1.9081	0.81	2.1540	0.5810	1.6811	1.0934
0.47	1.0799	0.6061	-0.1429	1.9084	0.82	2.1845	0.5717	1.7228	1.0663
0.48	1.1110	0.6136	-0.0954	1.9075	0.83	2.2148	0.5620	1.7635	1.0398
0.49	1.1422	0.6206	-0.0478	1.9053	0.84	2.2450	0.5519	1.8029	1.0139
0.50	1.1735	0.6271	0.0000	1.9018	0.85	2.2749	0.5414	1.8413	0.9886
0.51	1.2049	0.6331	0.0480	1.8971	0.86	2.3047	0.5304	1.8786	0.9639
0.52	1.2364	0.6386	0.0963	1.8909	0.87	2.3342	0.5191	1.9149	0.9397
0.53	1.2680	0.6437	0.1450	1.8834	0.88	2.3636	0.5073	1.9503	0.9161
0.54	1.2996	0.6483	0.1941	1.8744	0.89	2.3927	0.4952	1.9846	0.8930
0.55	1.3314	0.6523	0.2436	1.8639	0.90	2.4215	0.4828	2.0181	0.8704
0.56	1.3623	0.6559	0.2937	1.8519	0.91	2.4501	0.4699	2.0507	0.8483
0.57	1.3950	0.6589	0.3444	1.8381	0.92	2.4785	0.4568	2.0824	0.8266
0.58	1.4269	0.6615	0.3960	1.8226	0.93	2.5065	0.4433	2.1132	0.8055
0.59	1.4589	0.6635	0.4485	1.8052	0.94	2.5343	0.4295	2.1433	0.7847
0.60	1.4908	0.6651	0.5021	1.7856	0.95	2.5618	0.4155	2.1726	0.7645
0.61	1.5228	0.6661	0.5571	1.7636	0.96	2.5890	0.4011	2.2012	0.7446
0.62	1.5548	0.6666	0.6139	1.7387	0.97	2.6158	0.3865	2.2290	0.7251
0.63	1.5868	0.6666	0.6734	1.7103	0.98	2.6424	0.3717	2.2561	0.7061
0.64	1.6188	0.6661	0.7373	1.6763	0.99	2.6685	0.3566	2.2825	0.6874
0.65	1.6508	0.6651	0.8080	1.6343	1.00	2.6943	0.3413	2.3082	0.6692
0.66	1.6827	0.6635	0.8766	1.5933	1.01	2.7112	0.3311	2.3333	0.6513
0.67	1.7147	0.6615	0.9430	1.5534	1.02	2.7277	0.3209	2.3578	0.6337
0.68	1.7466	0.6589	1.0071	1.5146	1.03	2.7440	0.3108	2.3817	0.6165
0.69	1.7784	0.6559	1.0692	1.4769	1.04	2.7598	0.3006	2.4049	0.5997
0.70	1.8102	0.6523	1.1294	1.4402	1.05	2.7754	0.2906	2.4276	0.5832
0.71	1.8420	0.6483	1.1876	1.4045	1.06	2.7906	0.2806	2.4497	0.5670
0.72	1.8736	0.6437	1.2440	1.3697	1.07	2.8054	0.2707	2.4713	0.5512
0.73	1.9052	0.6386	1.2987	1.3358	1.08	2.8200	0.2609	2.4924	0.5356
0.74	1.9367	0.6331	1.3517	1.3028	1.09	2.8341	0.2511	2.5129	0.5204
0.75	1.9681	0.6271	1.4030	1.2706	1.10	2.8480	0.2415	2.5330	0.5055
0.76	1.9994	0.6206	1.4529	1.2392	1.11	2.8615	0.2319	2.5525	0.4908
0.77	2.0306	0.6136	1.5013	1.2086	1.12	2.8747	0.2225	2.5716	0.4765
0.78	2.0617	0.6061	1.5482	1.1789	1.13	2.8876	0.2132	2.5902	0.4624

续上表

ξ	A	B	C	D	ξ	A	B	C	D
1.14	2.9001	0.2040	2.6084	0.4486	1.33	3.0775	0.0600	2.8806	0.2327
1.15	2.9123	0.1949	2.6261	0.4351	1.34	3.0837	0.0544	2.8917	0.2235
1.16	2.9242	0.1860	2.6434	0.4219	1.35	3.0897	0.0490	2.9024	0.2145
1.17	2.9357	0.1772	2.6603	0.4089	1.36	3.0954	0.0439	2.9129	0.2057
1.18	2.9469	0.1685	2.6767	0.3961	1.37	3.1007	0.0389	2.9232	0.1970
1.19	2.9578	0.1600	2.6928	0.3836	1.38	3.1058	0.0343	2.9931	0.1886
1.20	2.9684	0.1517	2.7085	0.3714	1.39	3.1106	0.0298	2.9428	0.1803
1.21	2.9787	0.1435	2.7238	0.3594	1.40	3.1150	0.0256	2.9523	0.1722
1.22	2.9886	0.1355	2.7387	0.3476	1.41	3.1192	0.0217	2.9615	0.1643
1.23	2.9982	0.1277	1.7532	0.3361	1.42	3.1231	0.0180	2.9704	0.1566
1.24	3.0075	0.1201	2.7675	0.3248	1.43	3.1266	0.0146	2.9791	0.1491
1.25	3.0165	0.1126	2.7813	0.3137	1.44	3.1299	0.0115	2.9876	0.1417
1.26	3.0252	0.1053	2.7948	0.3028	1.45	3.1328	0.0086	2.9958	0.1345
1.27	3.0366	0.0982	2.8080	0.2922	1.46	3.1354	0.0061	3.0038	0.1275
1.28	3.0417	0.0914	2.8209	0.2818	1.47	3.1376	0.0039	3.0115	0.1206
1.29	3.0495	0.0847	2.8335	0.2715	1.48	3.1395	0.0021	3.0191	0.1140
1.30	3.0569	0.0782	2.8457	0.2615	1.49	3.1408	0.0007	3.0264	0.1075
1.31	3.0641	0.0719	2.8576	0.2517	1.50	3.1416	0.0000	3.0334	0.1011
1.32	3.0709	0.0659	2.8693	0.2421	1.51	3.1416	0.0000	3.0403	0.0950

本 章 小 结

(1)受压构件(轴心受压构件和偏心受压)的一般构造要求,纵筋最小配筋率。

(2)通过实例理解受压构件的破坏特征,选择截面和复核承载力。

(3)大、小偏心受压构件的定义及判别方法:

$$x \leq \xi h_0 ——大偏心构件$$

$$x > \xi h_0 ——小偏心构件$$

(4)理解圆形截面偏心受压构件构造要求、计算图式及基本假定。

(5)了解纵向弯曲系数 η 表征的是在偏心力作用下由于偏心受压构件产生弯曲导致偏心距增大的程度,构件承受的弯矩随之增大,承载力下降。

复习思考题

1. 什么叫做轴心受压构件?什么叫做偏心受压构件?为什么实际结构中几乎没有真正的

轴心受压构件?

2. 受压构件中箍筋的作用是什么?

3. 轴心受压构件普通箍筋柱和螺旋箍筋柱对纵筋配筋率有什么限制?

4. 轴心受压短柱破坏与长柱破坏有何区别?影响纵向弯曲系数 φ 的主要因素有哪些?

5. 螺旋箍筋柱承载力提高的原因是什么?

6. 在轴心受压构件承载力计算公式中,普通箍筋柱混凝土承压面积取 A,而螺旋箍筋柱混凝土承压面积取 A_{cor},其原因是什么?

7. 在什么情况下,螺旋箍筋柱的间接钢筋的作用不予考虑?

8. 大小偏心受压破坏特征有何区别?其判别的界限条件是什么?

9. 偏心距增大系数 η 的定义是什么?

10. 在正截面承载力计算中,当混凝土受压区高度 x 未知时,如何粗略判别大、小偏心受压构件?

11. 对于小偏心受压构件,选择截面时,为什么可以取 $A_s = 0.002bh_0$?

12. 对于偏心受压构件,为什么要复核垂直于弯矩作用平面的承载力?

13. 偏心受压构件正截面承载力计算的基本假定是什么?

14. 试述圆形截面偏心受压构件的截面选择和承载力复核的方法。

15. 已知某正方形钢筋混凝土柱,柱高4.5m,两端铰支,结构重要性系数 $\gamma_0 = 1.0$,拟采用混凝土强度等级为C25,$f_{cd} = 11.5\text{MPa}$,HRB335钢筋,$f'_{sd} = 280\text{MPa}$,承受轴向压力 $N_d = 2500\text{kN}$,试设计柱子的截面尺寸和纵筋配筋量。

16. 某轴心受压构件,截面尺寸为400mm×400mm,截面中央留有一个直径 $2r = 150\text{mm}$ 的圆孔,结构重要性系数 $\gamma_0 = 1.0$,采用C30混凝土,$f_{cd} = 13.8\text{MPa}$,纵向受力钢筋为4ϕ22,$f'_{sd} = 280\text{MPa}$,构件计算长度 $l_0 = 6.0\text{m}$,试计算该构件所能承受的最大承载力。

17. 某螺旋箍筋柱柱高4.5m,两端嵌固,拟用HRB335钢筋为纵向受力钢筋,HRB235钢筋为箍筋,混凝土强度等级为C20,轴心压力效应设计值 $N_d = 2000\text{kN}$,结构重要性系数 $\gamma_0 = 1.0$,试确定该柱的直径、纵向钢筋和螺旋状箍筋的数量。(提示:纵向受力钢筋配筋率取 $\rho' = 0.01$,箍筋配筋率取 $\rho_{so} = 0.015$)

18. 某螺旋箍筋柱,圆形截面,直径为300mm,长为3.4m,两端嵌固,混凝土强度等级为C20,纵向钢筋采用8ϕ16,箍筋采用ϕ8,间距为40mm,结构重要性系数 $\gamma_0 = 1.0$,试求该柱所能承受的轴心压力 N_{du}。

19. 某钢筋混凝土矩形截面偏心受压构件,截面尺寸 $b \times h = 300\text{mm} \times 600\text{mm}$,计算长度 $l_0 = 4.8\text{m}$,荷载效应设计值 N_d(纵向力)$= 800\text{kN}$,M_d(弯矩)$= 240\text{kN}\cdot\text{m}$,拟用C20混凝土($f_{cd} = 9.2\text{MPa}$)、HRB335钢筋($f_{sd} = f'_{sd} = 280\text{MPa}$),受压钢筋为5$\phi$18,$A'_s = 1272\text{mm}^2$,试求受拉钢筋的需要量。

20. 某钢筋混凝土矩形截面偏心受压构件,截面尺寸 $b \times h = 300\text{mm} \times 600\text{mm}$,计算长度 $l_0 = 10\text{m}$,混凝土强度等级为C20,$f_{cd} = 9.2\text{MPa}$,远离纵向力一侧的钢筋为5ϕ18,$A_s = 1272\text{mm}^2$,靠近纵向力一侧的钢筋为3ϕ16,$A'_s = 603\text{mm}^2$,$f_{sd} = f'_{sd} = 195\text{MPa}$,$\xi_b = 0.62$ kN·m,$a_s = a'_s = 40\text{mm}$,荷载效应设计值 N_d(纵向压力)$= 162\text{kN}$,M_d(弯矩)$= 119\text{kN}\cdot\text{m}$,试验算该构件的承载力。

21. 某钢筋混凝土钻孔灌注桩，直径 $2r = 1000\text{mm}$，计算长度 $l_0 = 4.2\text{m}$，采用 C20 混凝土，$f_{cd} = 9.2\text{MPa}$，直径为 18mm 的 HRB335 钢筋，$f'_{sd} = 280\ \text{MPa}$ 桩承受轴向压力 $N_d = 6500\text{kN}$，弯矩 $M_d = 1850\ \text{kN}\cdot\text{m}$，结构重要性系数 $\gamma_0 = 1.0$，试为该桩配筋并复核承载力。（提示：ξ 值在 0.70 ~0.75 范围内）

第八章

预应力混凝土结构的基本概念及其材料

教学要求

1. 描述预应力混凝土结构的基本概念、原理及预应力度的概念；
2. 阐明预应力混凝土结构的特点、材料；
3. 通过实例详细介绍预加应力的主要方法及锚具；
4. 通过讲解计算示例，使学生能够在工程实际中应用预应力结构。

● 第一节 概 述 ●

普通钢筋混凝土结构虽然有许多优点，但是由于混凝土抗拉性能很差，使钢筋混凝土结构不可避免地存在一些缺点：构件必然处于带裂缝工作状态，裂缝的存在不仅使构件的刚度和耐久性降低，而且不能用于不允许开裂的结构中；另外，无法充分利用高强度材料。若要保证混凝土不开裂，钢筋拉应力只能达到 20～30MPa；若要限制裂缝宽度在 0.2～0.25mm 以内，此时钢筋拉应力也只能达到 150～250MPa。可见钢筋混凝土结构必然带裂缝工作，高强材料无法在钢筋混凝土结构中充分发挥作用。

为了有效地控制构件的裂缝和变形，经济合理地设计工程构件，人们在长期的生产实践中，创造了预应力混凝土结构。

一、预应力混凝土结构的基本原理

预应力混凝土结构的基本原理是在结构承受外荷载之前，预先对由外荷载引起的混凝土受拉区施加压应力，建立人为的应力状态以抵消或减小外荷载产生的拉应力，使构件在使用荷载作用下不开裂或推迟开裂或减小裂缝宽度。这种预先给混凝土引入内部应力的结构，就称为预应力混凝土结构。

下面通过一个例子，进一步说明混凝土预加应力的原理。

图 8-1 为一根由 C25 级混凝土制作的纯混凝土梁，跨径 $l=4\text{m}$，截面尺寸为 20cm×30cm，截面模量 $W=20\times30^2/6=3000\text{cm}^3$，在 $q=15\text{kN/m}$ 的均布荷载作用下的跨中弯矩为：$M=ql^2/8=15\times4^2/8=30\text{kN}\cdot\text{m}$。跨中截面上产生的最大应力：

$$\sigma=\frac{M}{W}=\frac{\pm30\times10^6}{(3000\times10^3)}=\pm10\text{MPa}$$

对于 C25 混凝土来说，轴心抗压强度设计值为$f_{cd}=11.5\text{MPa}$，而轴心抗拉强度设计值为

$f_{td}=1.23$MPa，所以，C25 混凝土承受 10MPa 的压应力是没有问题的。但若承受 10MPa 的拉应力，则是根本不可能的。实际上，这样一根纯混凝土梁在 $q=15$kN/m 的均布荷载作用下早已断裂。

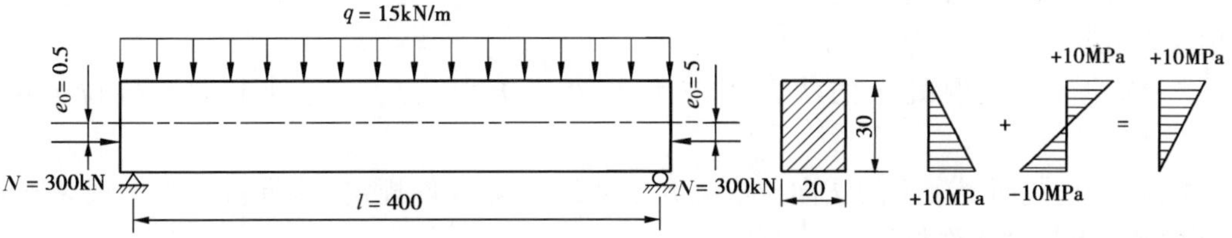

图 8-1 预应力混凝土梁的受力情况(尺寸单位:cm)

如果在梁端施加一对偏心距 $e_0=5$cm、纵向力 $N=300$kN 的预加力，在此预加力作用下，梁跨中截面上、下边缘混凝土所受到的预应力为：

$$\sigma=\frac{N}{A}\mp\frac{Ne_0}{W}=\frac{300\times10^3}{20\times30\times10^2}\mp\frac{300\times10^3\times50}{3000\times10^3}=\begin{matrix}0\\+10\end{matrix}\text{MPa}$$

这样，在梁的下缘预先储备了 10MPa 的压应力，用以抵抗外荷载作用下的拉应力。在外荷载和预加纵向力的共同作用下截面上、下边缘应力为：

上边缘 $$\sigma_{\max}=\frac{N}{A}-\frac{Ne_0}{W}+\frac{M}{W}=0+10=+10\text{MPa}$$

下边缘 $$\sigma_{\min}=\frac{N}{A}+\frac{Ne_0}{W}-\frac{M}{W}=+10-10=0$$

显然，这样梁承受此均布荷载是没有问题的，而且整个截面始终处于受压工作状态，从理论上讲，没有拉应力，也就不会出现裂缝。

值得说明的是，预应力的建立通常是采取张拉钢筋，由钢筋回缩时对混凝土施加预压应力。

二、加筋混凝土结构的分类

根据工程习惯，国内通常对以钢材为配筋的加筋混凝土结构，按其预应力度不同分为全预应力混凝土、部分预应力混凝土和钢筋混凝土三种结构。

1. 预应力度

《桥规》将预应力度(λ)定义为由预加应力大小确定的消压弯矩 M_0 与外荷载产生的弯矩 M 的比值，即

$$\lambda=M_0/M$$

式中：λ——预应力度；

M_0——消压弯矩，即消除构件控制截面受拉区边缘混凝土的预压应力，使其恰好为零时的弯矩；

M——使用荷载(不含预应力)作用下控制截面的弯矩。

2. 加筋混凝土结构的分类

$\lambda\geqslant1$：全预应力混凝土结构，即沿预应力筋方向的正截面不出现拉应力；

$1>\lambda>0$:部分预应力混凝土结构,即沿预应力筋方向正截面出现拉应力或出现不超过规定宽度的裂缝;

$\lambda=0$:钢筋混凝土结构,即无预加应力的混凝土结构。

为了设计计算的方便,《桥规》按照使用荷载作用下构件正截面混凝土的应力状态,又将部分预应力混凝土构件分为以下两类:

A 类:构件正截面混凝土的法向拉应力不超过 $0.8f_{tk}$(f_{tk} 为混凝土轴心抗拉强度标准值)。

B 类:构件正截面混凝土的法向拉应力允许超过 A 类构件规定的限值,但当出现裂缝时,其裂缝宽度不得超过允许限值。

三、预应力混凝土结构的优缺点

与钢筋混凝土结构相比,预应力混凝土结构主要有下列优点:

(1)提高了构件的抗裂度和刚度。对构件施加预应力后,使构件在使用中不出现裂缝,或推迟出现裂缝,或减小裂缝宽度,因而,提高了构件的抗裂度和刚度,改善了结构的耐久性。

(2)可以节省材料,减轻自重。由于预应力混凝土结构采用高强材料,因而可以减小截面尺寸及用钢量,减轻结构自重。在大跨度承重结构中其优越性表现更为突出。

(3)可以减小梁的竖向剪力和主拉应力。曲线配筋的预应力混凝土构件,可以产生与荷载剪力相反的预剪力,从而减小梁支座附近的剪力,同时由于截面有预压应力,使荷载作用下的主拉应力也相应减小。

(4)结构安全可靠。在施加预应力时,钢筋和混凝土都经受了一次强度检验,使用时可以认为结构安全可靠。

(5)抗疲劳性能好。由于结构预先引入了人为的应力状态,在重复荷载作用下,钢筋应力变化幅度小,因此提高了结构耐疲劳性能。

(6)预应力可作为结构构件连接的手段,促进桥梁结构新体系与施工方法的发展。

预应力混凝土结构也存在一些缺点:

(1)工艺较复杂,需配备一支技术较熟练的专业队伍。

(2)需要一定的专门设备,如张拉机具、锚具等。

(3)预应力反拱度不易控制。它将随混凝土的徐变增加而增大,可能造成桥面不平,行车不顺。

(4)预应力混凝土结构的开工费用较大,对于跨径小、构件数量少的工程,成本较高。

第二节　预加应力的方法与设备

一、预加应力的主要方法

根据张拉钢筋与浇筑混凝土次序的先后,施加预加应力的方法主要分为两类,即先张法和后张法。

1. 先张法

先张法，即先张拉钢筋，后浇筑构件混凝土的方法，如图 8-2 所示。先在张拉台座上，按设计规定的拉力张拉筋束，并用锚具临时锚固，再浇筑构件混凝土，待混凝土达到要求强度（一般不低于设计强度的 70%）后，放张（即将临时锚固松开或将筋束剪断），让筋束的回缩力通过筋束与混凝土间的粘结作用传递给混凝土，使混凝土获得预压应力。

先张法所用的预应力钢筋，一般可采用高强钢丝、钢绞线等，以获得较好的自锚性能。

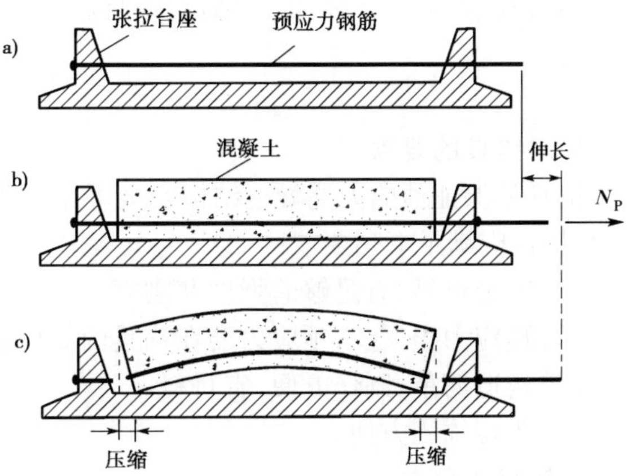

图 8-2　先张法工艺流程示意图

2. 后张法

后张法，是先浇筑构件混凝土，待混凝土结硬后，再张拉钢筋的方法，如图 8-3 所示。先浇筑构件混凝土，并在其中预留穿束孔道（或设套管），待混凝土达到要求强度后，将筋束穿入预留孔道内，将千斤顶支承于混凝土构件端部，张拉筋束，使构件也同时受到反力压缩。待张拉到控制张拉力后，即用特制的锚具将筋束锚固于混凝土构件上，使混凝土获得并保持其预压应力。最后，在预留孔道内压注水泥浆，以保护筋束不致锈蚀，并使筋束与混凝土粘结成为整体。

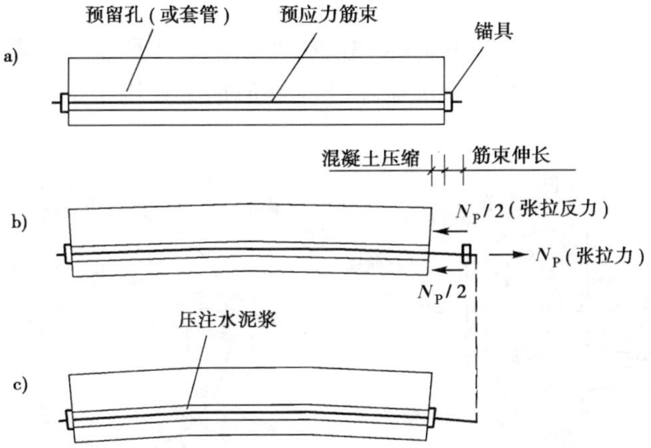

图 8-3　后张法工艺流程示意图

由上可知，施工工艺不同，建立预应力的方法也不同。后张法是靠工作锚具来传递和保持预加应力的；先张法则是靠钢筋与混凝土之间的粘结力来传递并保持预加应力的。

比较上述两种方法，可以看到，先张法的施工工序少，工艺简单，质量容易保证，不必耗费特制的锚具，临时锚固所用的锚具可重复使用，生产成本较低。但先张法需要有足够强度、刚度和稳定性的台座，初期投资费用较大，且先张法一般宜生产直线配筋的中小型构件，而对大型曲线配筋构件，将使施工工艺复杂。后张法则不需要台座，张拉工作可现场进行，比较灵活。

但是,后张法施工工序多,操作麻烦,而且后张法耗费的锚具量大,成本较高。

二、锚　　具

1. 对锚具的要求

锚具是保证预应力混凝土结构安全可靠的技术关键性设备之一。因此,在设计、制作及选择锚具时,应满足下列要求:

(1)安全可靠,有足够的强度和刚度。

(2)预应力损失少,预应力筋在锚具内尽可能不产生滑移,以减少预应力损失。

(3)构造简单,制作方便,省材料。

(4)张拉锚固方便。

2. 锚具的分类

锚具按其传力锚固的受力原理,可分为:

(1)依靠摩阻力锚固的锚具,如锥形锚、楔形锚、JM 锚以及 XM、QM 群锚等。这类锚具都是借张拉钢筋后的回缩带动锥销或夹片,将钢筋楔紧在锥孔中而锚固的。

(2)依靠承压锚固的锚具,如镦头锚、钢筋螺纹锚等,是利用钢筋的镦粗头或螺纹承压进行锚固的。

(3)依靠粘结力锚固的锚具,如先张法的筋束锚固,以及后张法固定端的钢绞线压花锚具等,都是利用筋束和混凝土之间的粘结力进行锚固的。

3. 目前桥梁结构中几种常用的锚具

1)锥形锚

锥形锚又称为弗式锚,由锚圈和锚塞组成,构造如图 8-4 所示。锚圈为带有锥形内孔的圆环,锚塞上刻有细齿槽,中间带有一个灌浆小孔。锥形锚主要用于锚固 $18\phi5$mm 和 $24\phi5$mm 的钢丝束等。

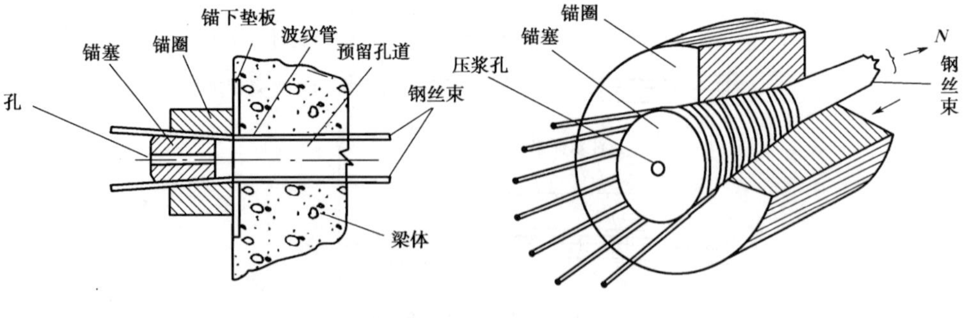

图 8-4　锥形锚

张拉钢束时,预压锚塞,把预应力钢丝楔紧在锚圈与锚塞之间,借助摩阻力锚固钢束。锚固时,利用钢丝的回缩力带动锚塞向锚圈内滑进,使钢丝被进一步楔紧。

这种锚具与 YZ 型 600kN 双作用千斤顶或 YZ85 型三作用千斤顶配套使用。

锥形锚特点是锚固方便,但锚固时钢丝回缩量大,特别是钢丝直径误差较大时,易产生单根钢丝滑动,引起无法补救的预应力损失。

2)镦头锚

镦头锚主要用于锚固钢丝束，也可以锚固直径14mm以下的钢筋束。钢丝的根数和锚具尺寸依据设计张拉力的大小选定。国内镦头锚首先是由同济大学桥梁研究室研制成功的，目前有锚固12～133根ϕ5mm和12～84根ϕ7mm钢丝两种锚具系列。

镦头锚工作原理如图8-5所示。先将预应力钢筋逐一穿过锚杯或锚板的孔洞，然后用镦头机将钢筋端头镦粗，在固定端将锚圈拧上，借镦粗头将钢筋锚固于锚杯或锚板上。张拉端，先将千斤顶连接的拉杆旋入锚杯内，之后可进行张拉，待张拉到设计吨位时，将锚圈拧紧，再缓慢放松千斤顶，退出拉杆。这样，钢筋的回缩力通过锚圈、垫板传给构件。

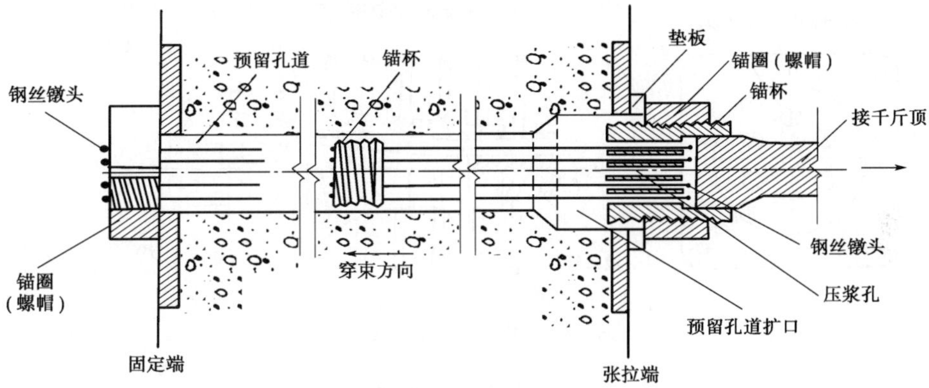

图8-5　镦头锚锚具工作示意图

镦头锚适用于锚固直线式配筋束，对于较缓和的曲线筋束也可采用。镦头锚锚固可靠，锚固时应力损失很小。

3）钢筋螺纹锚具

当采用精轧螺纹钢筋作预应力钢筋时，可采用螺纹锚具固定，即借粗钢筋两端的螺纹，在钢筋张拉后直接拧上螺帽进行锚固，使钢筋的回缩力由螺帽经支承垫板传给构件而获得预应力，如图8-6所示。由于螺纹系冷轧而成，故将这种锚具又称为轧丝锚。

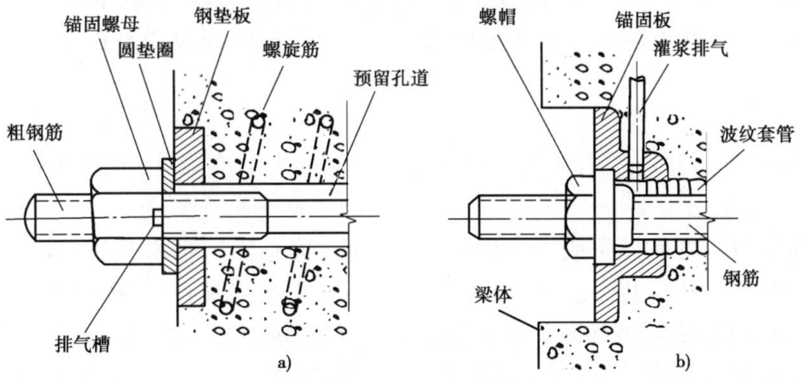

图8-6　钢筋螺纹锚具

a）轧丝锚具；b）迪维达格锚具

螺纹锚具受力明确，锚固可靠；构造简单，施工方便；预应力损失小，可重复张拉；还可以简便地采用连接套筒的高强精轧螺纹钢筋直接拧上螺帽，进行锚固和连接。

4)夹片锚具

夹片锚具体系主要作为锚固钢绞线筋束之用。夹片锚具的工作原理如图 8-7 所示。夹片锚由一块带有多个锥形孔的锚板和夹片所组成。张拉时,每个锥孔置 1 根钢绞线,张拉后各自用夹片将孔中的钢绞线楔紧锚固,每个锥孔各自成为一个独立的锚固单元。每个夹片锚具一般能锚固由 1 ~55 根不等的 $\phi^{s}15$ (或 16)mm 与 $\phi^{s}12$(或 13)mm 钢绞线组成的筋束,为大吨位钢绞线群锚体系。其特点是各根钢绞线单独工作,并可以对失效锥孔的钢绞线进行补拉。我国先后研制出了 XM 锚具、QM 锚具、YM 锚具及 OVM 锚具等系列。

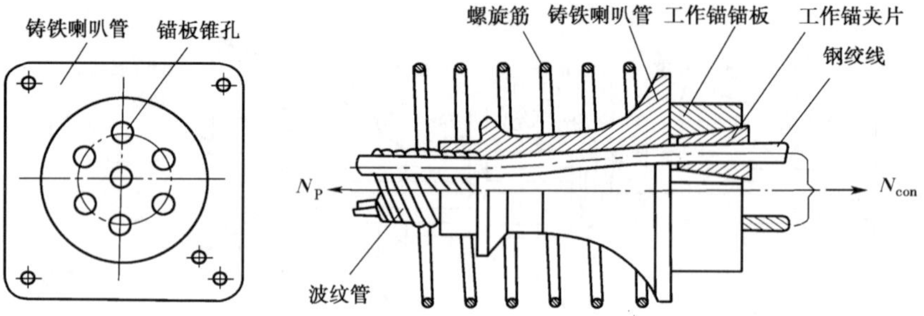

图 8-7 夹片锚具配套示意图

三、预加应力的其他设备

按照施工工艺的要求,预加应力尚需有以下一些设备或配件。

1. 张拉设备

预应力混凝土的张拉设备主要有适用于各类预应力锚具的千斤顶以及相应配套的油泵。目前我国常用的预应力锚固体系锚具的配套千斤顶的型号有 YCW 系列、YC 系列和 YZ 系列等几个大类。YCW 系列穿心式千斤顶是 OVM 锚固体系锚具的配套千斤顶,也可通用于其他群锚体系及镦头锚等。YC 系列千斤顶为穿心式预应力张拉千斤顶,配置不同的附件可组成几种不同的张拉形式。YZ85 型千斤顶可直接张拉及顶锚配有 24 丝以下的钢质锥形锚具的 ϕ5mm 高强钢丝束,若改变其卡丝盘或分丝头,也可张拉其他预应力高强钢丝或高强钢筋束等。

2. 制孔器

后张法构件的预留孔道是用制孔器形成的。国内桥梁结构构件常用的制孔器有两种,即抽拔橡胶管与波纹管。

(1)抽拔橡胶管。在钢丝网胶管内事先穿入钢筋(称心棒),再将胶管(连同心棒)放入模板内,待浇筑完混凝土且其强度达到要求后,抽出心棒,再拔出胶管,则形成预留孔道。

(2)金属(或塑料)螺旋波纹管(简称波纹管)。在浇筑混凝土之前,将波纹管按筋束设计位置,绑扎于与箍筋焊接在一起的钢筋托架上,再浇筑混凝土,结硬后即可形成穿束的孔道。使用波纹管制孔的穿束方法有先穿法和后穿法两种。先穿法即在浇筑混凝土之前将筋束穿入波纹管中,绑扎就位后再浇筑混凝土;后穿法即先浇筑混凝土,成孔后再穿筋束。

3. 穿索机

在桥梁悬臂施工和尺寸较大的构件制作中,一般都采用后穿法穿束。对于大跨径桥梁有的筋束很长，人工穿束十分困难，故采用穿索（束）机。

穿索机有两种类型：一是液压式；二是电动式。桥梁施工中多用液压式，它一般采用单根钢绞线穿入，穿束时应在钢绞线前端套一子弹形帽子，以减小穿束阻力。

4. 压浆机

压浆机是孔道灌浆的主要设备，主要由灰浆搅拌桶、贮浆桶和压浆泵以及供水系统组成。压浆机的最大工作压力可达约 1.5MPa，可压送的最大水平距离为 150m，最大竖直高度为 40m。

5. 张拉台座

采用先张法生产预应力混凝土构件时，需设置用作张拉和临时锚固筋束的张拉台座。因台座需要承受张拉筋束巨大的回缩力，设计时应保证它具有足够的强度、刚度和稳定性。批量生产时，有条件的尽量设计成长线式台座，以提高生产效率。张拉台座的台面，即预制构件的底模，为了提高产品质量，有的构件厂已采用了预应力混凝土滑动台面，可防止在使用过程中台面开裂。

第三节　预应力混凝土结构的材料

为了有效地建立预应力，预应力混凝土结构应尽量采用高强材料。

一、混　凝　土

1. 对混凝土的要求

预应力混凝土结构所用的混凝土应满足以下要求：

（1）强度高。预应力混凝土必须采用与高强钢筋相匹配的高强混凝土，这样才可以充分发挥高强钢筋的作用，从而有效地减小构件截面尺寸，减轻构件自重。《桥规》规定：预应力混凝土构件的混凝土不应低于 C40。

（2）收缩、徐变小。预应力混凝土构件除了在结硬过程中产生收缩变形外，混凝土因承受长期的预压应力作用，还会产生徐变变形。收缩、徐变变形会使构件缩短，引起钢筋中的张拉应力下降，即产生预应力损失。收缩、徐变值越大，预应力损失越大。因此，在设计和施工中应尽量减小混凝土的收缩、徐变值。

2. 混凝土的配制要求

为了提高混凝土强度，减少其收缩、徐变变形值，除了选用高强度等级水泥、减少水泥用量、选用高品质的骨料以及加强振捣和养护外，还要尽量降低水灰比，水灰比控制在 0.25 ~ 0.35范围内。为了增加和易性，可掺加适量的高效减水剂。工程实践证明，使用高效减水剂降低水灰比来配制高强混凝土，是最简便、最经济、最有效的方法。

另外，为了减少混凝土收缩、徐变变形，还可以掺入优质活性掺合剂，如硅粉等。

二、预应力钢筋

1. 对预应力钢筋的要求

（1）强度高。预应力混凝土结构中预压应力的大小取决于钢筋的张拉应力。考虑到构件在制作和使用过程中会出现各种应力损失，因此需要采用较高的张拉应力，这就要求预应力筋的强度要高。否则，就不能有效地建立预应力。各种预应力钢筋的强度见表1-6、表1-8。

(2)塑性、可焊性好。为了保证构件在破坏前有较大的变形，避免发生脆性破坏，要求预应力钢筋具有一定的塑性性能。预应力粗钢筋在施工中需要焊接，因此要求钢筋有良好的可焊性能。

(3)粘结性能要好。为了增加钢丝与混凝土之间的粘结力，可采取在钢丝上刻痕的方法或把钢丝扭绞成钢绞线。

2. 预应力钢筋的种类

预应力钢筋主要以钢丝和钢绞线为主，精轧螺纹钢筋仅用于中、小型构件或竖、横向钢筋。现介绍国内常用的几种预应力钢筋。

1)钢绞线

钢绞线有三种规格，其中用两根(1×2)和三根(1×3)钢丝捻制的钢绞线是新增加的，七根钢丝(1×7)捻制的钢绞线是原标准保留的，它们的公称直径为：两股钢绞线 $d=8.0$、10.0、12.0mm；三股钢绞线 $d=8.6$、10.8、12.9mm；七股钢绞线 $d=9.5$、11.1、12.7、15.2mm。

钢绞线是由多根高强钢丝在绞线机上以一根直径稍粗的钢丝为轴心，沿一个方向均匀扭绕而成。如 $\phi^s 15.2$mm 钢绞线是由6根 $\phi 5$mm 钢丝围绕一根直径为5.15~5.20mm的钢丝扭结而成。

钢绞线比较柔软，盘弯容易，运输方便，其表面呈螺旋形，与混凝土粘结较好。目前，使用高强度、低松弛的钢绞线作为预应力筋已成为主要趋势。

2)钢丝

用作预应力钢筋的钢丝有消除应力的光面钢丝、刻痕钢丝及螺旋肋钢丝三种。钢丝直径为 $d=4\sim9$mm，我国桥梁上常用的有4mm和5mm。钢筋直径愈细，强度愈高。高强钢丝大多采用成束布置，每束8~60根。为了增加粘结力，可采用刻痕钢丝及螺旋肋钢丝。

3)精轧螺纹钢筋

精轧螺纹钢筋仅用于中、小型构件或竖、横向钢筋。精轧螺纹钢筋公称直径为 $d=18$、25、32、40mm。

本章小结

(1)本章主要介绍了预应力混凝土结构的基本概念、原理及预应力度的概念。

(2)主要讨论了预应力混凝土结构的特点、材料及其主要方法及锚具。

(3)理解预应力结构的应用。

复习思考题

1. 何谓预应力混凝土？与普通钢筋混凝土构件相比，预应力混凝土构件有何优缺点？

2. 为什么预应力混凝土构件必须采用高强钢材，且应尽可能采用高强度等级的混凝土？

3. 施加预应力的方法有哪几种？先张法和后张法的区别何在？试简述它们的优缺点及应用范围。

4. 什么是预应力度？我国工程中按预应力度的概念对加筋混凝土是如何分类的？

5. 预应力混凝土结构对锚具有哪些要求？在设计、制造或选择锚具时，应注意什么？

6. 按锚具的受力原理可以把锚具划分为哪几类？

第九章

预应力混凝土受弯构件的设计与计算

教学要求

1. 描述预应力混凝土受弯构件各受力阶段的受力特点及其破坏特征；
2. 进行预应力损失的估算，叙述有效预应力的概念；
3. 结合工程实际详细介绍截面应力、承载能力计算方法；
4. 简介端部锚固区计算、变形计算及预拱度设置、预应力筋设计。

● 第一节 概 述 ●

预应力混凝土由于事先人为地施加了预应力，因而其受力方面和普通钢筋混凝土结构具有不同的特点。因此，在设计计算之前，必须了解各阶段受力特点。

预应力混凝土受弯构件，从预加应力到承受荷载，直到构件破坏，大致可分为两个阶段，即施工阶段和使用阶段。

一、施工阶段

施工阶段是指构件从制作到安装的过程。根据受力条件不同，可分为预加应力阶段和运输、安装阶段。构件在这一阶段一般处于弹性工作状态，可采用材料力学的方法进行应力计算。在计算中，应注意采用相应阶段的混凝土强度和相应的截面特性。

1. 预加应力阶段

此阶段是指从预加应力开始，至预加应力结束（即传力锚固）为止。构件所承受的作用（荷载）主要是偏心预加力 N_p；对于简支梁而言，偏心力 N_p将使构件产生向上的反拱，形成以梁两端为支点的简支梁，因此梁的自重 g_1 和 N_p同时一起参加作用，如图 9-1。

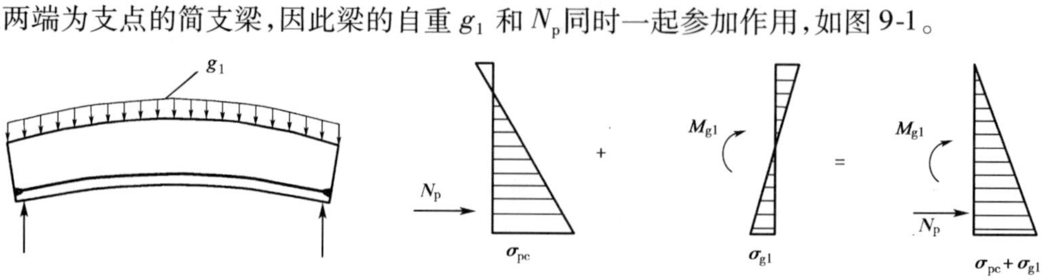

图 9-1

本阶段的设计计算要求是：①控制构件上缘混凝土的最大拉应力和下缘混凝土的压应力，

不应超出《桥规》的规定值；②控制钢筋的最大张拉应力；③保证锚下混凝土局部承压的容许承载能力大于实际作用的锚端压力，且使梁体不出现水平纵向裂缝。

本阶段由于各种因素的影响，使预应力筋中的预拉应力将产生部分损失，通常把扣除应力损失后的预应力筋中实际存余的应力称为有效预应力。

2. 运输、安装阶段

构件在此阶段所承受的荷载，仍是偏心预加力 N_p 和构件自重 g_1。但是，由于预应力损失继续增加，N_p 要比预加力阶段小；而且梁的自重须计入 1.20 或 0.85 的动力系数。值得注意的是，需根据构件在实际运输中的支点或吊点位置进行验算，特别注意验算上缘混凝土的拉应力。

二、使 用 阶 段

此阶段是指桥梁建成通车后的整个使用阶段。在这一阶段，构件除了承受偏心预加力 N_p 和梁的自重 g_1外，还要承受车辆、人群等可变荷载作用 q，以及桥面铺装、人行道等后加永久荷载作用 g_2。构件截面应力状态如图 9-2 所示。

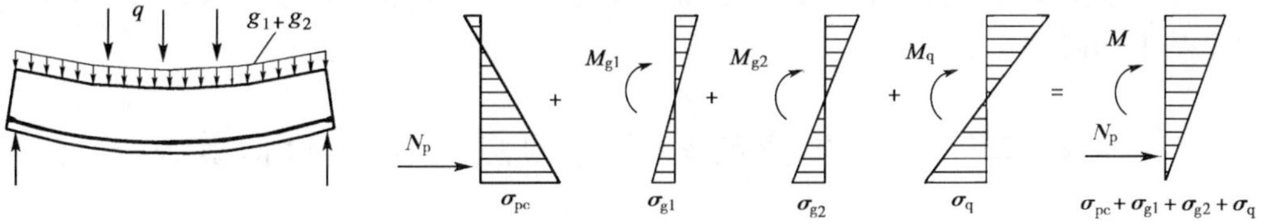

图 9-2

本阶段各项预应力损失将相继发生并全部完成，最后在预应力筋中建立相对不变的预拉应力，即永存预应力。显然，永存预应力小于施工阶段的有效预应力值。

本阶段根据构件受力后的特征，又可分为如下几个受力状态：

1. 加载至受拉边缘混凝土预应力为零

构件仅在永存预加力 N_p 作用下，其下边缘混凝土的有效预压力为 σ_{pc}（图 9-3b））。当构件加载至某一特定荷载，在控制截面上所产生的弯矩为 M_0 时，其下缘混凝土的预压应力 σ_{pc} 恰好被抵消为零，即：

$$\sigma_{pc}-\frac{M_0}{W_0}=0 \tag{9-1}$$

或写成：

$$M_0=\sigma_{pc}\cdot W_0 \tag{9-2}$$

式中：M_0——消压弯矩，即由外荷载引起，恰好使受拉边缘混凝土应力为零的弯矩；

W_0——换算截面对受拉边的弹性抵抗矩；

σ_{pc}——由永存预加力 N_p产生在梁下边缘的混凝土有效预压应力。

2. 加载至受拉区裂缝即将出现

在构件到达消压状态后继续加载，当再增加的外加弯矩为 $M_{cr,r}$时，受拉区混凝土应力达到抗拉强度 f_{tk}，这时的应力状态称为裂缝即将出现状态，对应的外加弯矩称为抗裂弯矩 M_{cr}，

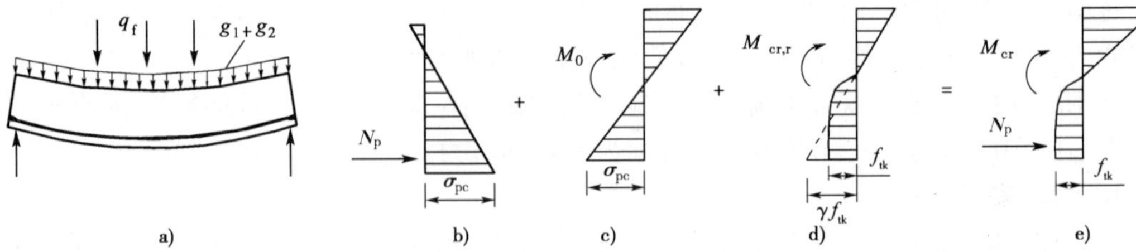

图 9-3

则：

$$M_{cr}=M_0+M_{cr,r} \tag{9-3}$$

式中：$M_{cr,r}$——相当于同截面钢筋混凝土梁的抗裂弯矩。

由此可见，当消压弯矩出现后，预应力混凝土梁的受力情况和普通钢筋混凝土梁一样。但由于预应力混凝土梁的抗裂弯矩 M_{cr} 比同截面、同材料的钢筋混凝土梁的抗裂弯矩 $M_{cr,r}$ 多了一个消压弯矩 M_0，因而预应力混凝土梁可大大推迟裂缝的出现。

3. 加载至构件破坏

预应力混凝土受弯构件和普通钢筋混凝土受弯构件在破坏时的应力状态相类似，因而计算方法也基本相同。

●第二节　预应力的计算与预应力损失的估算●

由于施工因素、材料性能和环境条件等的影响，预应力混凝土构件中钢筋的预拉应力将逐渐减小，这种减小的应力称为预应力损失。在设计中所需要的钢筋预应力值应是在钢筋初始张拉的预应力（即张拉控制应力）的基础上扣除相应阶段的应力损失后，钢筋中实际存余的预应力（即有效预应力）。即

$$\sigma_{pe}=\sigma_{con}-\sigma_l \tag{9-4}$$

式中：σ_{con}——张拉控制应力；

σ_l——预应力损失；

σ_{pe}——有效预应力。

可见，要计算有效预应力，须先确定张拉控制力 σ_{con}，并估算出预应力损失 σ_l 值。

一、钢筋的张拉控制应力（σ_{con}）

张拉控制应力 σ_{con}，是指张拉钢筋进行锚固前，张拉千斤顶所指示的总拉力除以预应力钢筋截面面积所得的钢筋应力值。对于锥形锚等有锚圈口摩阻损失的锚具，σ_{con} 应为扣除锚圈口摩阻损失后的锚下拉应力值。《桥规》特别指出，σ_{con} 为张拉钢筋时锚下的控制应力。

为了充分利用钢筋的强度，张拉控制应力 σ_{con} 应尽可能定得高一些，这样可以减少用钢量。但是，在实际工程中，σ_{con} 值也不宜过高，否则在张拉钢筋时，可能引起个别钢丝断裂，甚至引起安全事故。另外，σ_{con} 值越高，钢筋应力松弛损失也越大。因此，σ_{con} 一般宜取在钢筋的比例极限之下。其值确定还需根据钢筋的品质而定。《桥规》规定，σ_{con} 值应符

合下列规定：

对于钢丝、钢绞线

$$\sigma_{con} \leqslant 0.75 f_{pk} \tag{9-5}$$

对于精轧螺纹钢筋

$$\sigma_{con} \leqslant 0.90 f_{pk} \tag{9-6}$$

式中：f_{pk}——预应力钢筋抗拉强度标准值。

当对构件进行超张拉或计入锚圈口摩擦损失时，钢筋中最大控制应力（千斤顶油泵上显示的值）对钢丝和钢绞线不应超过 $0.8f_{pk}$；对精轧螺纹钢筋不应超过 $0.95f_{pk}$。

二、钢筋预应力损失的估算

预应力损失值宜根据试验数据确定，如无可靠试验资料，则可按《桥规》的规定计算。一般情况下，可主要考虑以下六项预应力损失值。但对于不同锚具、不同施工方法，可能还存在其他预应力损失，如预应力钢筋与锚圈口之间的摩擦、台座的弹性变形等因素引起的其他预应力损失，应根据具体情况逐项考虑其影响。

1. 预应力钢筋与管道壁间摩擦引起的应力损失（σ_{l1}）

后张法构件的预应力钢筋，一般由直线和曲线两部分组成。张拉时，预应力钢筋将沿管道壁滑移而产生摩擦力，使钢筋的应力在张拉端高，向跨中方向由于摩擦影响而使钢筋的应力逐渐减小。在任意两个截面间钢筋的应力差即为此两截面间由摩擦引起的应力损失。从张拉端至计算截面的摩擦应力损失值，以 σ_{l1} 表示。摩擦损失主要由管道的弯曲和管道位置偏差两部分影响所产生。

此项预应力损失可按下式计算：

$$\sigma_{l1} = \sigma_{con}\left[1 - e^{-(\mu\theta + kx)}\right] \tag{9-7}$$

式中：σ_{con}——预应力钢筋锚下的张拉控制应力（MPa）；

μ——预应力钢筋与管道壁间的摩擦系数，按表 9-1 采用；

θ——从张拉端至计算截面间曲线管道部分切线的夹角之和（图 9-4），称为曲线包角，按绝对值相加，单位以弧度计，如管道在竖平面内和水平面内同时弯曲时，则 θ 可按下式计算：$\theta = \sqrt{\theta_H^2 + \theta_v^2}$，其中，$\theta_H$、$\theta_v$ 分别为在同段管道上的水平面内的弯曲角和竖平面内的弯起角；

k——管道每米长度的局部偏差对摩擦的影响系数，按表 9-1 采用；

x——从张拉端至计算截面的管道长度，可近似地取管道在构件纵轴上的投影长度（m）。

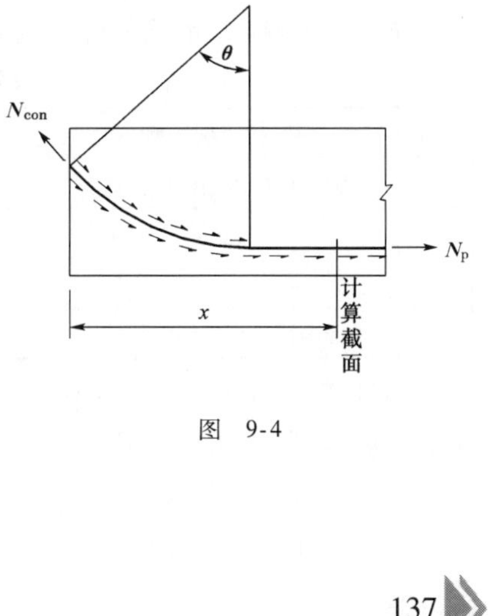

图　9-4

系 数 k、μ 值　　表 9-1

管道成型方式	k	μ	
		钢绞线、钢丝束	精轧螺纹钢筋
预埋金属波纹管	0.0015	0.20～0.25	0.50
预埋塑料波纹管	0.0015	0.14～0.17	—
预埋铁皮管	0.0030	0.35	0.40
预埋钢管	0.0010	0.25	—
抽心成型	0.0015	0.55	0.60

为了减少摩阻损失，一般可采取如下措施：

(1)采取两端张拉，以减少 θ 值及管道长度 x 值；

(2)采用超张拉，其张拉工艺一般可采用如下程序进行：

$$0 \rightarrow \text{初应力}(0.1\sigma_{con})\text{左右} \rightarrow (1.05 \sim 1.10)\sigma_{con} \xrightarrow{\text{持荷 2min}} 0.85\sigma_{con} \rightarrow \sigma_{con}$$

以简支梁为例，由于超张拉 5%～10%，使构件其他截面应力也相应提高，当张拉应力回降至 σ_{con}时，钢筋因要回缩而受到反向摩擦力的作用，这样跨中截面的预加应力也就因超张拉而获得了稳定提高。但目前广泛采用的夹片锚(如 OVM 锚)，其构造因属自锚性质，故不应超张拉。

2. 锚具变形、钢筋回缩和接缝压缩引起的应力损失(σ_{l2})

当预应力钢筋张拉到控制应力后就需要锚固，这时锚具将受到巨大压力而产生变形，锚下垫板缝隙也被压密而变形；有些锚具如锥形锚等，顶塞锚固时，钢丝产生回缩；另外，对拼装构件，张拉锚固后，接缝继续被压密，所有这些都会使已锚固的钢筋造成应力损失，这项损失以 σ_{l2}表示，其值可按下式计算：

$$\sigma_{l2} = \frac{\Sigma\Delta l}{l} \cdot E_p \tag{9-8}$$

式中：Δl——张拉端锚具变形、钢筋回缩和接缝压缩值(mm)，根据试验确定，若无可靠资料，可按表 9-2 采用；

l——张拉端至锚固端之间的距离(mm)；

E_p——预应力钢筋的弹性模量。

锚具变形、钢筋回缩和接缝压缩值(mm)　　表 9-2

锚具、接缝类型		Δl	锚具、接缝类型	Δl
钢丝束的钢制锥形锚具		6	镦头锚具	1
夹片式锚具	有顶压时	4	每块后加垫板的缝隙	1
	无顶压时	6	水泥砂浆接缝	1
带螺帽锚具的螺帽缝隙		1	环氧树脂砂浆接缝	1

锚具变形、垫板压缩引起的预应力损失，只需考虑张拉端，固定端的锚具在张拉钢筋的过程中已被压紧，不再引起这项损失。

为了减少此项损失，可采用以下措施：

(1)采用超张拉的方法。

（2）注意选用 $\Sigma\Delta l$ 值小的锚具。

3. 钢筋与台座间的温差引起的应力损失（σ_{l3}）

对于先张法构件而言，张拉钢筋是在常温下进行的。若混凝土采用加热养护，则形成钢筋与台座之间的温度差。升温时，混凝土尚未结硬，钢筋受热自由伸长，而台座埋于地下，其长度基本不发生变化，这样造成钢筋变松，引起预应力损失 σ_{l3}，即温差损失。降温时，混凝土已结硬且与钢筋之间产生粘结作用，又由于二者具有相近的温度膨胀系数，随温度降低而产生相同的收缩，造成升温时所产生的应力损失 σ_{l3} 无法恢复。

温差损失 σ_{l3} 的大小与养护时的加热温度有关。可按下式计算：

$$\sigma_{l3}=2(t_2-t_1) \tag{9-9}$$

式中：t_2——混凝土加热养护时受拉钢筋的最高温度（℃）；

t_1——张拉钢筋时，制造场地的温度（℃）。

为了减少温差应力损失，可采取分阶段的养护措施，即第一次由常温 t_1 升至 t'_2 进行养护。初次上升的温度可控制在20℃以内。待混凝土强度达到（7.5～10MPa）能够阻止钢筋在混凝土中自由变形后，再将温度升至 t_2 进行养护，这时可认为钢筋和混凝土已结成整体，随温度变化而共同变形，不会因第二阶段升温引起预应力损失，这样 σ_{l3} 值也就减少了。值得注意的是，当台座与构件共同受热时，不考虑温差引起的应力损失。

4. 混凝土的弹性压缩引起的应力损失（σ_{l4}）

预应力混凝土构件受到预压应力时，混凝土即产生压缩变形，从而使已张拉并锚固于构件上的预应力钢筋，产生与该钢筋重心水平处混凝土相同的压缩应变，因而引起预应力损失，此项损失用 σ_{l4} 表示，它与预加应力的顺序和工艺有关。

1）后张法预应力混凝土构件

对于后张法构件而言，由于千斤顶支承在梁体上张拉钢筋，因而混凝土的弹性压缩是在张拉过程中完成的。如果所有钢筋同时被张拉，则混凝土的弹性压缩不会引起预应力损失。但是，由于受张拉设备等的限制，往往需要分批张拉，这样，先批张拉的钢筋就要受到后批张拉钢筋所引起的混凝土压缩变形而产生应力损失。此项应力损失亦称为分批张拉应力损失。《桥规》规定，分批张拉应力损失可按下式计算：

$$\sigma_{l4}=\alpha_{EP}\sum\Delta\sigma_{pc} \tag{9-10}$$

式中：α_{EP}——预应力钢筋弹性模量与混凝土的弹性模量之比；

$\Delta\sigma_{pc}$——在计算截面先张拉的钢筋重心处，由后张拉的各批钢筋所产生的混凝土法向应力（MPa）。

后张法预应力混凝土构件，当同一截面的预应力钢筋逐束张拉时，由混凝土弹性压缩引起的预应力损失，可按下列简化公式计算：

$$\sigma_{l4}=\frac{m-1}{2}\alpha_{EP}\Delta\sigma_{pc} \tag{9-11}$$

式中：m——张拉钢筋的束数；

$\Delta\sigma_{pc}$——在计算截面全部钢筋重心处，由张拉一束预应力钢筋产生的混凝土法向压应力，取各束的平均值。

2）先张法预应力混凝土构件

在先张法预应力混凝土构件施工中放松预应力钢筋时，混凝土产生压缩变形，因而引起预应力钢筋发生应力损失 σ_{l4}，其值可按下式计算：

$$\sigma_{l4}=\alpha_{EP}\sigma_{pc} \tag{9-12}$$

式中：σ_{pc}——在计算截面钢筋重心处，由全部钢筋预加力产生的混凝土法向应力(MPa)。

5. 预应力钢筋的松弛应力引起的应力损失(σ_{l5})

钢筋在持久不变的应力作用下，其应变会随时间的延长而逐渐增大，这种现象称为钢筋的徐变(或蠕变)。如果钢筋受到一定张拉应力后，将钢筋长度保持不变，钢筋的应力将会随着时间的延长而降低，这种现象称为钢筋的松弛(或徐舒)。钢筋的松弛是钢筋的一种塑性特征，其值因钢筋的种类而异，并随钢筋张拉应力的增加及持荷时间的延长而增加。钢筋松弛量在初期发展较快，第一小时内最大，二十四小时内约完成50%，以后渐趋稳定。

《桥规》规定，由预应力钢筋的应力松弛引起的应力损失终极值，按下列公式计算：

1)预应力钢丝、钢绞线

$$\sigma_{l5}=\Psi\cdot\xi\left(0.52\frac{\sigma_{pe}}{f_{pk}}-0.26\right)\sigma_{pe} \tag{9-13}$$

式中：Ψ——张拉系数，一次张拉时，$\Psi=1.0$；超张拉时，$\Psi=0.9$；

ξ——钢筋松弛系数，I 级松弛(普通松弛)，$\xi=1.0$；II 级松弛(低松弛)，$\xi=0.3$；

σ_{pe}——传力锚固时的钢筋应力，对后张法构件 $\sigma_{pe}=\sigma_{con}-\sigma_{l1}-\sigma_{l2}-\sigma_{l4}$；对先张法构件，$\sigma_{pe}=\sigma_{con}-\sigma_{l2}$。

2)精轧螺纹钢筋

一次张拉 $$\sigma_{l5}=0.05\sigma_{con} \tag{9-14}$$

超张拉 $$\sigma_{l5}=0.035\sigma_{con} \tag{9-15}$$

由于松弛应力大小与持荷时间有关，因此，钢筋松弛应力损失的计算，应根据构件不同受力阶段的持荷时间来进行。对先张法构件的预加应力阶段，持荷时间较短，一般按松弛损失终值的一半计算，其余一半则认为在随后的使用阶段中完成。后张法构件的钢筋松弛损失，则认为全部在使用阶段内完成。

6. 混凝土的收缩和徐变引起的应力损失(σ_{l6})

混凝土收缩与徐变变形性能相似，影响因素也基本相同，故将两者引起的应力损失综合在一起进行计算。

《桥规》推荐的计算公式为：

$$\sigma_{l6}(t)=\frac{0.9[E_p\varepsilon_{cs}(t,t_0)+\alpha_{EP}\sigma_{pc}\varphi(t,t_0)]}{1+15\rho\rho_{ps}} \tag{9-16}$$

$$\sigma'_{l6}(t)=\frac{0.9[E_p\varepsilon_{cs}(t,t_0)+\alpha_{EP}\sigma'_{pc}\varphi(t,t_0)]}{1+15\rho'\rho'_{ps}} \tag{9-17}$$

$$\rho=\frac{A_p+A_s}{A},\rho'=\frac{A'_p+A'_s}{A} \tag{9-18}$$

$$\rho_{ps}=1+\frac{e_{ps}^2}{i^2},\rho'_{ps}=1+\frac{e'^2_{ps}}{i^2} \tag{9-19}$$

$$e_{ps}=\frac{A_p e_p+A_s e_s}{A_p+A_s},e'_{ps}=\frac{A'_p e'_p+A'_s e'_s}{A'_p+A'_s} \tag{9-20}$$

式中：$\sigma_{l6}(t)$、$\sigma'_{l6}(t)$——构件受拉区、受压区全部纵向钢筋截面重心处由混凝土收缩、徐变引起的预应力损失；

σ_{pc}、σ'_{pc}——构件受拉区、受压区全部纵向钢筋截面重心处由预应力产生的混凝土法向应力(MPa)，可按公式(9-23)～(9-31)计算，但预应力损失值仅考虑第一批损失，普通钢筋应力 σ_{l6}、σ'_{l6}应取为零；σ_{pc}、σ'_{pc}值不得大于传力锚固时混凝土立方体抗压强度f'_{cu}的0.5倍；当σ'_{pc}为拉应力时，应取为零。计算 σ_{pc}、σ'_{pc}时，可根据构件制作情况考虑自重的影响；

E_p——预应力钢筋的弹性模量；

α_{EP}——预应力钢筋弹性模量与混凝土弹性模量的比值；

ρ、ρ'——构件受拉区、受压区全部纵向钢筋配筋率；

A——构件截面面积，对先张法构件，$A=A_0$；对后张法构件，$A=A_n$，此处，A_0为换算截面，A_n 为净截面；

i——截面回转半径，$i^2=I/A$，先张法构件取 $I=I_0$，$A=A_0$；后张法构件取$I=I_n$，$A=A_n$，此处，I_0 和 I_n分别为换算截面惯性矩和净截面惯性矩；

e_P、e'_P——构件受拉区、受压区预应力钢筋截面重心至构件截面重心的距离；

e_s、e'_s——构件受拉区、受压区纵向普通钢筋截面重心至构件截面重心的距离；

e_{ps}、e'_{ps}——构件受拉区、受压区预应力钢筋和普通钢筋截面重心至构件截面重心轴的距离；

$\varepsilon_{cs}(t,t_0)$——预应力钢筋传力锚固龄期为 t_0，计算考虑的龄期为 t 时的混凝土收缩应变，其终极值 $\varepsilon_{cs}(t_u,t_0)$可按表9-3 取用；

$\varphi(t,t_0)$——加载龄期为 t_0，计算考虑的龄期为 t 时的徐变系数，其终极值 $\varphi(t_u,t_0)$可按表 9-3 取用。

混凝土收缩应变和徐变系数终极值　　表 9-3

混凝土收缩应变终极值 $\varepsilon_{cs}(t_u,t_0)\times10^3$								
传力锚固龄期 (d)	40%≤RH<70%				70%≤RH<99%			
	理论厚度 h(mm)				理论厚度 h(mm)			
	100	200	300	≥600	100	200	300	≥600
3～7	0.50	0.45	0.38	0.25	0.30	0.26	0.23	0.15
14	0.43	0.41	0.36	0.24	0.25	0.24	0.21	0.14
28	0.38	0.38	0.34	0.23	0.22	0.22	0.20	0.13
60	0.31	0.34	0.32	0.22	0.18	0.20	0.19	0.12
90	0.27	0.32	0.30	0.21	0.16	0.19	0.18	0.12

续上表

混凝土徐变系数终极值 $\varphi(t_u,t_0)$								
加载龄期(d)	$40\% \leqslant RH < 70\%$				$70\% \leqslant RH < 99\%$			
	理论厚度 h(mm)				理论厚度 h(mm)			
	100	200	300	≥600	100	200	300	≥600
3	3.78	3.36	3.14	2.79	2.73	2.52	2.39	2.20
7	3.23	2.88	2.68	2.39	2.32	2.15	2.05	1.88
14	2.83	2.51	2.35	2.09	2.04	1.89	1.79	1.65
28	2.48	2.20	2.06	1.83	1.79	1.65	1.58	1.44
60	2.14	1.91	1.78	1.58	1.55	1.43	1.36	1.25
90	1.99	1.76	1.65	1.46	1.44	1.32	1.26	1.15

注:①表中 RH 代表桥梁所处环境的年平均相对湿度(%),表中数值按 $40\% \leqslant RH < 70\%$ 取 55%,$70\% \leqslant RH < 99\%$ 取 80% 计算所得;

②表中理论厚度 $h=2A/u$,A 为构件截面面积,u 为构件与大气接触的周边长度。当构件为变截面时,A 和 u 均可取平均值;

③本表适用于由一般硅酸盐类水泥或快硬水泥配置而成的混凝土。表中数值系按强度等级 C40 混凝土计算所得,对 C50 及以上混凝土,表中数值应乘以 $\sqrt{\frac{32.4}{f_{ck}}}$,式中 f_{ck} 为混凝土轴心抗压强度标准值(MPa);

④本表适用于季节性变化的平均温度 -20 ~ +40℃;

⑤构件的实际传力锚固龄期、加载龄期或理论厚度为表列数值中间值时,收缩应变和徐变系数终极值可按直线内插法取值。

以上各项预应力损失的估算值,可以作为一般设计的依据。但计算值与实际损失可能有出入。在施工中,应加强管理并做好应力损失值的实测工作。除了以上六项损失外,还应根据具体情况考虑其他因素引起的应力损失。

三、预应力钢筋的有效预应力计算

1. 预应力损失值的组合

以上各项预应力损失并不是同时发生的,它与张拉方式和工作阶段有关,为此须将预应力损失按受力阶段进行组合。对先张法及后张法构件,分别按传力锚固时和传力锚固后进行预应力损失值的组合,组合情况见表 9-4。

各阶段预应力损失值的组合 表 9-4

预应力损失值的组合	先张法构件	后张法构件
传力锚固时的损失(第一批)σ_{lI}	$\sigma_{l2}+\sigma_{l3}+\sigma_{l4}+0.5\sigma_{l5}$	$\sigma_{l1}+\sigma_{l2}+\sigma_{l4}$
传力锚固后的损失(第二批)σ_{lII}	$0.5\sigma_{l5}+\sigma_{l6}$	$\sigma_{l5}+\sigma_{l6}$

2. 钢筋的有效预应力 σ_{pe}

预加应力阶段:

$$\sigma_{pe}^{I}=\sigma_{con}-\sigma_{lI} \tag{9-21}$$

使用阶段:

$$\sigma_{pe}^{II}=\sigma_{con}-(\sigma_{lI}+\sigma_{lII}) \tag{9-22}$$

第三节　预应力混凝土受弯构件的应力计算

预应力混凝土受弯构件从一开始施加预应力起，构件中钢筋和混凝土就处于高应力状态。为了保证构件在各个阶段的工作安全可靠，须对构件进行持久状况和短暂状况的应力计算。全预应力混凝土受弯构件可考虑全截面参与工作，按材料力学公式进行应力计算。应力计算的内容包括混凝土法向应力、主应力，以及钢筋的应力计算，应力计算特点和要求可参阅本章第一节。

一、持久状况的应力计算

按持久状况设计的预应力混凝土受弯构件，应计算其使用阶段正截面混凝土的法向应力、受拉区钢筋的拉应力和斜截面混凝土的主压应力，并不得超过规定的限值。计算时作用（或荷载）取其标准值，汽车荷载应考虑冲击系数。在计算中还应考虑预加力效应，预加力的分项系数取为1.0。对连续梁等超静定结构，尚应计及预加力、温度作用等引起的次效应。

1. 正截面应力计算

1）预加力产生的应力

由预加力产生的正截面混凝土法向应力及相应阶段预应力钢筋的应力按下列公式计算：

（1）先张法构件

由预加力产生的混凝土法向压应力 σ_{pc} 和拉应力 σ_{pt}

$$\sigma_{pc}\text{或}\sigma_{pt}=\frac{N_{p0}}{A_0}\pm\frac{N_{p0}e_{p0}}{I_0}y_0 \tag{9-23}$$

预应力钢筋合力点处混凝土法向应力等于零时的预应力钢筋应力

$$\left.\begin{aligned}\sigma_{p0}&=\sigma_{con}-\sigma_l+\sigma_{l4}\\ \sigma'_{p0}&=\sigma'_{con}-\sigma'_l+\sigma'_{l4}\end{aligned}\right\} \tag{9-24}$$

相应阶段预应力钢筋的有效预应力

$$\left.\begin{aligned}\sigma_{pe}&=\sigma_{con}-\sigma_l\\ \sigma'_{pe}&=\sigma'_{con}-\sigma'_l\end{aligned}\right\} \tag{9-25}$$

（2）后张法构件

由预加力产生的混凝土法向压应力 σ_{pc} 和拉应力 σ_{pt}

$$\sigma_{pc}\text{或}\sigma_{pt}=\frac{N_p}{A_n}\pm\frac{N_pe_{pn}}{I_n}y_n\pm\frac{M_{p2}}{I_n}y_n \tag{9-26}$$

预应力钢筋合力点处混凝土法向应力等于零时的预应力钢筋应力

$$\left.\begin{aligned}\sigma_{p0}&=\sigma_{con}-\sigma_l+\alpha_{EP}\sigma_{pc}\\ \sigma'_{p0}&=\sigma'_{con}-\sigma'_l+\alpha_{EP}\sigma'_{pc}\end{aligned}\right\} \tag{9-27}$$

相应阶段预应力钢筋的有效预应力

$$\left.\begin{aligned}\sigma_{pe}&=\sigma_{con}-\sigma_l\\ \sigma'_{pe}&=\sigma'_{con}-\sigma'_l\end{aligned}\right\} \tag{9-28}$$

式中：A_n——净截面面积，即为扣除管道等削弱部分后的混凝土全部截面面积与纵向普通钢筋截面面积换算成混凝土的截面面积之和；对由不同强度等级混凝土组成的截面，应按混凝土弹性模量比值换算成同一混凝土强度等级的截面面积；

A_0——换算截面面积，包括净截面面积 A_n 和全部纵向预应力钢筋截面面积换算成混凝土的截面面积；

I_0、I_n——换算截面惯性矩、净截面惯性矩；

y_0、y_n——换算截面重心、净截面重心至计算纤维处的距离；

σ_{con}、σ'_{con}——受拉区、受压区预应力钢筋的张拉控制应力；

σ_l、σ'_l——受拉区、受压区相应阶段的预应力损失值，使用阶段时为全部预应力损失值；

σ_{l4}、σ'_{l4}——受拉区、受压区由混凝土弹性压缩引起的预应力损失值；

α_{EP}——预应力钢筋弹性模量与混凝土弹性模量的比值；

M_{p2}——由预加力 N_p 在后张法预应力混凝土连续梁等超静定结构中产生的次弯矩；

N_{p0}、N_p——先张法构件、后张法构件的预应力钢筋和普通钢筋的合力；

e_{p0}、e_{pn}——换算截面重心、净截面重心至预应力钢筋和普通钢筋合力点的距离。

预应力钢筋和普通钢筋的合力 N_{p0}、N_p 及合力偏心距 e_{p0}、e_{pn} 应按下列公式计算（图 9-5）：

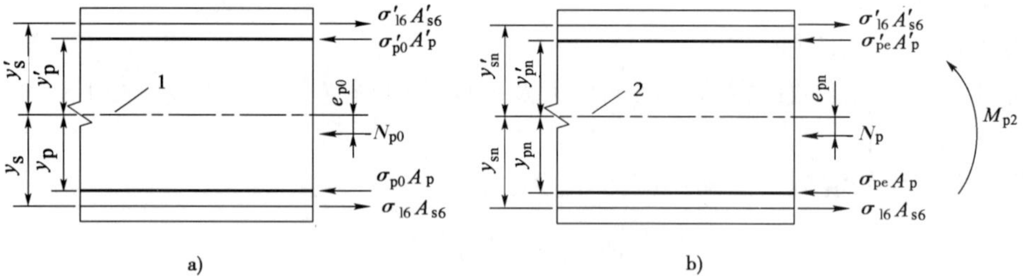

图 9-5 预应力钢筋和普通钢筋合力及其偏心距

a）先张法构件；b）后张法构件

1-换算截面重心轴；2-净截面重心轴

①先张法构件：

$$N_{p0} = \sigma_{p0}A_p + \sigma'_{p0}A'_p - \sigma_{l6}A_s - \sigma'_{l6}A'_s \tag{9-29}$$

$$e_{p0} = \frac{\sigma_{p0}A_p y_p - \sigma'_{p0}A'_p y'_p - \sigma_{l6}A_s y_s + \sigma'_{l6}A'_s y'_s}{N_{p0}} \tag{9-30}$$

②后张法构件：

$$N_p = \sigma_{pe}A_p + \sigma'_{pe}A'_p - \sigma_{l6}A_s - \sigma'_{l6}A'_s \tag{9-31}$$

$$e_{pn} = \frac{\sigma_{pe}A_p y_{pn} - \sigma'_{pe}A'_p y'_{pn} - \sigma_{l6}A_s y_{sn} + \sigma'_{l6}A'_s y'_{sn}}{N_p} \tag{9-32}$$

式中：σ_{p0}、σ'_{p0}——受拉区、受压区预应力钢筋合力点处混凝土法向应力等于零时的预应力钢筋应力；

σ_{pe}、σ'_{pe}——受拉区、受压区预应力钢筋的有效预应力；

A_p、A'_p——受拉区、受压区预应力钢筋的截面面积；

A_s、A'_s——受拉区、受压区普通钢筋的截面面积；

y_p、y'_p——受拉区、受压区预应力钢筋合力点至换算截面重心轴的距离；

y_s、y'_s——受拉区、受压区普通钢筋重心至换算截面重心轴的距离；

y_{pn}、y'_{pn}——受拉区、受压区预应力钢筋合力点至净截面重心轴的距离；

y_{sn}、y'_{sn}——受拉区、受压区普通钢筋重心至净截面重心轴的距离；

σ_{l6}、σ'_{l6}——受拉区、受压区预应力钢筋在各自合力点处由混凝土收缩和徐变引起的预应力损失值。

2)作用(或荷载)产生的应力

全预应力混凝土和 A 类预应力混凝土受弯构件，由作用(或荷载)产生的混凝土法向应力和预应力钢筋的应力，按下列公式计算：

(1)混凝土法向压应力 σ_{kc} 和拉应力 σ_{kt}

$$\sigma_{kc}\text{或}\sigma_{kt}=\frac{M_k}{I_0}y_0 \tag{9-33}$$

(2)预应力钢筋应力

$$\sigma_p=\alpha_{EP}\sigma_{kt} \tag{9-34}$$

式中：M_k—— 按作用(或荷载)标准值组合计算的弯矩值；

y_0——构件换算截面重心轴至受压区或受拉区计算纤维处的距离。

3)应力限制值

使用阶段预应力混凝土受弯构件正截面混凝土的压应力和预应力钢筋的拉应力，应符合下列规定：

(1)受压区混凝土的最大压应力

$$\left.\begin{array}{l}\text{未开裂构件 }\sigma_{kc}+\sigma_{pt}\\ \text{允许开裂构件 }\sigma_{cc}\end{array}\right\}\leqslant 0.5f_{ck} \tag{9-35}$$

(2)受拉区预应力钢筋的最大拉应力

①对钢丝、钢绞线。

$$\left.\begin{array}{l}\text{未开裂构件 }\sigma_{pe}+\sigma_p\\ \text{允许开裂构件 }\sigma_{p0}+\sigma_p\end{array}\right\}\leqslant 0.65f_{pk} \tag{9-36}$$

②对精轧螺纹钢筋。

$$\left.\begin{array}{l}\text{未开裂构件 }\sigma_{pe}+\sigma_p\\ \text{允许开裂构件 }\sigma_{p0}+\sigma_p\end{array}\right\}\leqslant 0.80f_{pk} \tag{9-37}$$

式中：σ_{pe}——全预应力混凝土和 A 类预应力混凝土受弯构件，受拉区预应力钢筋扣除全部预应力损失后的有效预应力；

σ_{pt}——由预加力产生的混凝土法向拉应力。

2. 斜截面应力计算

1)应力计算

预应力混凝土受弯构件由作用(或荷载)标准值和预加力产生的混凝土主压应力 σ_{cp} 和主拉应力 σ_{tp} 按下列公式计算：

$$\left.\begin{array}{l}\sigma_{cp}=\dfrac{\sigma_{cx}+\sigma_{cy}}{2}+\sqrt{\left(\dfrac{\sigma_{cx}-\sigma_{cy}}{2}\right)^2+\tau^2}\\ \sigma_{tp}=\dfrac{\sigma_{cx}+\sigma_{cy}}{2}-\sqrt{\left(\dfrac{\sigma_{cx}-\sigma_{cy}}{2}\right)^2+\tau^2}\end{array}\right\} \tag{9-38}$$

$$\sigma_{cx}=\sigma_{pc}+\frac{M_k}{I_0}y_0 \tag{9-39}$$

$$\sigma_{cy}=0.6\frac{n\sigma'_{pe}A_{pv}}{bs_v} \tag{9-40}$$

$$\tau=\frac{V_kS_0}{bI_0}-\frac{\sum\sigma''_{pe}A_{pb}\sin\theta_p\cdot S_n}{bI_n} \tag{9-41}$$

式中：σ_{cx}——在计算主应力点处，由预加力和按作用（或荷载）标准值组合计算的弯矩 M_k 产生的混凝土法向应力；

σ_{cy}——由竖向预应力钢筋的预加力产生的混凝土竖向压应力；

τ——在计算主应力点，由预应力弯起钢筋的预加力和按作用（或荷载）标准值组合计算的剪力 V_k 产生的混凝土剪应力；

σ_{pc}——在计算主应力点，由扣除全部预应力损失后的纵向预加力产生的混凝土法向应力；

y_0——换算截面重心轴至计算主应力点的距离；

n——在同一截面上竖向预应力钢筋的肢数；

σ'_{pe}、σ''_{pe}——竖向预应力钢筋、纵向预应力弯起钢筋扣除全部预应力损失后的有效预应力；

A_{pv}——单肢竖向预应力钢筋的截面面积；

s_v——竖向预应力钢筋的间距；

b——计算主应力点处构件腹板的宽度；

A_{pb}——计算截面上同一弯起平面内预应力弯起钢筋的截面面积；

S_0、S_n——计算主应力点以上（或以下）部分换算截面面积对换算截面重心轴、净截面面积对净截面重心轴的面积矩；

θ_p——计算截面上预应力弯起钢筋的切线与构件纵轴线的夹角。

2）应力限制值

混凝土的主压应力应符合下式规定；

$$\sigma_{cp}\leqslant 0.6f_{ck} \tag{9-42}$$

根据计算所得的混凝土主拉应力，按下列规定设置箍筋：

在 $\sigma_{tp}\leqslant 0.5f_{tk}$ 的区段，箍筋可仅按构造要求设置；

在 $\sigma_{tp}>0.5f_{tk}$ 的区段，箍筋的间距 s_v 可按下列公式计算；

$$s_v=\frac{f_{sk}A_{sv}}{\sigma_{tp}b} \tag{9-43}$$

式中：f_{sk}——箍筋的抗拉强度标准值；

A_{sv}——同一截面内箍筋的总截面面积；

b——矩形截面宽度、T 形或 I 形截面的腹板宽度。

二、短暂状况构件的应力计算

桥梁构件按短暂状况设计时，应计算其在制作、运输及安装等施工阶段，由自重、施工荷载等引起的截面应力，并不超过规定的限值。施工荷载除有特别规定外均采用标准值，当有组合时不考虑荷载组合系数。当进行构件运输和安装计算时，构件自重应乘以动力系数。

当用吊机（车）行驶于桥梁进行安装时，应对已安装就位的构件进行验算，吊机（车）应乘以1.15的荷载系数，但当吊机（车）产生的效应设计值小于按持久状况承载能力极限状态计算的荷载效应组合设计值时，则可不必验算。

预应力混凝土受弯构件按短暂状况计算时，由预加力和荷载产生的法向应力可分别按式(9-23)、式(9-26)和式(9-33)计算。此时，预应力钢筋应扣除相应阶段的应力损失，荷载采用施工荷载。

预应力混凝土受弯构件，在预应力和构件自重等施工荷载作用下截面边缘混凝土的法向应力应符合下列规定：

1. 压应力

$$\sigma_{cc}^{t} \leqslant 0.70 f'_{ck} \tag{9-44}$$

2. 拉应力

(1) 当 $\sigma_{ct}^{t} \leqslant 0.70 f'_{tk}$ 时，预拉区应配置其配筋率不小于0.2%的纵向钢筋。

(2) 当 $\sigma_{ct}^{t} = 1.15 f'_{tk}$ 时，预拉区应配置其配筋率不小于0.4%的纵向钢筋。

(3) 当 $0.70 f'_{tk} < \sigma_{ct}^{t} < 1.15 f'_{tk}$ 时，预拉区应配置的纵向钢筋配筋率按以上两者直线内插取用，拉应力不应超过 $1.15 f'_{tk}$。

上述配筋率为 $\dfrac{A'_s + A'_p}{A}$，先张法构件计入 A'_p，后张法构件不计 A'_p，A'_p 为预拉区预应力钢筋截面面积；A'_s 为预拉区普通钢筋截面面积；A 为构件毛截面面积。

式中：σ_{cc}^{t}、σ_{ct}^{t}——按短暂状况计算时截面预压区、预拉区边缘混凝土的压应力、拉应力；

f'_{ck}、f'_{tk}——与制作、运输、安装各施工阶段混凝土立方体抗压强度 f'_{cu} 相应的抗压强度、抗拉强度标准值。

预拉区的纵向钢筋宜采用带肋钢筋，其直径不宜大于14mm，沿预拉区的外边缘均匀布置。

第四节 预应力混凝土受弯构件的承载力计算

预应力混凝土受弯构件的破坏与普通钢筋混凝土受弯构件的破坏大致相同。为了防止预应力混凝土构件发生破坏，必须对构件进行正截面和斜截面的承载力计算。

一、正截面承载力计算

预应力混凝土受弯构件正截面破坏时应力状态和普通钢筋混凝土受弯构件类似。在适筋梁破坏的情况下，受拉区混凝土开裂退出工作，预应力钢筋 A_p 和非预应力钢筋 A_s 分别达到其抗拉强度设计值 f_{pd} 和 f_{sd}；受压区混凝土应力达到抗压强度设计值 f_{cd}，混凝土实际应力分布图可用等效的矩形应力分布图代替，受压区非预应力钢筋 A'_s 可达到抗压强度设计值 f'_{sd}，但是受压区预应力钢筋 A'_p 的应力一般达不到其抗压强度设计值 f'_{pd}，甚至可能仍为拉应力。

下面以矩形截面和 T 形截面为例,建立正截面承载力计算公式。

1. 矩形截面

预应力混凝土矩形截面破坏时,截面应力状态如图 9-6,由静力平衡可建立基本公式。

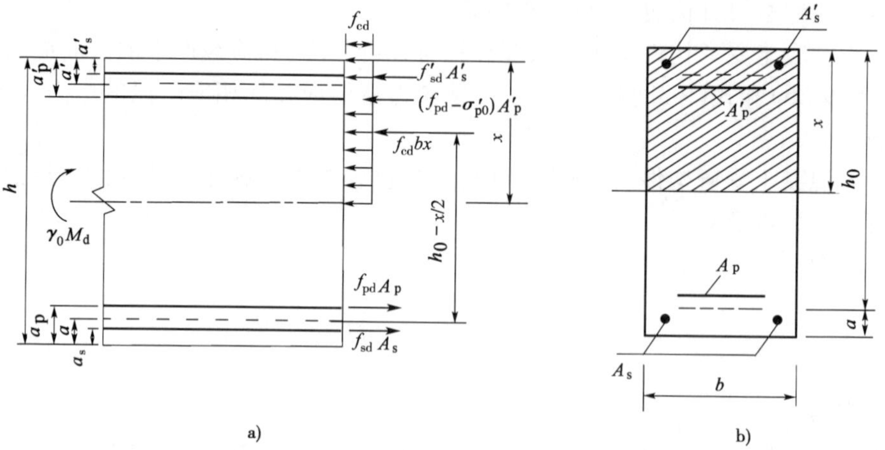

图 9-6　矩形截面预应力混凝土受弯构件正截面承载力计算图

矩形截面或翼缘位于受拉边的 T 形截面受弯构件,其正截面抗弯承载力计算应按下列规定计算(对受拉区钢筋合力作用点取矩):

$$\gamma_0 M_d \leqslant M_{ud} = f_{cd}bx\left(h_0 - \frac{x}{2}\right) + f_{sd}'A_s'(h_0 - a_s') + (f_{pd}' - \sigma_{p0}')A_p'(h_0 - a_p') \tag{9-45}$$

混凝土受压区高度 x 应按下式计算:

$$f_{sd}A_s + f_{pd}A_p = f_{cd}bx + f_{sd}'A_s' + (f_{pd}' - \sigma_{p0}')A_p' \tag{9-46}$$

截面受压区高度应符合下列要求:

$$x \leqslant \xi_b h_0 \tag{9-47}$$

当受压区配有纵向普通钢筋和预应力钢筋,且预应力钢筋受压即$(f_{pd}' - \sigma_{p0}')$为正值时,则

$$x \geqslant 2a' \tag{9-48}$$

当受压区仅配纵向普通钢筋或普通钢筋和预应力钢筋,且预应力钢筋受拉即$(f_{pd}' - \sigma_{p0}')$为负值时,则

$$x \geqslant 2a_s' \tag{9-49}$$

式中:γ_0——桥梁结构的重要性系数;

M_d——弯矩组合设计值;

M_{ud}——受弯构件正截面抗弯承载力设计值,即破坏弯矩;

f_{cd}——混凝土轴心抗压强度设计值;

f_{sd}、f_{sd}'——纵向普通钢筋的抗拉强度设计值和抗压强度设计值;

f_{pd}、f_{pd}'——纵向预应力钢筋的抗拉强度设计值和抗压强度设计值;

A_s、A_s'——受拉区、受压区纵向普通钢筋的截面面积;

A_p、A_p'——受拉区、受压区纵向预应力钢筋的截面面积;

x——受压区混凝土高度;

b——矩形截面宽度或 T 形截面腹板宽度;

h_0——截面有效高度，$h_0=h-a$，此处 h 为截面全高；

a、a'——受拉区、受压区普通钢筋和预应力钢筋的合力点至受拉区、受压区边缘的距离；

a'_s、a'_p——受压区普通钢筋合力点、预应力钢筋的合力点至受压区边缘的距离；

σ'_{p0}——受压区预应力钢筋合力点处混凝土的法向应力等于零时预应力钢筋的应力；

ξ_b——受弯构件正截面相对界限受压区高度。

2. T 形截面

同普通钢筋混凝土梁一样，计算前应先判别属于哪一类 T 形截面（图 9-7）。

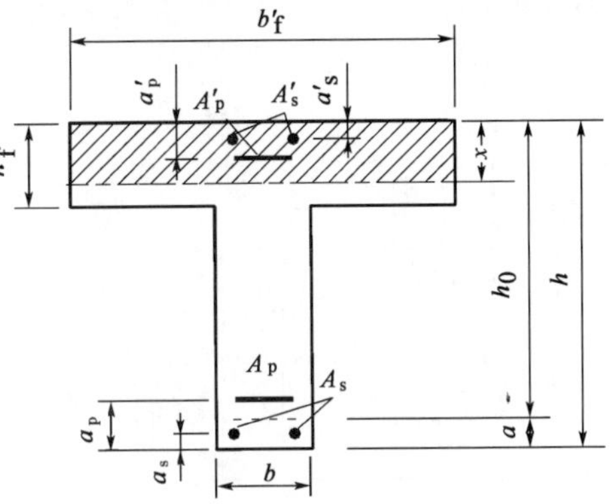
a）$x \leq h'_f$ 按矩形截面计算

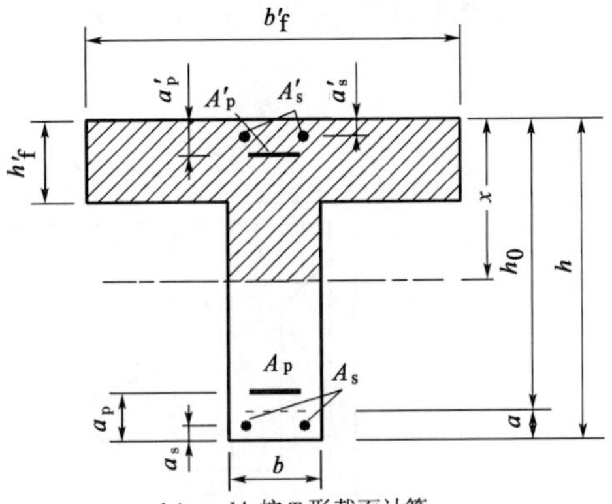
b）$x > h'_f$ 按 T 形截面计算

图 9-7 T 形截面预应力混凝土受弯构件正截面承载能力计算

判别条件：
$$f_{sd}A_s+f_{pd}A_p \leq f_{cd}b'_f h'_f+f'_{sd}A'_s+(f'_{pd}-\sigma'_{p0})A'_p \tag{9-50}$$

当符合上述条件时为第一类 T 形截面，可按宽度为 b'_f 的矩形截面计算正截面抗弯承载能力。当不符合上述条件时为第二类 T 形截面，其正截面抗弯承载能力计算公式为：

$$\gamma_0 M_d \leq M_{ud}=f_{cd}\left[bx\left(h_0-\frac{x}{2}\right)+(b'_f-b)h'_f(h_0-\frac{h'_f}{2})\right]+f'_{sd}A'_s(h_0-a'_s)+(f'_{pd}-\sigma'_{p0})A'_p(h_0-a'_p) \tag{9-51}$$

此时，受压区高度 x 应按下列公式计算，并应符合式（9-47）、式（9-48）、式（9-49）的要求。

$$f_{sd}A_s+f_{pd}A_p=f_{cd}[bx+(b'_f-b)h'_f]+f'_{sd}A'_s+(f'_{pd}-\sigma'_{p0})A'_p \tag{9-52}$$

式中：h'_f——T 形截面受压翼缘厚度；

b'_f——T 形截面受压翼缘的有效宽度。

说明：

（1）受弯构件在应用公式（9-47）的条件时，可不考虑按正常使用极限状态计算可能增加的纵向受拉钢筋截面面积和按构造要求配置的纵向钢筋截面面积。

（2）当计算中考虑受压区纵向钢筋但不符合式（9-48）、式（9-49）的条件时，受弯构件正截面抗弯承载力的计算应符合下列规定（图 9-6）：

①当受压区配有纵向普通钢筋和预应力钢筋，且预应力钢筋受压时

$$\gamma_0 M_d \leq M_{ud}=f_{pd}A_p(h-a_p-a')+f_{sd}A_s(h-a_s-a') \tag{9-53}$$

②当受压区仅配有纵向普通钢筋或普通钢筋和预应力钢筋，且预应力钢筋受拉时

$$\gamma_0 M_d \leq M_{ud} = f_{pd} A_p (h - a_p - a_s') + f_{sd} A_s (h - a_s - a_s') - (f'_{pd} - \sigma'_{p0}) A'_p (a'_p - a'_s) \quad (9\text{-}54)$$

式中：a_s、a_p——受拉区普通钢筋合力点、预应力钢筋的合力点至受拉区边缘的距离。

二、斜截面承载能力计算

1. 斜截面抗剪承载能力计算

预应力混凝土受弯构件的斜截面抗剪承载能力计算与普通钢筋混凝土构件原则上相同，但试验表明，构件施加预应力能够阻滞斜裂缝的发生和发展，使混凝土剪压区高度增大，因而抗剪能力比普通钢筋混凝土梁大，计算公式如下（图9-8）：

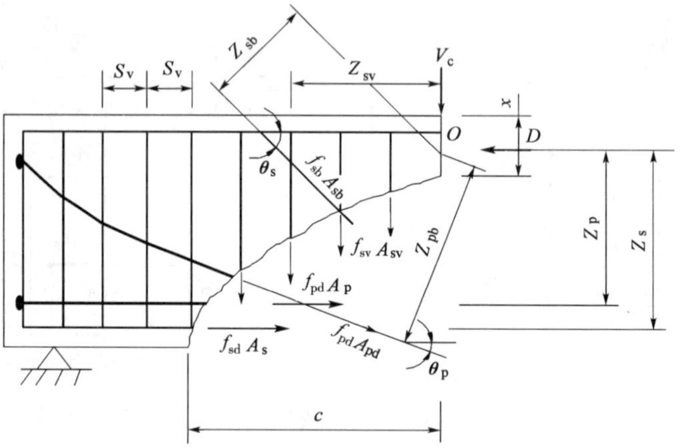

图9-8 斜截面抗剪承载力验算（简支梁）

$$\gamma_0 V_d \leq V_{cs} + V_{sb} + V_{pb} \quad (9\text{-}55)$$

$$V_{cs} = \alpha_1 \alpha_2 \alpha_3 0.45 \times 10^{-3} b h_0 \sqrt{(2 + 0.6P)\sqrt{f_{cu,k}}\rho_{sv} f_{sv}} \quad (9\text{-}56)$$

$$V_{sb} = 0.75 \times 10^{-3} f_{sd} \sum A_{sb} \sin\theta_s \quad (9\text{-}57)$$

$$V_{pb} = 0.75 \times 10^{-3} f_{pd} \sum A_{pb} \sin\theta_p \quad (9\text{-}58)$$

式中：V_d——斜截面受压端上由作用（或荷载）效应所产生的最大剪力组合设计值（kN）；

V_{cs}——斜截面内混凝土和箍筋共同的抗剪承载力设计值（kN）；

V_{sb}——与斜截面相交的普通弯起钢筋的抗剪承载力设计值（kN）；

V_{pb}——与斜截面相交的预应力弯起钢筋的抗剪承载力设计值（kN）；

α_1——异号弯矩影响系数，计算简支梁和连续梁近边支点梁段的抗剪承载力时，$\alpha_1 = 1.0$；计算连续梁和悬臂梁近中间支点梁段的抗剪承载力时，$\alpha_1 = 0.9$；

α_2——预应力提高系数，对钢筋混凝土受弯构件，$\alpha_2 = 1.0$；对预应力混凝土受弯构件，$\alpha_2 = 1.25$，但当由钢筋合力引起的截面弯矩与外弯矩的方向相同时，或容许出现裂缝的预应力混凝土受弯构件，取 $\alpha_2 = 1.0$；

α_3——受压翼缘的影响系数，取 $\alpha_3 = 1.1$；

b——斜截面受压端正截面处，矩形截面宽度或T形截面腹板宽度（mm）；

h_0——斜截面受压端正截面的有效高度，自纵向受拉钢筋合力点至受压边缘的距离（mm）；

P——斜截面内纵向受拉钢筋的配筋百分率，$P=100\rho$，$\rho=(A_p+A_{pb}+A_s)/bh_0$，当 $P>2.5$ 时，取 $P=2.5$；

$f_{cu,k}$——边长为150mm的混凝土立方体抗压强度标准值（MPa），即为混凝土强度等级；

ρ_{sv}——斜截面内箍筋配筋率，$\rho_{sv}=A_{sv}/s_v b$；

f_{sv}——箍筋抗拉强度设计值；

A_{sv}——斜截面内配置在同一截面的箍筋各肢总截面面积（mm^2）；

s_v——斜截面内箍筋的间距（mm）；

A_{sb}、A_{pb}——斜截面内在同一弯起平面的普通弯起钢筋、预应力弯起钢筋的截面面积（mm^2）；

θ_s、θ_p——普通弯起钢筋、预应力弯起钢筋（在斜截面受压端正截面处）切线与水平线的夹角。

上述抗剪强度公式仅适用于等高度的简支梁。在进行斜截面抗剪承载力计算时，其计算截面位置的确定方法与普通钢筋混凝土受弯构件相同。

2. 斜截面抗弯承载力计算

如图9-8所示，对受压区混凝土合力作用点 O（转动铰）为中心取矩：

$$\gamma_0 M_d \leqslant f_{sd}A_s Z_s + f_{pd}A_p Z_p + \sum f_{sd}A_{sb}Z_{sb} + \sum f_{pd}A_{pb}Z_{pb} + \sum f_{sv}A_{sv}Z_{sv} \tag{9-59}$$

此时，最不利的斜截面水平投影长度按下列公式试算确定：

$$\gamma_0 V_d = \sum f_{sd}A_{sd}\sin\theta_s + \sum f_{pd}A_{pb}\sin\theta_p + \sum f_{sv}A_{sv} \tag{9-60}$$

式中：M_d——斜截面受压端正截面的最大弯矩组合设计值；

V_d——斜截面受压端正截面相应于最大弯矩组合设计值的剪力组合设计值（kN）；

Z_s、Z_p——纵向普通受拉钢筋合力点、纵向预应力受拉钢筋合力点至受压区中心点 O 的距离；

Z_{sb}、Z_{pb}——与斜截面相交的同一弯起平面内普通弯起钢筋合力点、预应力弯起钢筋合力点至受压区中心点 O 的距离；

Z_{sv}——与斜截面相交的同一平面内箍筋合力点至斜截面受压端的水平距离。

计算斜截面抗弯强度时，其最不利斜截面的位置选在抗弯能力最薄弱处，如构件截面变化处、箍筋数量变化处、预应力钢筋变少处等，其斜截面的水平投影长度仍需按不同倾斜角度试算确定。

预应力混凝土受弯构件斜截面抗弯承载力计算比较麻烦，因此，也可以同普通钢筋混凝土受弯构件一样，用构造措施来加以保证。具体要求可参阅钢筋混凝土梁的有关内容。

第五节　端部锚固区计算

一、先张法构件预应力钢筋的传递长度和锚固长度

先张法构件在预应力钢筋放张时，端部钢筋将向构件内部回缩、滑移，但是钢筋和混凝土之间的粘结力将阻止钢筋内缩。钢筋在各个截面处的内缩量将取决于粘结力的大小。当自端部起至某一截面长度范围内粘结力之和正好等于钢筋中的有效预拉力时，则钢筋在此截面将完全停止内缩，并在此截面以后的各截面钢筋将保持其有效预应力 σ_{pe}。通常把钢筋从应力

为零的端面到应力逐渐增加至 σ_{pe} 的截面的这一段长度 l_{tr}，称为预应力钢筋的传递长度(图9-9)。同理，当构件中预应力钢筋的应力继续增大直至预应力钢筋抗拉强度设计值 f_{pd} 的过程中，端部钢筋将继续内缩，直到某一截面钢筋的内缩才完全停止。通常把钢筋应力从零逐渐增加至 f_{pd} 的这一长度 l_a，称为预应力钢筋的锚固长度。

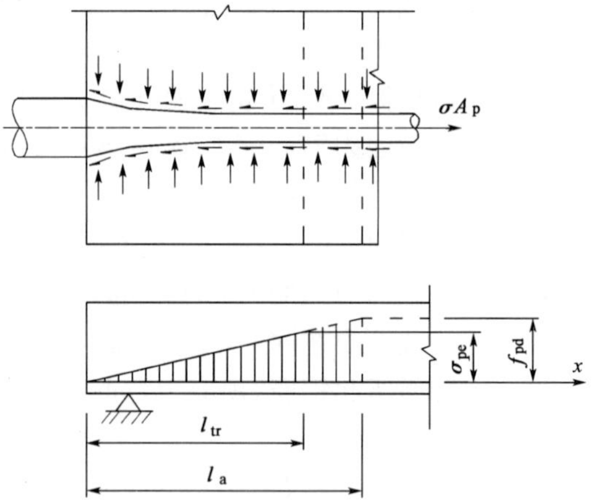

图9-9 预应力钢筋的传递长度

先张法构件中整个传递长度及锚固长度范围内的受力比较复杂。为了设计计算方便，《桥规》对预应力钢筋的传递长度 l_{tr} 和锚固长度 l_a 作了具体规定，分别见表9-5、表9-6。同时建议，将传递长度和锚固长度内的预应力钢筋应力，假定按直线变化。

预应力钢筋的预应力传递长度 l_{tr}(mm) 表9-5

预应力钢筋种类		混凝土强度等级					
		C30	C35	C40	C45	C50	≥C55
钢绞线	1×2、1×3，σ_{pe} = 1000MPa	75d	68d	63d	60d	57d	55d
	1×7，σ_{pe} = 1000MPa	80d	73d	67d	64d	60d	58d
螺旋肋钢丝，σ_{pe} = 1000MPa		70d	64d	58d	56d	53d	51d
刻痕钢丝，σ_{pe} = 1000MPa		89d	81d	75d	71d	68d	65d

注：①预应力传递长度应取预应力钢筋放松时混凝土立方体抗压强度 f'_{cu} 确定，当 f'_{cu} 在表列混凝土强度等级之间时，预应力传递长度按直线内插取用；

②当预应力钢筋的有效预应力值 σ_{pe} 与表值不同时，其预应力传递长度应根据表值按比例增减；

③当采用骤然放松预应力钢筋的施工工艺时，l_{tr} 应从离构件末端 $0.25l_{tr}$ 处起开始计算。

预应力钢筋锚固长度 l_a(mm) 表9-6

预应力钢筋种类		混凝土强度等级					
		C40	C45	C50	C55	C60	≥C65
钢绞线	1×2、1×3，f_{pd} = 1170MPa	115d	110d	105d	100d	95d	90d
	1×7，f_{pd} = 1260MPa	130d	125d	120d	115d	110d	105d
螺旋肋钢丝，f_{pd} = 1200MPa		95d	90d	85d	83d	80d	80d
刻痕钢丝，f_{pd} = 1070MPa		125d	115d	110d	105d	103d	100d

注：①当采用骤然放松预应力钢筋的施工工艺时，锚固长度应从离构件末端 $0.25l_{tr}$ 处开始计算；

②当预应力钢筋的抗拉强度设计值 f_{pd} 与表值不同时，其锚固长度应根据表值按强度比例增减。

预应力钢筋的传递长度和锚固长度的起点与放张的方式有关。当采用骤然放张时，由于钢筋回缩时的冲击将使端部的粘结力破坏，其计算长度应从构件端面 $0.25l_{tr}$ 处开始算起。为了保证先张法构件具有良好的握裹锚固，一般不宜采用骤然放张的方法，同时构件端部锚固区需采取补强：单根预应力粗钢筋端部设置不小于15cm的螺旋筋；当为多根预应力钢筋时，其

端部在 $10d$（预应力钢筋直径）范围内，设置 3 ~ 5 片钢筋网。

二、后张法构件锚下局部承压计算

后张法构件在其端部或其他布置锚具的地方，巨大的预压力通过锚具及其下面的垫板传给混凝土，因此，锚具下的混凝土将受很大的局部压力。在局部压力的作用下，可能使构件产生纵向裂缝，甚至破坏。在设计时，一般需对锚具下的混凝土进行局部承压强度和裂缝的计算。下面介绍锚下混凝土局部抗压承载力计算。

为了提高锚固区范围内的局部抗压承载力，防止局部受压破坏，通常在锚固区范围内设置加强钢筋网或螺旋筋，这些钢筋称为间接钢筋，如图 9-10。

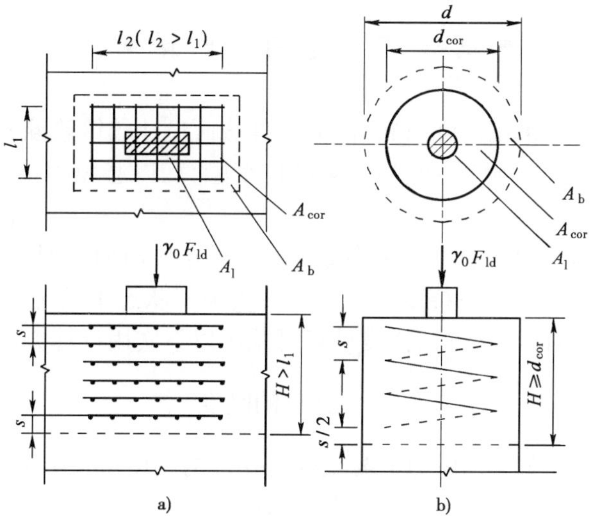

图 9-10　局部承压的配筋

a）方格网钢筋；b）螺旋形配筋

关于配有间接钢筋的局部受压构件，其局部抗压承载力按下列公式计算：

$$\gamma_0 F_{ld} \leqslant 0.9(\eta_s \beta f_{cd} + k\rho_v \beta_{cor} f_{sd})A_l \tag{9-61}$$

$$\beta_{cor} = \sqrt{\frac{A_{cor}}{A_l}} \tag{9-62}$$

间接钢筋体积配筋率（核心面积 A_{cor} 范围内单位混凝土体积所含间接钢筋的体积）按下列公式计算：

方格网
$$\rho_v = \frac{n_1 A_{s1} l_1 + n_2 A_{s2} l_2}{A_{cor} s} \tag{9-63}$$

此时，在钢筋网两个方向的钢筋截面面积相差不应大于 50%。

螺旋筋
$$\rho_v = \frac{4A_{ss1}}{d_{cor} s} \tag{9-64}$$

式中：β_{cor}——配置间接钢筋时局部抗压承载力提高系数，当 $A_{cor} > A_b$ 时，应取 $A_{cor} = A_b$；

k——间接钢筋影响系数，混凝土强度等级 C50 及以下时，取 $k = 2.0$；C50 ~ C80 取 $k = 2.0 \sim 1.70$，中间值直线插入取用；

A_{cor}——方格网或螺旋形间接钢筋内表面范围内的混凝土核心面积，其重心应与 A_l 的重心相重合，计算时按同心、对称原则取值；

n_1、A_{s1}——方格网沿 l_1 方向的钢筋根数、单根钢筋的截面面积；

n_2、A_{s2}——方格网沿 l_2 方向的钢筋根数、单根钢筋的截面面积；

A_{ss1}——单根螺旋形间接钢筋的截面面积；

d_{cor}——螺旋形间接钢筋内表面范围内的混凝土核心面积的直径；

s——方格网或螺旋形间接钢筋的层距，$s=30\sim80$mm。

说明：方格网钢筋不应少于 4 层，螺旋形钢筋不应少于 4 圈；带喇叭管的锚具垫板，板下螺旋筋圈数的长度不应小于喇叭管长度。

第六节　变形计算

预应力混凝土构件由于采用高强材料，因而构件截面尺寸较钢筋混凝土构件小，而跨径较大。因此，设计计算中应注意预应力混凝土梁的挠度验算，以避免因挠度过大而影响正常使用。

预应力混凝土受弯构件的变形由两部分组成：一部分是预加力引起的上挠度（亦称反拱度）；另一部分是由外荷载产生的下挠度。在正常使用极限状态下的挠度，可根据给定的刚度用结构力学的方法计算。对于简支梁，挠度计算可采用以下实用计算方法计算。

一、受弯构件的刚度

（1）全预应力混凝土和 A 类预应力混凝土受弯构件的刚度可按下列公式计算：

$$B_0=0.95E_cI_0 \tag{9-65}$$

（2）允许开裂的 B 类预应力混凝土受弯构件的刚度可按下列公式计算：

在开裂弯矩 M_{cr} 作用下

$$B_0=0.95E_cI_0 \tag{9-66}$$

在弯矩（M_s-M_{cr}）作用下

$$B_{cr}=E_cI_{cr} \tag{9-67}$$

开裂弯矩 M_{cr} 按下式计算：

$$M_{cr}=(\sigma_{pc}+\gamma f_{tk})W_0 \tag{9-68}$$

$$\gamma=\frac{2S_0}{W_0} \tag{9-69}$$

式中：B_0——全截面的抗弯刚度；

B_{cr}——开裂截面的抗弯刚度；

E_c——混凝土弹性模量；

I_0——全截面换算截面惯性矩；

I_{cr}——开裂截面换算截面惯性矩；

σ_{pc}——扣除全部预应力损失后预应力钢筋和普通钢筋的合力 N_{p0} 在构件抗裂边缘产生的混凝土预压应力，按公式（9-23）计算，但后张法采用净截面；

γ——构件受拉区混凝土塑性影响系数；

f_{tk}——混凝土轴心抗拉强度标准值；

S_0——全截面换算截面重心轴以上(或以下)部分面积对重心轴的面积矩；

W_0——换算截面抗裂边缘的弹性抵抗矩。

二、预加力引起的上挠度

构件在偏心的预加力作用下将产生向上的挠度，它与外荷载引起的挠度方向相反。对于简支梁，其跨中最大的上挠度可采用材料力学的方法按刚度 E_cI_0 进行计算，并乘以挠度长期增长系数。计算使用阶段预加力反拱值时，预应力钢筋的预加力应扣除全部预应力损失，挠度长期增长系数取用2.0。以后张法为例，其值为：

$$f_p = -\int_0^l \frac{M_p \bar{M}_x}{E_c I_0} dx \tag{9-70}$$

式中：M_p——永存预加力在任意截面 x 处所引起的弯矩值；

$\bar{M}_x$——跨中截面作用单位力时，在任意截面 x 处所产生的弯矩值；

E_c、I_0 符号意义与公式(9-65)相同。

三、使用荷载作用下的挠度

受弯构件在使用阶段的挠度应考虑荷载长期效应的影响，即按荷载短期效应组合计算的挠度值，乘以挠度长期增长系数 η_θ。挠度长期增长系数可按下列规定取用：

当采用 C40 以下混凝土时，$\eta_\theta = 1.60$；

当采用 C40 ~ C80 混凝土时，$\eta_\theta = 1.45 \sim 1.35$，中间强度等级可按直线内插取用。

在使用荷载作用下，预应力混凝土受弯构件的挠度，亦可近似地按材料力学的方法计算。但是，构件的抗弯刚度随荷载的增加而降低，挠度计算的准确度主要在于构件实际抗弯刚度的确定是否准确合理。挠度计算公式如下：

$$f_{Ms} = \frac{\alpha l^2}{E_c}\left[\frac{M_{cr}}{0.95I_0} + \frac{(M_s - M_{cr})}{I_{cr}}\right] \tag{9-71}$$

式中：l——梁的计算跨径；

α—— 挠度系数，与弯矩图的形状及支座的约束条件有关；

M_s——按作用短期效应组合计算的弯矩值；

其他符号意义同前。

预应力混凝土受弯构件按上述公式计算的长期挠度值，在消除结构自重产生的长期挠度后梁式桥主梁的最大挠度不应超过计算跨径的 1/600；梁式桥主梁的悬臂端不应超过悬臂长度的 1/300。

四、预应力混凝土受弯构件的总挠度

1. 构件在短期效应组合下的总挠度 f_s

$$f_s = f_p + f_{Ms} \tag{9-72}$$

式中：f_p——永存预加力所产生的上挠度；

f_{Ms}——由作用短期效应组合所引起的挠度。

2. 构件在长期效应组合下的总挠度 f_l

由公式计算的挠度是使用荷载作用下产生的初始弹性挠度 f_s，由于混凝土的徐变作用，构件长期效应组合下的挠度 f_l 将比 f_s 大。《桥规》建议，构件在长期效应组合下的挠度 f_l 可按下式计算：

$$f_l = 2.0f_p + \eta_\theta f_{Ms} \tag{9-73}$$

五、预拱度的设置

《桥规》规定：预应力混凝土受弯构件，在预加力产生的长期反拱值大于按荷载短期效应组合计算的长期挠度值时，可不设预拱度；当预加力的长期反拱值小于按荷载短期效应组合计算的长期挠度值时，应设预拱度，其值应按该项荷载的挠度值与预加力长期反拱值之差采用。设置预拱度时，应做成平顺的曲线。

对自重相对于活载较小的预应力混凝土受弯构件，应考虑预加力反拱值过大可能造成的不利影响，必要时采取反预拱或设计和施工上的其他措施，避免桥面隆起直至开裂破坏。

• 第七节　预应力混凝土受弯构件设计与计算示例 •

一、预应力混凝土受弯构件设计

预应力混凝土受弯构件的设计计算包括截面形式与尺寸的选定、构件内力计算、钢筋数量的估算与布置以及承载力、应力与变形计算等方面的内容。其中，构件的承载力、应力、变形等计算方法前面已介绍，本节介绍预应力混凝土受弯构件的设计计算方法。

1. 设计计算步骤

以后张法为例，预应力混凝土受弯构件的设计计算步骤如下：

(1)选定截面形式，拟定截面尺寸。

(2)计算控制截面最大设计弯矩和剪力。

(3)根据正截面抗弯等要求，估算预应力钢筋数量，并进行合理地布置。

(4)计算构件截面几何特性。

(5)确定预应力钢筋的张拉控制应力，计算预应力损失，并计算各阶段相应的有效预应力。

(6)进行持久状况和短暂状况的应力计算。

(7)进行正截面、斜截面的承载力验算。

(8)锚端局部承压计算。

(9)变形计算。

2. 预应力混凝土受弯构件的截面形式

(1)预应力混凝土空心板(图 9-11a)。其心模可采用圆形、圆端形等。一般采用直线配筋的先张法施工，跨径通常为 8 ~ 20m，简支板的高跨比一般为 1/20 ~ 1/15。近年来空心板跨径有加大的趋势，方法也发展到采用后张法施工。

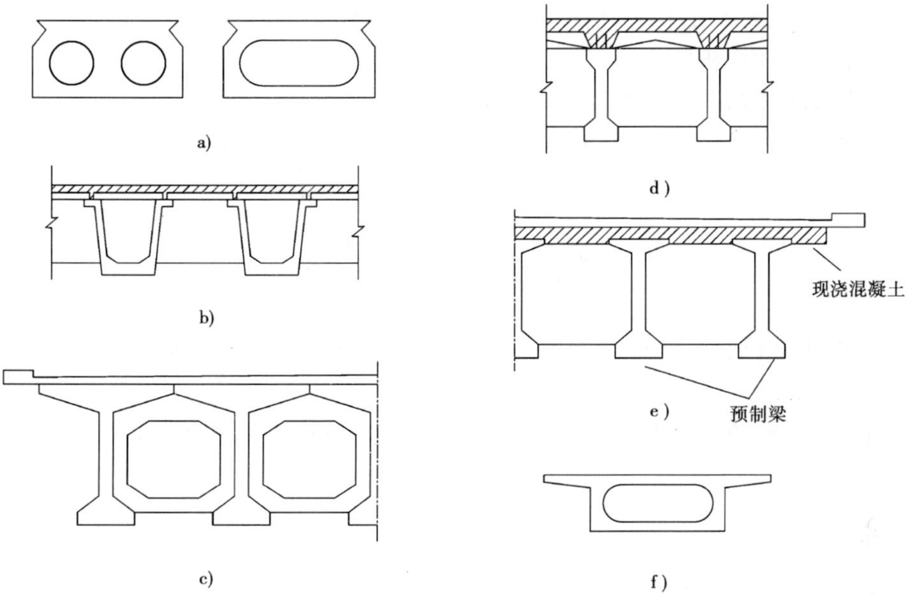

图　9-11

a)预应力混凝土空心板;b)预应力混凝土槽形截面梁;c)预应力混凝土 T 形梁;d)预应混凝土 I 形梁;
e)I 形梁整体化截面;f)预应力混凝土箱形截面梁

(2)预应力混凝土槽形截面梁(图 9-11b)。槽形梁属于组合截面梁,其行车道板可采用预制空心板或微弯板,在板上面再现浇一层混凝土桥面连成整体。槽形梁一般采用标准设计,在工厂用先张法施工。适用于跨径 16 ~ 25m 的中小跨径桥梁,高跨比为 1/20 ~ 1/16。

(3)预应力混凝土 T 形梁(图 9-11c)。这是我国最常用的预应力混凝土简支梁截面形式。T 形梁标准跨径为 25 ~ 40m,一般采用后张法施工。预应力筋束现在多采用 $6\phi^{s}15$ 或 $7\phi^{s}15$ 钢绞线束。在梁的下缘为了布置预应力筋束的需要,常将腹板下部加厚而成为“马蹄”形。T 形梁的腹板厚度一般为 16 ~ 18cm,但在梁端锚固区段(约等于梁高)内,为了布置锚具的需要,常将腹板加厚至与“马蹄”同宽。T 形梁翼缘宽度一般为 1.6 ~ 2.5m,高跨比为1/25 ~ 1/15。预制 T 形梁跨径往往受到吊装质量的限制。

(4)预应力混凝土 I 形梁(图 9-11d)(又称组合 T 梁)。为了减轻吊装质量,采用预应力混凝土 I 形梁加微弯板(或钢筋混凝土板)形成组合式梁。I 形梁标准设计,跨径为 16 ~ 40m,高跨比为 1/18 ~ 1/16。为保证肋与板能共同工作,施工中应加强结合面处的连接。为了增加整体性,改善 I 形组合梁的受力情况,可采用预制预应力混凝土 I 形梁,在上部现浇桥面板,形成整体化截面(图 9-11e),其受力情况如同 T 形截面,且横向联系比 T 形截面梁更好。

(5)预应力混凝土箱形截面梁(图 9-11f)。箱形截面为闭口截面,其抗扭刚度比开口截面大得多,可使梁的荷载分布比较均匀,箱壁做得较薄,自重较轻,跨越能力大,适用于大跨径梁桥。

3. 混凝土截面尺寸和预应力钢筋数量的选定

1)构件混凝土截面尺寸

构件混凝土截面尺寸一般是根据已有设计及桥梁设计中的具体要求事先拟定,然后进行配筋验算,若预估的截面尺寸不符合要求,再对截面尺寸作必要的修改。

2)预应力钢筋截面面积估算

按承载能力极限状态进行估算

以矩形截面梁为例,设 $A_s = A_s' = A_p' \approx 0$,则由正截面强度公式(9-45)、公式(9-46)可直接求解预应力钢筋截面面积 A_p,即

$$A_p = \frac{f_{cd} b h_0}{f_{pd}}\left(1 - \sqrt{1 - \frac{2 r_0 M_d}{f_{cd} b h_0^2}}\right) \tag{9-74}$$

式中:b、h_0——构件混凝土截面尺寸,其中 h_0 可近似按 $h_0 = 0.8h$(h 为梁全高)计算;

其余符号意义同前。

对于常用的带马蹄的预应力混凝土梁,可按下式估算预应力钢筋数量:

$$A_p = \frac{r_0 M_d}{\alpha h f_{pd}} \tag{9-75}$$

式中:α——设计经验系数,一般可采用 $\alpha = 0.75 \sim 0.77$;

其余符号意义同前。

另外,还可按施工和使用阶段(即短暂状况和持久状况)构件上、下缘混凝土应力的限制值进行估算,在估算预应力钢筋数量时,截面几何特性可按毛截面计算(即不考虑孔道削弱及钢筋的影响)。

4. 预应力钢筋的布置

1)束界

预应力混凝土受弯构件,在外荷载弯矩最大的截面处,为了避免在外荷载作用下构件出现拉应力或较大拉应力,同时为了节约预应力钢筋,应尽可能使预应力钢筋的重心靠近受拉区边缘,以增大偏心距 e_y[即 e_{p0} 或 e_{pn},见公式(9-30)、公式(9-32)],使预加力产生较大的弯矩 M_p 来平衡外荷载弯矩。但对于外荷载较小的其他截面,若 N_p 保持不变,则应相应地减少 e_y 值,以免因过大的 M_p 引起构件出现拉应力或拉应力过大。因此,对后张法混凝土受弯构件常采用曲线配筋。

全预应力混凝土构件,要求在施工和使用阶段,构件混凝土上、下缘均不出现拉应力,根据这个原则,可以按最小外荷载(即构件自重 g_1)以及最不利荷载(即构件自重 g_1、后加永久作用 g_2 及可变作用 q)作用下,分别确定出 N_p 在各个截面上偏心距的极限值。以等截面简支梁为例,计算 N_p 偏心距的极限值,为计算方便起见,可采用全截面特性计算。

在预加应力阶段,保证梁上缘混凝土不出现拉应力的条件是:

$$\sigma_s = \frac{N_p^{\mathrm{I}}}{A} - \frac{N_p^{\mathrm{I}} e_{y1}}{W_s} + \frac{M_{g1}}{W_s} \geqslant 0$$

由此可得:

$$e_{y1} \leqslant E_1 = K_x + \frac{M_{g1}}{N_p^{\mathrm{I}}} \tag{9-76}$$

式中：e_{y1}——预加力的合力偏心距。设在构件截面重心轴以下为正，反之为负；

K_x——混凝土截面下核心距，$K_x=\frac{W_s}{A}$；

M_{g1}——构件自重产生的弯矩；

A——构件混凝土面积；

W_s——构件混凝土对上边缘的截面抵抗矩；

N_p^{I}——传力锚固时的预加力。

同理，在使用荷载作用下，根据保证构件下缘混凝土不出现拉应力的条件，同样可以求得预加力的合力偏心距 e_{y2} 为：

$$e_{y2} \geqslant E_2 = \frac{M_{g1}+M_{g2}+M_q}{\alpha N_p^{\mathrm{I}}} - K_s \tag{9-77}$$

式中：K_s——混凝土截面上核心距，$K_s=\frac{W_x}{A}$；

W_x——构件混凝土对下边缘的截面抵抗矩；

M_{g2}——构件后加作用产生的弯矩；

M_q——汽车等可变作用产生的弯矩；

α——使用阶段的永存预加力 N_p^{II} 与传力锚固时的有效预加力 N_p^{I} 的比值，近似取 $\alpha=0.8$；

其他符号意义同前。

由式(9-76)、式(9-77)可以给出两条 e_y 的限制线 E_1 和 E_2（图 9-12）。由此可见，只要 N_p 作用点的位置落在 E_1 及 E_2 所围成的区域内，就能保证构件在施工和使用阶段，构件上、下缘混凝土均不会出现拉应力。因此，把由 E_1 和 E_2 两条曲线所围成的布置钢束时的钢束重心界限，称为束界（或索界）。曲线 E_1 和 E_2 分别称为束界的下限和上限。E_1、E_2 间的区域就是构件截面预应力钢束重心配置范围。所以钢束重心位置 e_y 应满足的条件是：

$$\frac{M_{g1}+M_{g2}+M_q}{\alpha N_p^{\mathrm{I}}} - K_s \leqslant e_y \leqslant K_x + \frac{M_{g1}}{N_p^{\mathrm{I}}} \tag{9-78}$$

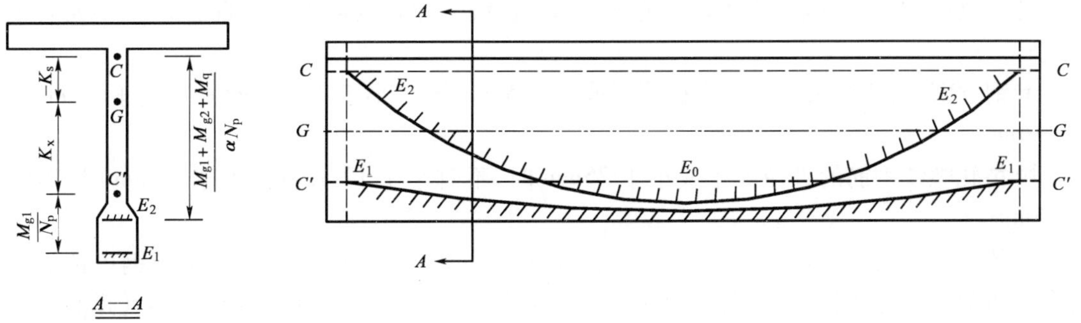

图 9-12

对部分预应力混凝土构件，可根据构件上、下缘混凝土的拉应力限值，用类似的方法确定其束界。

2）预应力钢束的布置原则

(1)钢束的布置应使其重心线不超出束界范围。因此,一般大部分钢束趋向于支点时须逐步弯起。这样能保证构件在持久状况和短暂状况的截面混凝土上、下缘应力不超过相应的应力限值;且钢束弯起将会产生预剪力,可抵消支点附近较大的外荷载剪力;也利于锚具的布置,并改善梁端局部受压状态。

(2)钢束的弯起角度,不仅应保证正截面抗弯承载力的要求,而且应满足斜截面抗剪及抗弯承载力要求。

(3)钢束的布置应符合构造要求。

3)预应力钢筋的构造要求

(1)先张法构件预应力钢筋的构造要求:

①钢筋类型　在先张法构件中,为保证钢筋和混凝土之间有可靠的粘结力,宜采用钢绞线、螺旋肋钢丝或刻痕钢丝。当采用光面钢丝作预应力钢筋时,应采取适当措施,保证钢丝在混凝土中可靠的锚固。

②钢筋净距与保护层　预应力钢筋的净距与保护层应符合下列规定:

a. 预应力粗钢筋的净距不应小于其公称直径,且不小于 30mm。

b. 预应力钢丝的净距不宜小于 15mm,冷拔低碳钢丝排列有困难时,可两根并列。

c. 预应力钢丝束之间或锚具之间的净距,不应小于钢丝束直径,且不小于 60mm。

d. 预应力钢丝束与埋入式锚具之间的净距不应小于 20mm。

e. 预应力钢丝束或埋入式锚具与构件表面之间的保护层厚度,不应小于 25mm。

f. 预应力钢绞线之间的净距不应小于其直径的 1.5 倍,且对二股、三股钢绞线不应小于 20mm,对七股钢绞线不应小于 25 mm。

(2)后张法构件预应力钢筋构造要求:

①弯起预应力钢束的弯起角、形状及曲率半径　钢束弯起的角度应与构件所承受的剪力变化规律相配合,理论上可按 $N_{pb}\sin\alpha = (V_{g1} + V_{g2} + V_q/2)$ 的条件来控制钢束的弯起角 α;另外,从减小曲线钢束张拉时摩阻应力损失考虑,弯起角 α 不宜大于 20°,对于弯出梁顶锚固的钢束,α 则往往超过 20°,这时,α 在 25° ~ 30°间选用。

弯起钢束的形式可采用圆弧线、抛物线和悬链线三种。钢束弯起的曲率半径,应符合下列规定:

a. 钢丝束、钢绞线束的钢丝直径等于或小于 5mm,不宜小于 4m;钢丝直径大于 5mm,不宜小于 6m。

b. 精轧螺纹钢筋的直径等于或小于 25mm 时,不宜小于 12m;直径大于 25mm 时,不宜小于 15m。

②预应力钢筋管道布置要求　对于后张法构件,预应力钢束的水平净距及钢束预留孔道的水平净距,应保证混凝土中最大骨料在浇筑时能顺利通过,同时也要保证预留孔道间不致串孔(金属预埋波纹管除外)和锚具布置的要求等。钢束之间的竖向间距,可按设计要求确定。但应符合下列构造要求:

a. 直线管道的净距不应小于 40mm,且不宜小于管道直径的 0.6 倍;对于预埋的金属或塑料波纹管和铁皮管,在竖直方向可将两管叠置。

b. 曲线形预应力钢筋管道在曲线平面内的相邻管道间的最小净距按有关公式计算(参见

《桥规》)。

c. 管道内径的截面面积不应小于两倍预应力钢筋截面面积。

d. 按计算需要设置预拱度时,预留管道应随构件同时起拱。

4)非预应力钢筋的布置

预应力混凝土受弯构件,除了预应力筋外,还需要配置各种形式的非预应力钢筋。

(1)箍筋

箍筋和混凝土共同承担一部分剪力,因此,箍筋的数量按抗剪要求确定。在构件剪力较小的区段,按计算确定的箍筋数量往往较少,但为了防止受剪时发生脆性破坏,《桥规》规定按下列要求配置构造箍筋:

预应力混凝土 T 形、I 形截面梁和箱形截面梁腹板内应分别设置直径不小于 10mm 和 12mm 的箍筋,且应采用带肋钢筋,间距不应大于 250mm;自支座中心起长度不小于一倍梁高范围内,应采用闭合式箍筋,间距不应大于 100mm。

在 T 形、I 形截面梁下部的马蹄内,应另设直径不小于 8mm 的闭合式加强箍筋,其间距不应大于 200mm。此外,马蹄内尚应设直径不小于 12mm 的定位钢筋。

(2)辅助钢筋

①水平纵向钢筋。为了抵抗混凝土收缩和温度变化引起的应力,应在腹板内设置水平纵向钢筋,宜用小直径钢筋沿腹板两侧紧贴箍筋布置。

②架立钢筋。用于固定箍筋位置,一般采用 $d=12\sim22$mm 的光圆钢筋。

③定位钢筋。用于固定预留孔道制孔器位置,通常做成网格式。

(3)局部加强钢筋

在局部受力较大的部位应设置加强钢筋。在先张法预应力混凝土构件中,对于单根预应力钢筋,其端部应设置长度不小于 150mm 的螺旋筋;对于多根预应力钢筋,在构件端部 10 倍预应力钢筋直径范围内,应设置 3~5 片钢筋网。对后张法预应力混凝土受弯构件的端部锚固区,在锚具下面应设置厚度不小于 16mm 的垫板或采用具有喇叭管的锚具垫板。锚垫板下应设间接钢筋,其体积配筋率不小于 0.5%。

5)锚具的防护

对于埋入梁体内的锚具,在预应力完成后,应及时地用环氧砂浆封闭锚具,并在锚具周围设置构造钢筋与梁体连接,然后浇筑混凝土封锚。封锚混凝土强度等级不应低于构件本身混凝土强度等级的 80%,且不低于 C30。

对于外露的锚具,应采取可靠的防锈措施,如涂刷油漆。

二、预应力混凝土空心板计算示例

【例 9-1】 某先张法施工的预应力混凝土空心板,截面形式和尺寸如图 9-13 所示,混凝土为 C40,预应力钢筋采用精轧螺纹钢筋,5JL25,面积 $A_p=24.5\text{cm}^2$,$a_p=4$cm,张拉控制应力 $\sigma_{con}=700$MPa。板在 50m 台座上生产,预应力钢筋一端固定,一端张拉,采用一次张拉程序,并用螺丝端杆锚具锚固于台座,蒸气养护。预应力钢筋与台座温差 $\Delta t=20$℃。预应力钢筋待混凝土强度达到设计强度 80% 后放松,已知 $f'_{ck}=21.4$MPa,$f'_{tk}=1.9$MPa,加载龄期为 10d,板的使用环境为野外一般地区,相对湿度为 75%,板的内力计算标准值见表 9-7。

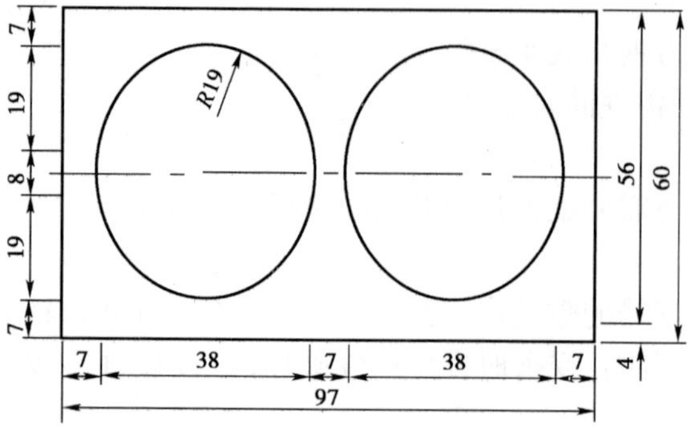

图 9-13　空心板截面形式(尺寸单位:cm)

板 的 内 力　　　表 9-7

内力 \ 荷载类别	板自重	后期作用	汽车荷载
$M_{L/2}$(kN·m)	147.7	130.9	171.8
V(kN)	46.9	40.2	100.2

要求:(1)验算板在预加应力和使用荷载作用阶段的应力;

(2)验算板在破坏阶段的承载力。

解:1. 材料的力学性能

C40 级混凝土:$f_{cd}=18.4$MPa,$f_{ck}=26.8$MPa,$f_{td}=1.65$MPa,$f_{tk}=2.4$MPa,$E_c=3.25\times10^4$MPa;

精轧螺纹钢筋,5JL25:$f_{pd}=650$MPa,$f_{pk}=785$MPa,$E_p=2.0\times10^5$MPa,$A_p=24.5\ \text{cm}^2$;

箍筋拟用 $\phi10$ 钢筋,三肢,其 $f_{sv}=195$MPa,$E_s=2.1\times10^5$MPa;

预应力钢筋与混凝土的弹性模量比值:

$$\alpha_{EP}=\frac{E_p}{E_c}=\frac{2.0\times10^5}{3.25\times10^4}=6.15$$

2. 板的换算截面几何特征值

1)换算截面面积

板的净截面面积:

$$A_c=97\times60-2\times\left(2\times\frac{1}{2}\pi\times19^2+38\times8\right)=2943.8\text{cm}^2$$

板的换算截面面积:

$$A_0=A_c+(\alpha_{EP}-1)A_p=2943.8+(6.15-1)\times24.5\approx3070\text{cm}^2$$

2)换算截面重心位置

$$c_0=\frac{A_c\times0+(\alpha_{EP}-1)A_p\left(\dfrac{h}{2}-a_p\right)}{A_0}=\frac{0+(6.15-1)\times24.5\times\left(\dfrac{60}{2}-4\right)}{3070}\approx1.1\text{cm}$$

换算截面重心至板下边缘的距离:

$$y_{0x}=\frac{h}{2}-c_0=\frac{60}{2}-1.1=28.9\text{cm}$$

换算截面重心至板上边缘的距离:

$$y_{0s}=h-y_{0x}=60-28.9=31.1\text{cm}$$

预应力钢筋重心至换算截面重心的距离:

$$e_{p0}=y_{0x}-a_p=28.9-4=24.9\text{cm}$$

3)换算截面惯性矩

净截面对其重心轴的惯性矩:

$$I=\frac{1}{12}\times97\times60^3-4\times\left[0.108\times19^4+\frac{1}{2}\pi\times19^2\times(0.4244\times19+4)^2\right]-2\times\frac{1}{12}\times38\times8^3$$
$$=1356362.4\text{cm}^4$$

换算截面对其重心轴的惯性矩：

$$I_0=I+A_c c_0^2+(\alpha_{EP}-1)A_p e_{p0}^2=1356362.4+2943.8\times1.1^2+(6.15-1)\times24.5\times24.9^2$$
$$=1438154.2\text{cm}^4$$

4）换算截面重心轴以上（或以下）部分对其重心轴的静矩

$$S_0=97\times\frac{31.1^2}{2}-2\times\frac{1}{2}\pi\times19^2\times(0.4244\times19+5.1)-2\times38\times\frac{5.1^2}{2}=30992.2\text{cm}^3$$

3. 张拉控制应力和预应力损失的计算

1）张拉控制应力

预应力钢筋为精轧螺纹钢筋，张拉控制应力取：

$$\sigma_{con}=700\text{MPa}<0.9\times f_{pk}=0.9\times785=706.5\text{MPa}$$

符合《桥规》的要求。

2）预应力损失 σ_l

（1）锚具变形等引起的预应力损失 σ_{l2}

预应力钢筋利用张拉台座长线张拉，钢筋长为50m，预应力钢筋锚固采用螺丝端杆锚具，其变形值 $\Delta l=1\text{mm}$，则

$$\sigma_{l2}=\frac{\Sigma\Delta l}{l}\cdot E_p=\frac{1}{50000}\times2\times10^5=4\text{MPa}$$

（2）蒸气养护温差引起的预应力损失 σ_{l3}

预应力钢筋与张拉台座间的温差 $t_2-t_1=20℃$

$$\sigma_{l3}=2(t_2-t_1)=2\times20=40\text{MPa}$$

（3）钢筋松弛引起的预应力损失 σ_{l5}

预应力钢筋采用一次张拉施工程序，$\sigma_{con}=700\text{MPa}$

$$\sigma_{l5}=0.05\sigma_{con}=0.05\times700=35\text{MPa}$$

（4）混凝土收缩和徐变引起的预应力损失 σ_{l6}

受荷时混凝土龄期为10d，板的净截面面积 $A_c=2943.8\text{cm}^2$，与大气接触的周长为：

$$u=2\times(97+60)+4\pi\times19+4\times8=584.8\text{cm}$$

构件理论厚度：$2A_c/u=2\times2943.8/584.8\approx10.1\text{cm}$

查表9-3得 $\varphi(t,t_0)=2.2$，$\varepsilon_{cs}(t,t_0)=0.27\times10^{-3}$

则混凝土收缩和徐变引起的预应力损失：

$$\sigma_{l6}(t)=\frac{0.9[E_p\varepsilon_{cs}(t,t_0)+\alpha_{EP}\sigma_{pc}\varphi(t,t_0)]}{1+15\rho\rho_{ps}}$$
$$=\frac{0.9(2.0\times10^5\times0.27\times10^{-3}+6.15\times12.92\times2.2)}{1+15\times0.0080\times2.32}$$
$$=161.08\text{MPa}$$

其中：$i^2=I_0/A_0=1438154.2/3070\approx468.45\text{cm}^2$

$$e_{Ps}=e_{P0}=24.9\text{cm},\rho_{ps}=1+\frac{e_{ps}^2}{i^2}=1+\frac{24.9^2}{468.45}=2.32$$

$$\rho=\frac{A_p+A_s}{A_0}=\frac{24.5+0}{3070}\approx 0.008$$

$$\sigma_{pc}=\frac{N_{p0}}{A_0}+\frac{N_{p0}e_{p0}}{I_0}y_{0x}=\left(\frac{1564.3}{3070}+\frac{1564.3\times 24.9}{1438154.2}\times 28.9\right)\times 10\approx 12.92\text{MPa}$$

$$N_{p0}=\sigma_{p0}A_p=(\sigma_{con}-\sigma_{l2}-\sigma_{l3}-0.5\sigma_{l5})A_p=(700-4-40-0.5\times 35)\times 24.5/10\approx 1564.3\text{kN}$$

将上述各项预应力损失组合汇总：

对于预应力钢筋而言，第一批预应力损失为：

$$\sigma_{lI}=\sigma_{l2}+\sigma_{l3}+0.5\sigma_{l5}=4+40+0.5\times 35=61.5\text{MPa}$$

第二批预应力损失为：

$$\sigma_{lII}=0.5\sigma_{l5}+\sigma_{l6}=0.5\times 35+161.08=178.58\text{MPa}$$

两批预应力损失总和为：

$$\sigma_l=\sigma_{lI}+\sigma_{lII}=61.5+178.58=240.08\text{MPa}$$

4. 预加应力和使用荷载作用阶段的应力计算

1）预加应力阶段的应力计算

（1）预加力产生的应力

$$\sigma_{pc}=\frac{N_{p0}}{A_0}+\frac{N_{p0}e_{p0}}{I_0}y_{0x}=\left(\frac{1564.3}{3070}+\frac{1564.3\times 24.9}{1438154.2}\times 28.9\right)\times 10\approx 12.92\text{MPa}$$

$$\sigma_{pt}=\frac{N_{p0}}{A_0}-\frac{N_{p0}e_{p0}}{I_0}y_{0s}=\left(\frac{1564.3}{3070}-\frac{1564.3\times 24.9}{1438154.2}\times 31.1\right)\times 10\approx -3.33\text{MPa}$$

其中：$N_{p0}=\sigma_{p0}A_p=(\sigma_{con}-\sigma_l)A_p=(700-61.5)\times 24.5/10=1564.3\text{kN}$

（2）作用（或荷载）产生的应力

$$\sigma_{kc}=\frac{M_k}{I_0}y_{0s}=\frac{147.7}{1438154.2}\times 31.1\times 1000=3.19\text{MPa}$$

$$\sigma_{kt}=-\frac{M_k}{I_0}y_{0x}=-\frac{147.7}{1438154.2}\times 28.9\times 1000=-2.97\text{MPa}$$

其中：$M_k=M_{g1}=147.7\text{kN}\cdot\text{m}$

构件截面混凝土上边缘总应力：$\sigma_{ct}^t=\sigma_{kc}+\sigma_{pt}=3.19-3.33=-0.14\text{MPa}$

（产生的拉应力值小于 $0.70f'_{tk}=0.7\times 1.9=1.33\text{MPa}$，在预拉区可配置配筋率不小于0.2%的纵向钢筋）

构件截面混凝土下边缘总应力：$\sigma_{cc}^t=\sigma_{pc}+\sigma_{kt}=12.92-2.97=9.95\text{MPa}\leqslant 0.70f'_{ck}=0.7\times 21.4\approx 15.0\text{MPa}$

2）使用荷载作用阶段（持久状况）应力计算

（1）正截面应力计算

①预加力产生的应力：

$$\sigma_{pc}=\frac{N_{p0}}{A_0}+\frac{N_{p0}e_{p0}}{I_0}y_{0x}=\left(\frac{1126.8}{3070}+\frac{1126.8\times 24.9}{1438154.2}\times 28.9\right)\times 10\approx 9.31\text{MPa}$$

$$\sigma_{pt}=\frac{N_{p0}}{A_0}-\frac{N_{p0}e_{p0}}{I_0}y_{0s}=\left(\frac{1126.8}{3070}-\frac{1126.8\times24.9}{1438154.2}\times31.1\right)\times10\approx-2.40\text{MPa}$$

其中：$N_{p0}=\sigma_{p0}A_p=(\sigma_{con}-\sigma_l)A_p=(700-240.08)\times24.5/10=1126.8\text{kN}$

预应力钢筋的有效预应力：

$$\sigma_{pe}=\sigma_{con}-\sigma_l=700-240.08=459.92\text{MPa}$$

②作用（或荷载）产生的应力：

$$\sigma_{kc}=\frac{M_k}{I_0}y_{0s}=\frac{450.4}{1438154.2}\times31.1\times1000\approx9.74\text{MPa}$$

$$\sigma_{kt}=-\frac{M_k}{I_0}y_{0x}=-\frac{450.4}{1438154.2}\times28.9\times1000\approx-9.05\text{MPa}$$

其中：$M_k=M_{g1}+M_{g2}+M_q=147.7+130.9+171.8=450.4\text{kN}\cdot\text{m}$

预应力钢筋的应力：

$$\sigma_p=\alpha_{EP}\sigma_{kt}=6.15\times9.05\approx55.66\text{MPa}$$

构件截面混凝土上边缘总应力：

$$\sigma_{kc}+\sigma_{pt}=9.74-2.40=7.34\text{MPa}\leqslant0.5f_{ck}=0.5\times26.8=13.4\text{MPa}$$

构件截面混凝土下边缘总应力：$\sigma_{pc}+\sigma_{kt}=9.31-9.05=0.26\text{MPa}$

预应力钢筋总应力：

$$\sigma_{pe}+\sigma_p=459.92+55.66=515.58\text{MPa}\leqslant0.80f_{pk}=0.8\times785=628\text{MPa}$$

（2）斜截面主应力计算

板截面中性轴处宽度 $b=7+7+7=21\text{cm}$

板支点截面中性轴处剪应力：

$$\tau=\frac{V_kS_0}{bI_0}=\frac{(46.9+40.2+100.2)\times30992.2\times10}{21\times1438154.2}\approx1.92\text{MPa}$$

板支点截面中性轴处正应力：

$$\sigma_{cx}=\sigma_{pc}=\frac{1126.8}{3070}\times10=3.67\text{MPa},\sigma_{cy}=0$$

主拉应力：

$$\sigma_{tp}=\frac{\sigma_{cx}}{2}-\sqrt{\left(\frac{\sigma_{cx}}{2}\right)^2+\tau^2}=\frac{3.67}{2}-\sqrt{\left(\frac{3.67}{2}\right)^2+1.92^2}=-0.82\text{MPa}$$

（数值$\leqslant0.5f_{tk}=0.5\times2.4=1.2\text{MPa}$，箍筋可仅按构造要求设置）

主压应力：

$$\sigma_{cp}=\frac{\sigma_{cx}}{2}+\sqrt{\left(\frac{\sigma_{cx}}{2}\right)^2+\tau^2}=\frac{3.67}{2}+\sqrt{\left(\frac{3.67}{2}\right)^2+1.92^2}$$

$$=4.49\text{MPa}\leqslant0.6f_{ck}=0.6\times26.8=16.08\text{MPa}$$

从上面各项应力计算表明，此空心板在使用荷载作用阶段的钢筋及混凝土的应力均满足《桥规》的要求。

5. 构件承载力计算

1）正截面承载力计算

根据空心板净截面面积（$A_c=2943.8\text{cm}^2$）和惯性矩（$I=1356362.4\text{cm}^4$）不变的原则，把空

心板截面变换成工字形梁截面。

设工字形梁腹板宽度为 b，上、下翼缘厚度为 $h_f=(h_f')$，则截面面积：

$$A_c=97\times60-(97-b)(60-2h_f')=2943.8\text{cm}^2$$

惯性矩：

$$I=\frac{1}{12}\times97\times60^3-\frac{1}{12}\times(97-b)(60-2h_f)^3=1356362.4\text{cm}^4$$

以上两式联立求解得：

$$b=25.66\text{cm}$$

$$h_f=h_f'=9.84\text{cm}$$

因 $f_{pd}A_p=650\times24.5/10=1592.5\text{kN}$

$$f_{cd}b_f'h_f'=18.4\times97\times9.84/10=1756.2\text{kN}$$

$f_{pd}A_p<f_{cd}b_f'h_f'$ 属于第一种 T 形截面。

故该截面可按宽度为 $b_f'=97\text{cm}$、高度为 $h=60\text{cm}$ 的单筋矩形截面计算。

由 $f_{pd}A_p=f_{cd}bx$，得：

$$x=\frac{f_{pd}A_p}{f_{cd}b}=\frac{650\times24.5}{18.4\times97}\approx8.92\text{cm}$$

则空心板结构抗力效应设计值（弯矩）：

$$\gamma_0M_d\leqslant M_{ud}=f_{cd}bx\left(h_0-\frac{x}{2}\right)=18.4\times97\times8.92\left(56-\frac{8.92}{2}\right)\times10^{-3}\approx820.5\text{kN}\cdot\text{m}$$

其中 $h_0=60-4=56\text{cm}$

空心板承受的荷载效应不利组合设计值（弯矩）：

$$\begin{aligned}\gamma_0M_d&=0.9[1.2(M_{g1}+M_{g2})+1.4M_q]\\&=0.9[1.2\times(147.7+130.9)+1.4\times171.8]=517.4\text{kN}\cdot\text{m}<M_{ud}=820.5\text{kN}\cdot\text{m}\end{aligned}$$

2）斜截面承载力计算

因剪应力最大值发生在空心板的中性轴上，为安全起见，在进行斜截面强度计算时仍取 $b=21\text{cm}$。

空心板支点截面所承受的荷载效应不利组合设计值（剪力）：

$$\begin{aligned}\gamma_0V_d&=0.9[1.2(V_{g1}+V_{g2})+1.4V_q]\\&=0.9[1.2\times(46.9+40.2)+1.4\times100.2]=220.3\text{kN}\end{aligned}$$

$\gamma_0V_d\leqslant0.51\times10^{-3}\sqrt{f_{cu,k}}bh_0=0.51\times10^{-3}\sqrt{40}\times210\times560=379.3\text{kN}$

这表明空心板的截面尺寸满足要求。

$\gamma_0V_d>0.50\times10^{-3}\alpha_2f_{td}bh_0=0.50\times10^{-3}\times1.25\times1.65\times210\times560\times1.25=151.6\text{kN}$

这表明还需进行斜截面承载力计算，并设计剪力钢筋。

箍筋拟用 $\phi10$ 钢筋（$f_{sv}=195\text{MPa}$），三肢，箍筋总截面面积 $A_{sv}=3\times78.54=235.62\text{mm}^2$，间距 $s_v=200\text{mm}$，$V_{cs}=\alpha_1\ \alpha_2\ \alpha_3\ 0.45\times10^{-3}bh_0\sqrt{(2+0.6P)\sqrt{f_{cu,k}}\rho_{sv}f_{sv}}$

$$\begin{aligned}&=1\times1.25\times1.1\times0.45\times10^{-3}\times210\times560\sqrt{(2+0.6\times2.08)\sqrt{40}\times0.0056\times195}\\&\approx344.6\text{kN}>\gamma_0V_d\end{aligned}$$

其中：$\rho = A_p / bh_0 = 24.5/(21 \times 56) = 0.0208$，$P = 100\rho = 2.08$

$\rho_{sv} = A_{sv} / s_v b = 235.62/(200 \times 210) = 0.0056$

这说明不需要再设置弯起钢筋。

从以上强度计算可以看出，空心板的正截面抗弯承载力和斜截面抗剪承载力符合设计要求。

本章小结

（1）预应力混凝土受弯构件各阶段的受力特点及其破坏特征。

（2）预应力损失的估算、有效预应力的概念。

（3）构件的截面应力、承载能力计算方法。

（4）端部锚固区计算、变形计算及预拱度设置、预应力筋设计。

复习思考题

1. 常用的预应力构件截面形式有哪些？它们各自都有哪些特点？

2. 简述纵向预应力钢筋常采用的布置形式、特点及其适用情况。

3. 什么是预应力损失？有哪几类？试对各种损失进行组合。

4. 什么是张拉控制应力？什么是永存应力？

5. 受拉区和受压区都配置了预应力钢筋和非预应力钢筋的预应力混凝土受弯构件，在正截面计算中钢筋和混凝土应力有何特点？

6. 什么叫束界（索界）？束界（索界）是如何确定的？布置预应力钢束要考虑哪些问题？

7. 如何估算预应力钢筋数量？

第十章

其他预应力混凝土结构简介

教学要求

1. 阐述部分预应力混凝土结构的受力性能和结构特点；
2. 描述无粘结预应力混凝土构件的受力性能与构造要求；
3. 介绍双预应力混凝土的双作用原理及预压应力方法。

前面介绍的实际上是全预应力混凝土结构，即预应度 $\gamma=1$。除此之外，预应力混凝土结构还有许多别的类型，如介于全预应力混凝土和普通钢筋混凝土结构之间的部分预应力混凝土结构、预应力钢筋与混凝土之间无粘结的无粘结预应力混凝土结构、在受压区布置预压钢筋的双预应力混凝土结构等。

• 第一节　部分预应力混凝土结构 •

所谓部分预应力混凝土结构，是指处于以全预应力混凝土和普通钢筋混凝土为两个极端的中间领域的预应力混凝土结构。这种结构按正常使用极限状态法设计时，在荷载短期组合作用下，其截面受拉边缘出现拉应力或出现裂缝。部分预应力混凝土结构一般采用预应力钢筋和非预应力钢筋混合配筋，因而兼有全预应力混凝土与普通钢筋混凝土两者的结构性能，既能很好地控制使用条件下的裂缝、挠度与反拱，破坏前又具有较高的延性，因此是一种很有发展前途的预应力混凝土结构。

一、部分预应力混凝土结构的受力特性

部分预应力混凝土结构的预应力度介于全预应力混凝土和普通钢筋混凝土之间，其受力特性也介于二者之间。

图 10-1 中①、②、③折线分别表示具有相同承载能力 M_{ud} 的全预应力、部分预应力和普通钢筋混凝土梁的 M-f（弯矩-挠度）关系示意图。从图中可知，部分预应力混凝土梁受力特性与全预应力混凝土梁基本相似，在自重与有效预加力 N_p 作用下，它具有反拱 f_{p2}，但其值较全预应力的反拱 f_{p1} 小；当荷载增大达到 B 点时，梁的挠度为零，但此时受拉区边缘的混凝土应力不为零。当荷载继续增大达到 C 点时，荷载产生的梁底混凝土拉应力正好与梁底有效预压应力 σ_{pc} 相互抵消，即混凝土截面下缘应力为零，此时对应的荷载弯矩即为消压弯矩（M_0）。如继续加载至 D 点，混凝土边缘拉应力达到极限抗拉强度。随着外荷载增加，受拉区混凝土进入塑

性阶段，达到 D' 点时构件即将出现裂缝，此时对应的弯矩即为部分预应力混凝土构件的抗裂弯矩 M_{cr}，显然（$M_{cr}-M_0$）就相当于钢筋混凝土构件的抗裂弯矩 $M_{cr,r}$，即有 $M_{cr,r}=M_{cr}-M_0$，外荷载继续加大，裂缝展开，到达 E 点时受拉钢筋屈服。E 点以后的裂缝进一步扩展，至 F 点时构件达到极限承载能力而破坏。

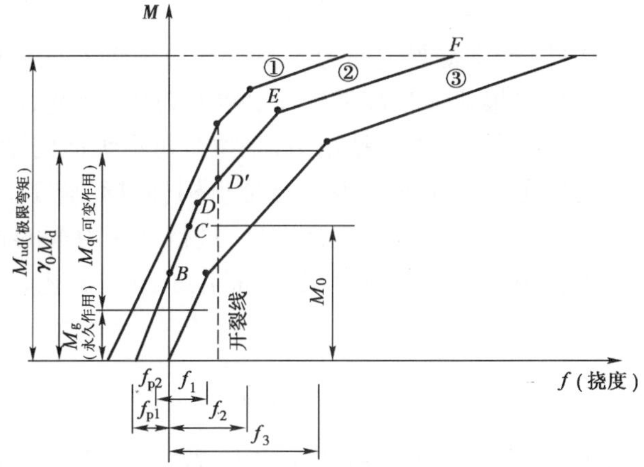

图 10-1　不同受力状态下的弯矩-挠度关系曲线

二、部分预应力混凝土结构的特点

部分预应力混凝土结构在公路桥梁中应用越来越广泛，这与它本身的特点是分不开的。其优点主要有：

1. 节约预应力钢筋和锚具

与全预应力混凝土结构比较，预应力钢筋用量可以减少。但为了保证结构的承载力，就必须补充适量的非预应力钢筋。当预应力钢筋与非预应力钢筋的单价比大于两者的强度比时，将会取得一定的经济效益。同时由于预应力钢筋减少，也使制孔、灌浆、锚固等工作量减少。总之，既节省了建设费用，又方便了施工。

2. 改善结构性能

（1）由于预加力的减少，使其相应的预应力反拱度减少，锚下混凝土局部应力降低，同时保证桥面行车平顺。

（2）构件未开裂之前刚度较大，而开裂之后刚度降低，但卸载后，刚度部分恢复，裂缝闭和能力强，故综合使用性能优于普通钢筋混凝土。

（3）部分预应力混凝土结构，由于配置了非预应力钢筋，从而提高了结构的延性和在反复荷载作用下结构的能量耗散能力，有利于结构的抗振。

值得说明的是，结构采用全预应力混凝土结构还是部分预应力混凝土结构，应根据结构的使用要求及工程实际来选择。对于需防止渗漏的压力容器、水下结构或处于高度腐蚀环境中的结构，以及承受高频反复荷载作用而预应力钢筋有疲劳危险的结构等，需要采用全预应力混凝土结构（如铁路桥）。而对于永久作用相对于可变作用要小的结构（如中、小跨径的桥梁），其主梁适宜采用部分预应力混凝土结构。总之，采用哪一类预应力混凝土结构，应根据经济、合理、安全、适用的原则，因地制宜地选用。

•第二节　无粘结预应力混凝土构件•

一、基 本 概 念

无粘结预应力混凝土构件，是指配置主筋为无粘结预应力钢筋的后张法预应力混凝土构件，而无粘结预应力钢筋，是指单根或多根高强钢丝、钢绞线或粗钢筋，沿其长度涂有专用防腐油脂涂料层和外包层，使之与周围混凝土无粘结力，张拉时可沿纵向滑动的预应力钢筋。

无粘结预应力混凝土构件可类似于普通钢筋混凝土构件进行施工，无粘结筋像普通钢筋一样敷设，然后浇筑混凝土，待混凝土达到一定强度后，进行预应力筋的张拉和锚固，省去了传统后张法预应力混凝土预埋管道、穿束、压浆等工序，简化了施工工艺，缩短工期，故有较好的经济性。

二、受 力 性 能

无粘结预应力混凝土梁一般分为纯无粘结预应力混凝土梁和无粘结部分预应力混凝土梁。前者指受力主筋全部采用无粘结预应力钢筋，后者指其受力主筋采用无粘结预应力钢筋与适量非预应力有粘结钢筋形成混合配筋的梁。

纯无粘结预应力混凝土梁，在受荷载作用开裂时，仅出现一条或几条裂缝，开裂后的梁就像一个带拉杆的坦拱，随着作用的少量增加，裂缝迅速扩展，宽度和高度急剧增加，最终受压区混凝土压碎而引起梁的破坏，其破坏具有明显的脆性特征。

与有粘结预应力混凝土梁相比，纯无粘结预应力混凝土梁的作用的跨中挠度曲线不具有三直线形式，其曲线不仅没有第三阶段，连第二阶段也没有明显的直线段（图 10-2）。在梁的最大弯矩截面上，无粘结预应力筋的应力增量，总是低于有粘结预应力筋的应力增量，而且随着作用（或荷载）的增大，这个差距越来越大。这是由于无粘结筋相对于混凝土能发生滑移，外力矩引起的任一应变将分布在无粘结筋的整个长度上。

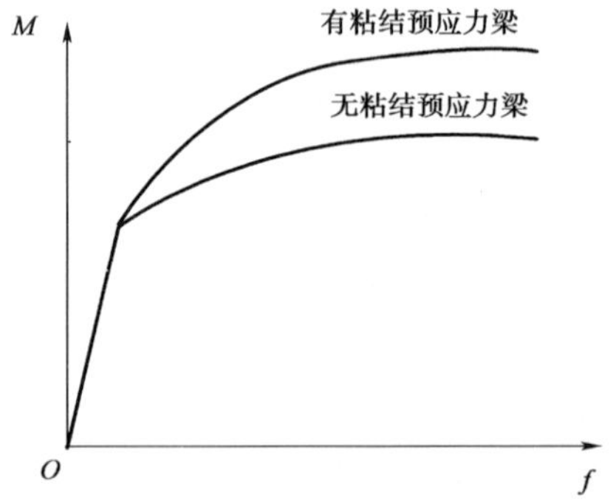

图 10-2　粘结力对预应力混凝土梁挠度影响示意图

混合配筋的无粘结预应力混凝土梁的裂缝，由于受到非预应力有粘结钢筋的约束，其裂缝数和间距与配有相同钢筋的普通钢筋混凝土梁非常接近。一般情况下，混合配筋的无粘结预应力混凝土梁，先是普通钢筋屈服，裂缝向上延伸，直到受压区混凝土达到极限压应变时，梁才呈弯曲破坏。

三、构 造 要 求

（1）为保证无粘结预应力混凝土梁的耐久性，应保证无粘结预应力筋不致锈蚀。因此，必须对预应力筋沿全长进行防腐处理。施工中对涂层应加以保护，并保证预应力筋与周围混凝土能相对滑动。

(2)采用混合配筋的受弯构件,应将非预应力筋布置在靠近截面受拉边缘且满足混凝土保护层厚度要求,预应力筋布置在非预应力筋上方。

(3)非预应力筋宜选用热轧 HRB335 级、HRB400 级钢筋,其最小数量应满足

$$f_{sd}A_s/(f_{sd}A_s+\sigma_{yu}y_p)>0.25(f_{sd}\text{取值不得大于 }400\text{MPa})$$

(4)预应力锚具必须按规定程序进行试验验收。锚具应采取长期可靠的防腐措施,防止水分或其他有害物质进入锚具的缝隙,张拉结束后及时封锚。

第三节　双预应力混凝土梁

双预应力混凝土梁是同时采用张拉预应力钢筋和预压预应力钢筋而在梁截面上建立预应力的预应力混凝土梁。它与普通预应力混凝土梁的不同点就在于:梁中专门设置了预压预应力钢筋,采用了双作用预应力技术(图 10-3)。

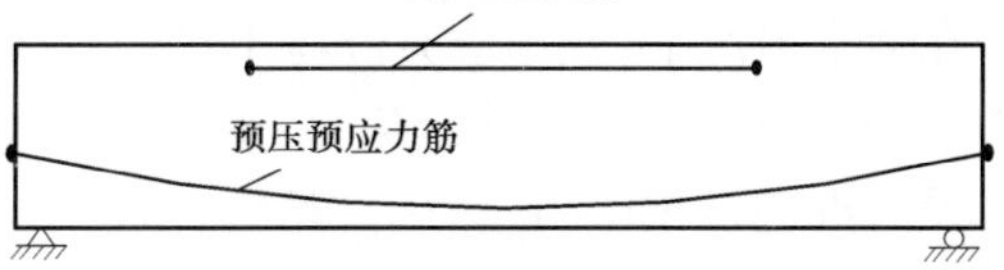

图 10-3　双预应力混凝土简支梁示意图

一、压、拉双作用预应力的原理

下面以一种特殊的状态——消压状态为例来说明双预应力的工作原理。

如图 10-4 所示为普通预应力混凝土简支梁,假定某一截面在预加力 N_p^1 和一、二期永久作用(g_1+g_2)、部分可变作用(q')的共同作用下刚好处于消压状态,即该混凝土截面下缘应力为零,上缘应力为 σ_1。由于 N_p^1 实际上是作用在该截面上的偏心压力,故无论怎样调整 N_p^1 的大小和作用位置,σ_1 恒不为零。如果在该简支梁中布置受压预应力筋(图 10-4b)),通过调整 N_p^2 的大小和作用位置,使 N_p^2 在截面下缘产生的应力为零,上缘产生的拉应力 $|\sigma_2|=|\sigma_1|$。这样,在 N_p^1、N_p^2、(g_1+g_2)、q' 共同作用下,该截面处于完全消压状态,即截面上无正应力,此时截面拉力仅用于抵抗(q-q')引起的弯矩,这就是双预应力的工作原理。

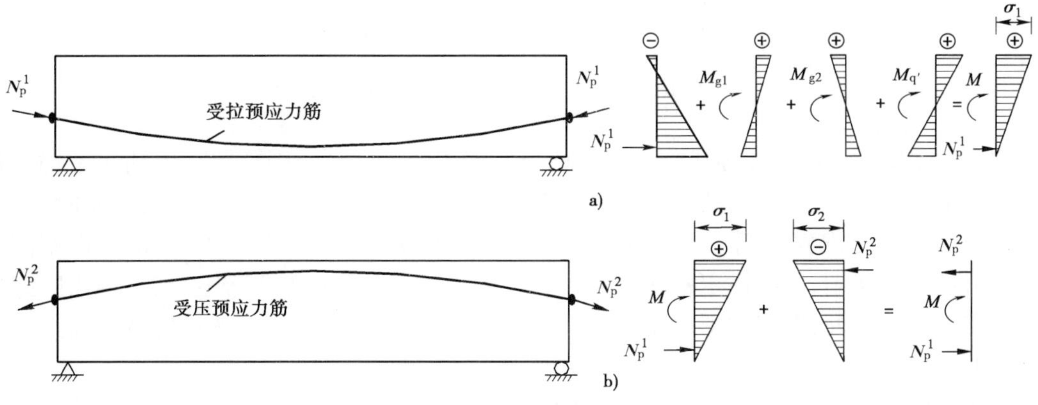

图 10-4　双预应力梁的应力

值得说明的是,双预应力技术并不是为了取得完全消压状态,而是通过双预应力技术,合理调整受拉、受压预应力钢筋的数量、预应力值以及偏心距后,可获得最佳的预加偏心弯矩,最大限度地发挥载面能力。从理论上讲,又预应力混凝土梁能达到抵消梁部分永久作用或全部永久作用产生的弯曲正应力。在永久作用下,梁截面可能处于无正应力状态,而梁截面的抗力仅用于抵抗弯矩,因而提高了梁的承载能力或减小梁的高度。

与普通预应力混凝土受弯构件相比,双预应力混凝土梁有自重轻、建筑高度小、跨越能力强、轻巧美观等优点;其缺点在于施工工艺复杂、设备特殊、技术上还不是很完善等。

二、预压应力方法

在通常情况下,双预应力混凝土梁的预应力体系,是在张拉预应力钢筋后,即进行预压预应力钢筋(称后压法)工作。但是,采用预制梁时,若考虑施工、运输、安装的安全,也可在预制梁架设后再进行预压预应力钢筋的工作。

预压预应力的后压法是在梁的预压预应力钢筋位置处预留孔道,待梁体混凝土达到设计强度后,将预应力钢筋穿入孔道,预压并用锚具锚于混凝土梁体上,最后对孔道进行压浆。根据预压应力钢筋的锚固位置,后压法预应力体系分为梁端部锚固和跨径内锚固两种方式。下面以跨径内锚固的方式为例介绍预压应力方法。

预压应力钢筋布置在梁受弯矩最大的区段内(图 10-3),常采用高强粗钢筋并锚固于跨径内的混凝土上。因此,在梁预制时必须预留设置千斤顶和锚固的缺口(图 10-5)。

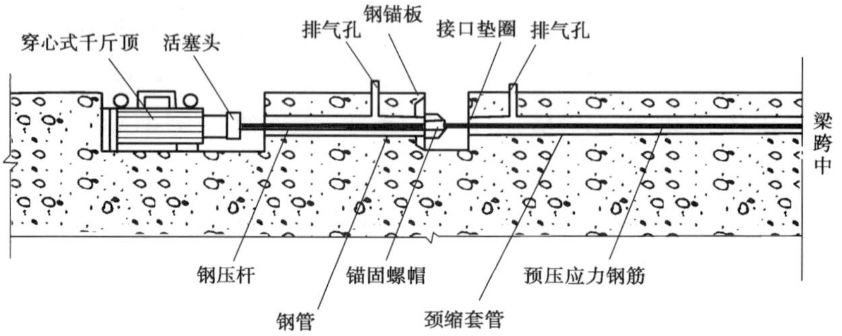

图 10-5　预压应力钢筋在梁跨间的锚固方式

当梁体混凝土达到设计强度后,将支承千斤顶用的压杆从锚固预留孔中插入带锚定板的异形钢管中,然后安装对中用的活塞头及千斤顶(穿心式千斤顶)。当千斤顶工作时,其反力由千斤顶后座承受,随着千斤顶压力的升高,高强粗钢筋向梁跨中方向压缩,锚固螺帽同时移动。这时可旋紧螺帽,回到锚定板前端位置。重复上述过程,达到设计压力后,将锚固螺帽夹紧并固定在锚定板处,即完成了预压作业。拆除千斤顶和压杆,管道内压浆,最后浇筑填补预留缺口的混凝土。

给预压应力钢筋施加的压力的反作用力通过螺帽、锚定板传给混凝土,故两锚定板之间的梁段作用有拉力和偏心弯矩,截面上边缘产生拉应力。

本章小结

（1）部分预应力混凝土结构的受力性能和结构特点。

（2）无粘结预应力混凝土构件的受力性能与构造要求及其双预应力混凝土的双作用原理及预压应力方法。

复习思考题

1. 什么是部分预应力混凝土？部分预应力混凝土有何结构特点？
2. 在部分预应力混凝土结构中非预应力钢筋有何作用？
3. 什么是无粘结预应力混凝土？无粘结预应力混凝土结构有哪些优点？
4. 无粘结预应力混凝土构件的受力性能有何特点？
5. 简述双预应力混凝土的双作用原理及预压应力方法。

第十一章

砖、石及混凝土结构的基本概念与材料

教学要求

1. 描述砖、石及混凝土结构的基本概念及特点；

2. 阐明砖、石及混凝土结构材料的特点及性能，砖、石及混凝土砌体的种类，砖、石及混凝土结构强度指标和弹性模量的取值。

●第一节　概　　述●

采用胶结材料（砂浆、小石子混凝土等）将砖、石等块材料连接成整体的结构物，称为砖、石结构。《公路圬工桥涵设计规范》（JTG D61—2005）中对由预制或整体浇筑的素混凝土、片石混凝土构成的结构物，称为混凝土结构。以上两种结构通常称为圬工结构。由于圬工材料（石料、混凝土、砖等）的力学特点是抗压强度大，而抗拉、抗剪性能较差，因此，圬工结构在工程中常用作以承压为主的结构构件，如拱桥的拱圈、桥梁的重力式墩台、扩大基础及重力式挡土墙等。

圬工结构常以砌体出现。砌体是由不同尺寸和形状的砖、石及混凝土砌块通过砂浆等胶凝材料按一定的砌筑规则砌成，并满足构件设计尺寸和形状要求的受力整体。砌体中所使用的一定规格（尺寸、形状和标号等）的砖石及混凝土块称为块材。通过胶结材料把各单独的块材连接成整体，共同承受外力的方式称为浆砌；不用胶结材料，仅以块材叠砌而成承受外力的方式称为干砌。

砖、石及混凝土结构在桥涵工程和其他建筑工程中得到广泛的应用是因其具有以下的优点：

①原材料分布广，易于就地取材，价格低廉；

②耐久性、耐腐蚀、耐污染等性能比较好，材料性能比较稳定，维修养护工作量小；

③与钢筋混凝土结构相比，可节约水泥、钢材和木材；

④施工不需要特殊的设备，施工简便，并可以连续施工；

⑤具有较强的抗冲击性能和超载性能。

但砖、石及混凝土结构也存在一些缺点，限制了其应用范围，例如：

①因砌体的强度较低，故构件截面尺寸大，造成自重大；

②砌体工作繁重，操作主要依靠手工方式，机械化程度低，施工周期长；

③砌体是靠砂浆粘合作用将块材形成整体，砂浆和块材间的粘结力相对较弱，抗拉、抗弯、抗剪强度低，抗震能力差。

第二节 砖、石及混凝土结构的材料

一、砖

砖石结构所用的砖主要有普通粘土砖、灰砂砖、矿渣砖及硅酸盐砖等。粘土砖是将粘土成型后经高温焙烧而成;灰砂砖是由砂与石灰加压成型后经蒸压处理而成;硅酸盐砖是利用工业废料,加入石膏、石灰和水搅拌加压成型并用蒸气养护而成。

目前桥涵工程中常用的砖是粘土实心砖,其标准尺寸为40cm×11.5cm×5.3cm。砖的主要力学指标是强度,普通粘土砖根据抗压强度和抗折强度分为30、25、20、15、10、7.5、5.0号,强度等级的单位为MPa。

桥涵工程中所用砖应当形状方正、尺寸准确、边角整齐、规格和质量符合有关标准,最低标号不得低于7.5号。粘土砖尺寸较小,强度较石料和混凝土块低,砌筑时砖缝数量多,同一标号砂浆砌筑的砖砌体抗压强度也较其他砌体低,且烧制需取土占地、污染环境,已逐步被淘汰。

二、石　料

常用天然石料主要有花岗岩、石灰岩等,工程上依据石料的开采方法、形状、尺寸和表面粗糙程度的不同,分为下列几种:

(1)片石:是由爆破开采直接取用的不规则石块,一般形状不受限制(但卵形和厚度小于15cm的薄片不得使用)。

(2)块石:一般系按岩石层理放炮或楔劈而成的石料,形状大致方正,上下面大致平整,厚度20~30cm,宽度约为厚度的1倍,长度约为厚度的1~1.5倍。块石除用作镶面外,一般不经修凿加工,但应敲去锋利锐角。

(3)粗料石:是由岩层或大块石料开劈并经粗略修凿而成,其外形方正,成六面体,厚度20~30cm,宽度为厚度的1~1.5倍,长度为厚度的2.5~4倍,表面凹陷深度不大于2cm。

(4)细料石:它是经细凿加工的符合规定形状的石料。尺寸要求同粗料石,其表面凹凸差在5mm以内,且每一面凹陷部分面积应不超过该面接角面积的50%。

桥涵中所用的石料的标号有30、40、50、60、80、100号六种,石料标号为20cm×20cm×20cm含水饱和试件的极限抗压强度(MPa)。用较小试件时,应乘以规定的折减系数。不同标号石料极限强度值见表11-1。

石料极限强度　　表11-1

强度类别 \ 石料标号	30	40	50	60	80	100
抗压 R_a^j	21.6	28.8	36.0	43.2	57.6	72.0
弯曲抗拉 R_{wl}^j	1.8	2.4	3.0	3.6	4.8	6.0

石料宜就地取材,选择质地均匀、不易风化,无裂纹的石料。

三、混　凝　土

混凝土预制块是指根据使用及施工要求预先设计成一定形状及尺寸后浇制而成的素混凝土块。其尺寸要求不低于粗料石，表面平整，形状、尺寸统一，整齐美观；尺寸较粘土砖大，可提前预制，使其收缩尽早消失，避免构件开裂；采用混凝土预制块，可节省石料的开采加工工作；对于形状复杂的材料，难以用石料加工时，更显混凝土预制块的优越性。

桥涵工程中的墩身、台身及基础等大体积混凝土结构，常采用片石混凝土，它是在混凝土中分层加入含量不超过混凝土体积25%的片石，片石标号不低于表11-2规定的最低标号，且不低于混凝土标号。此时，其各项极限强度和弹性模量才可与同标号的混凝土相同。

砖、石和混凝土材料及其砌筑砂浆的最低标号　　表11-2

结构物种类	材料最低标号	砌筑砂浆最小强度等级
拱圈	30号料号 C20混凝土（现浇） C25混凝土（预制） 7.5号砖（小桥）	M7.5（大、中桥） M5（小桥）
大、中桥台墩及基础，梁式轻型桥台	25号料石 C15混凝土 10号砖	M5
小桥涵墩台及基础，挡土墙	25号料石 C15混凝土 7.5号砖	M2.5

注：①在缺乏水泥的地区，小桥涵及挡土墙可用M1.5石灰水泥砂浆、M1石灰砂浆砌筑或干砌。拱腹内护拱可用C5混凝土或20号石料砌筑。沉井内填料可用C10号混凝土；

②石料标号为20cm×20cm×20cm含水饱和试件的极限抗压强度，单位为MPa；用较小试件时，应乘以换算系数。砂浆强度等级为7.07cm×7.07cm×7.07cm试件28d龄期的极限抗压强度，单位为MPa。混凝土强度等级为20cm×20cm×20cm试件28d龄期的极限抗压强度，单位为MPa。

小石子混凝土是由胶凝材料（水泥）、粗集料（细卵石或碎石，粒径不大于2cm）、细集料（砂）和水拌制而成。小石子混凝土砌筑的片石、块石砌体，抗压极限强度比相同强度等级砂浆砌筑的片石、块石砌体抗压极限强度高10%～30%，可以节约水泥和砂，在一定条件下是一种水泥砂浆的代用品。

四、砂　　浆

砂浆是由胶结料（水泥，石灰和粘土等）、粒料（砂）及水拌制而成。砂浆在砌体中的作用是将砌体内的块材连接成整体，并可抹平块材表面而促使应力分布较为均匀。此外，砂浆填满块材间的缝隙，也提高了砌体的保温性和抗冻性。

砂浆按其胶结料的不同分为：水泥砂浆、混合砂浆（如水泥石灰砂浆、水泥粘土砂浆等）和非水泥砂浆。由于混合砂浆和非水泥砂浆的强度较低，使用性能较差，故桥涵工程中大多采用水泥砂浆。但在缺乏水泥地区，可依结构物的部位以及重要性程度有选择性的使用石灰水泥砂浆。

砂浆的物理力学性能指标是指砂浆的强度、和易性和保水性。

砂浆的强度用强度等级表示。是指边长为7.07cm×7.07cm×7.07cm的砂浆立方体试块经 28d 龄期的养护，按统一的标准实验方法测得的极限抗压强度表示，单位为 MPa。

砂浆的和易性，系指砂浆在自身与外力的作用下的流动性性能，实际上反映了砂浆的可塑性。和易性用锥体沉入砂浆中的深度测定，锥体的沉入程度根据砂浆的用途加以规定。和易性好的砂浆不但操作方便，能提高劳动生产率，而且可以使砂浆缝饱满、均匀、密实、使砌体具有良好的质量。对于多孔及干燥的砖石，需要和易性较好的砂浆；对于潮湿及密实的砖石，和易性要求较低。

砂浆的保水性系指砂浆在运输和砌筑过程中保持其水分的能力，它直接影响砌体的砌筑质量。在砌筑时，块材将吸收一部分水分，当吸收的水分在一定范围内时，对于砌缝中的砂浆强度和密度是有良好的影响的。如果砂浆的保水性很差，新铺在块材面上的砂浆水分很快散失或被块材吸收，使砂浆难以抹平，从而降低砌体的质量。对吸水性较大的干燥块材，必须洒水湿润其表面。砂浆的保水性用分层度表示。测定砂浆的和易性后，将砂浆静置 30min 后再测其沉入度，前后两次沉入度之差即为砂浆的分层度，一般为 1 ~ 2cm。

当提高水泥砂浆的强度时，其抗渗性有所提高，但和易性及保水性却有所下降。砂浆中掺入塑化剂后，可以提高砂浆的和易性和保水性。塑性掺和料的数量，要视砂浆的强度、水泥的强度等级以及砂子的粒度而定。当砂浆所需强度较小而水泥强度等级较高时，所用可塑性掺和料可多些。但必须注意，如使用过多，会增加灰缝中砂浆的横向变形，导致砌体强度的降低。

五、砌　　体

根据所用块材的不同，将砌体分以下几类：

1. 片石砌体

片石应分层砌筑，砌筑时敲击其尖锐凸出部分，并交错排列，互相咬接，竖缝应相互错开，不得贯通；片石应放置平稳，避免过大空隙，并用小石子填塞空隙（不得支垫）；砂浆用量不宜超过砌体体积的 40%，砌缝宽度应不大于 4cm。

2. 块石砌体

块石应平整，每层料石高度应大致一致，并错缝砌筑。砌缝不宜过宽，否则影响砌体总体强度。一般水平缝不大于 3cm，竖缝不大于 4cm。

3. 粗料石砌体

砌筑前应按石料厚度与砌缝宽度预先计算层数，选好面料。砌筑时面料应安放端正，保证砌缝平直。为保证强度要求和外表整齐、美观，砌缝宽度不大于 2cm，并应错缝砌筑，错缝距离不小于 10cm。

4. 混凝土预制块砌体

砌筑要求同粗料石砌体，但砌缝宽度不大于 1cm。

5. 标准砖砌体

砌筑时应上下错缝，内外搭砌，砌缝宽度不大于 1cm。

上述砌体中，除片石砌体外，其余四种砌体统称为规则块石砌体。砌筑时，应遵循砌体的砌筑规则，以保证砌体的整体性和受力性能，使砌体的受力尽可能均匀、合理。如果砖、石或混凝土预制块排列分布不合理，使各层块材的竖向灰缝重合于几条垂直线上，就会将砌体分割成彼此无联系的几个部分，削弱甚至破坏了结构物的整体工作性能。为使砌体构成一个受力整体，砌体中的竖向灰缝应上下错缝，内外搭砌。例如砖砌体的砌筑多采用一顺一丁、梅花丁和三顺一丁砌法(图 11-1)。

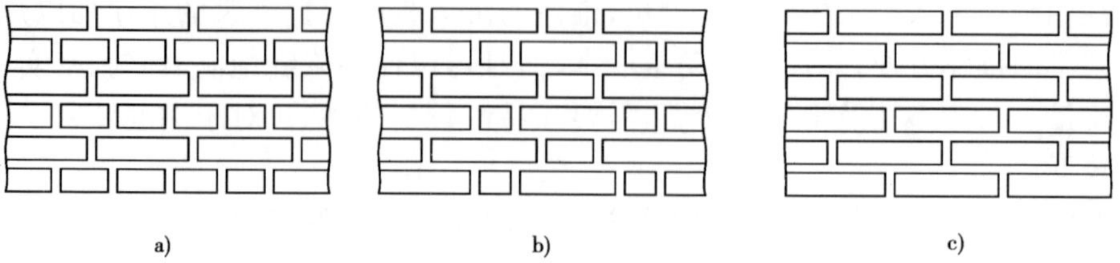

图 11-1 砖砌体的砌筑方法

a)一顺一丁；b)梅花丁；c)三顺一丁

在桥涵工程中，砌体种类的选用应根据结构构件的大小、重要程度、工作环境、施工条件、耐久性和经济的要求及材料供应等情况综合考虑。《公路圬工桥涵设计规范》(JTG D61—2005)规定了各种结构物所用的砖、石、混凝土材料及其砂浆的最低标号，如表 11-2 所示。

砌体中的砂浆强度应与块材强度相匹配，标号高的块材宜配用强度等级高的砂浆，标号低的块材则使用强度等级低的砂浆，位于盐碱地区的墩台及挡土墙，不宜采用砖砌体。对于月平均气温低于 -10℃ 的地区，所用的砖石及混凝土材料，除气候干旱地区的不受冰冻外，均应符合表 11-3 的规定。

砖石及混凝土材料抗冻性指标 表 11-3

结构物部位	大、中桥	小桥及涵洞
镶面或表层砖石及混凝土	50	25

注：①抗冻性指标，系指材料在含水饱和状态下经过-15℃的冻结与融化的循环次数，试验后的材料应无明显损伤(裂缝、脱层)，其强度不低于试验前的 0.75 倍；

②根据以往经验证明材料确有足够抗冻性能者，可不作抗冻试验。

第三节 砌体的强度与变形

一、砌体的抗压强度

1. 砌体中实际应力状态

砌体是由单块块材用砂浆粘结而成，它的抗压性能与匀质的整体结构构件有很大的差异。通过对中心受压砌体的试验可知，砌体在受压破坏时，总是单块块材先开裂，这是由于砌缝厚度和密实性的不均匀性以及块材与砂浆交互作用等原因，致使块材受力复杂，抗压强度不能充分发挥，导致砌体的抗压强度低于块材的抗压强度。在砌体中的单块块材产生复杂应力状态的原因是：

(1)砂浆层的非均匀性。由于砂浆铺砌不均匀，有厚有薄，使块材不能均匀的压在砂浆层上，而且由于砂浆层各部分成分不均匀，砂子多的地方收缩小，从而凝固后砂浆表面出现凹凸不平，再加上块材表面不平整，因而实际上块材和砂浆并非全面接触。所以，块材在砌体受压时实际上处于受弯、受剪与局部受压的复杂应力状态图(11-2a)。

(2)块材和砂浆的横向变形差异。如图11-2b)所示,块材和砂浆砌合后的横向尺寸为b_0。假使块材和砂浆受压后各自能自行变形,则块材的横向变形小(由$b_0 \to b_1$),砂浆的横向变形大(由$b_0 \to b_2$),而$b_2 > b_1$。但实际上块材和砂浆间的粘结力和摩擦力约束了它们彼此的自由横向变形,砌体受压后的横向尺寸只能由b_0变至$b(b_0 > b > b_1)$。这时,块材的尺寸由b_1增加至b,必然会受到一个横向拉力,砂浆的尺寸由b_2压缩到b,必须会受到一个横向压力。

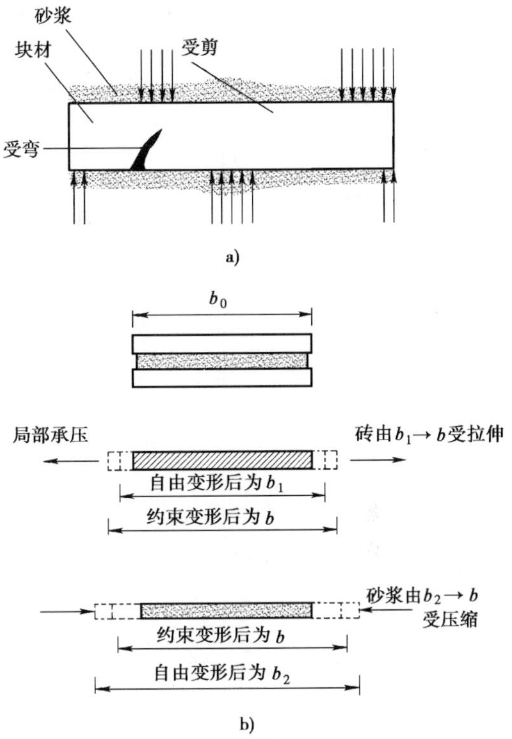

图 11-2　砌体中的应力状态

综上所述,在均匀压力作用下,砌体内的砌块并不处于均匀受压状态,而是处于压缩,局部受压、弯曲、剪切和横向拉伸的复杂受力状态。由于块材的抗弯、抗拉强度很低,所以砌体远在小于块材的极限抗压强度时就出现了裂缝,裂缝的扩展损害了砌体的整体工作,以至在荷载作用下发生侧向凹凸而破坏。所以说砌体的抗压强度总是低于块材的抗压强度。

2. 影响砌体抗压强度的主要因素

1)块材的强度、尺寸和形状的影响

块材自身的强度越高,尺寸越大,形状越规则,砌体的强度越高。

2)砂浆的物理力学性能

砂浆的强度越高,砌体的强度也越高,但应注意单纯提高砂浆标号并不能使砌体抗压强度有很大提高。

砂浆的和易性和保水性对砌体强度亦有影响。和易性好的砂浆较易铺砌成饱满、均匀、密实的灰缝,可以减小块材内的复杂应力,使砌体强度提高。和易性越好,砂浆内水分过多,但由于砌缝的密实性降低,砌体强度反而降低。因此,作为砂浆和易性指标的标准圆锥沉入度,对片石、块石砌体,控制在5~7cm;对粗料面及砖砌体,控制7~10cm。

3)砌筑质量的影响

砌筑质量的标志之一是灰缝的质量,包括灰缝的均匀性和饱满程度。砂浆铺砌得均匀、饱满,可以改善块材在砌体内的受力性能,使之比较均匀地受压,提高砌体抗压强度;反之则将降低砌体强度。

另外,灰缝厚薄对砌体抗压强度的影响也不能忽视。灰缝过厚、过薄都难以均匀密实;灰缝过厚还将增加砌体的横向变形。

3. 砌体抗压极限强度

《公路圬工桥涵设计规范》(JTG D61—2005)对砖石及混凝土预制块砌体抗压极限强度的规定见表11-4。

砖、石及混凝土预制块砌体极限强度(MPa)　　表 11-4

砌体种类	砖、石或混凝土预制块标号	砂浆标号				
		12.5	10	7.5	5	2.5
片石砌体:厚度不小于15cm的石料,砌筑时敲去其尖锐凸出部分,放置平稳,用小石块填塞空隙	100	7.2	6.6	5.8	4.9	3.7
	80	6.4	5.8	5.1	4.3	3.3
	60	5.5	4.9	4.4	3.7	2.7
	50	5.0	4.5	3.9	3.3	2.5
	40	4.4	4.0	3.5	2.9	2.2
	30	3.8	3.4	3.0	2.5	1.8
	25	3.4	3.1	2.7	2.2	1.6
块石砌体:厚度 20 ~ 30cm 的石料,形状大致方正,宽度约为厚度的 1 ~ 1.5 倍,长度约为厚度的 1.5 ~ 3 倍,每层石料高度大致一致,并错缝砌筑	100	14.8	13.8	12.6	11.5	10.1
	80	12.3	11.3	10.5	9.5	8.3
	60	9.8	9.0	8.3	7.3	6.5
	50	8.5	7.8	7.0	6.3	5.5
	40	7.3	6.5	6.0	5.3	4.5
	30	5.8	5.3	4.8	4.3	3.5
	25	5.0	4.5	4.0	3.7	3.0
粗料石砌体:厚度 20 ~ 30cm 的石料,宽度约为厚度的 1 ~ 1.5 倍,长度约为厚度的 2.5 ~ 4 倍,表面凹陷深度不大于 2cm 外形方正的六面体,错缝砌筑,缝宽不大于 2cm	100	17.3	16.3	15.8	15.0	13.8
	80	14.5	13.8	13.5	12.3	11.3
	60	11.5	11.0	10.3	9.8	8.8
	50	10.0	9.5	9.0	8.3	7.5
	40	8.3	8.0	7.5	7.0	6.3
	30	6.8	6.3	6.0	5.5	4.8
	25	5.8	5.6	5.3	4.8	4.3
混凝土预制块砌体:同粗料石砌体,但砌体表面平整,砌缝宽度不大于 1cm	30	9.5	9.0	8.5	7.8	7.0
	25	8.5	8.0	7.5	7.0	6.0
	20	7.3	6.8	6.3	5.8	5.0
	15	5.8	5.5	5.0	4.7	4.0
	10	4.5	4.0	3.8	3.3	2.8
标准砖砌体:砌缝宽度不大于 1m	20	5.3	5.0	4.5	4.0	3.5
	15	4.5	4.3	3.8	3.5	3.0
	10	3.8	3.5	3.0	2.8	2.3
	7.5	3.3	3.0	2.8	2.5	2.0

注:①砌体龄期为 28d;

②块石、粗料石或混凝土预制块厚度为 30 ~ 40cm 者,抗压极限强度乘以 1.25;大于 40cm 者乘以 1.45;拱波砌体强度不提高;干砌片、块石砌体的极限强度为 M2.5 砂浆砌体的 0.5 倍;

③对于具有两个大致的平行面的片石(大面片石)砌筑的砌体,其抗压极限强度按片石砌体的 1.5 倍采用。

二、砌体的抗拉、抗弯与抗剪强度

圬工砌体多用于承受压力为主的承压结构中。但在实际工程中,砌体也常常处于受拉、受弯或受剪状态。图 11-3a)挡土墙,在墙后土的侧压力作用下,使挡土墙砌体发生沿通缝截面 1-1 的弯曲受拉；图 11-3b）所示有扶壁的挡土墙，在垂直截面中将发生沿齿缝截面 2-2 的弯曲受拉；图 11-3c）所示的拱脚附近，由于水平推力的作用，将发生沿通缝截面 3-3 的受剪。

在大多数情况下，砌体的受拉、受弯及受剪破坏一般均发生在砂浆与块材的粘结面上，此时，砌体的抗拉，抗弯与抗剪强度将取决于砌缝的宽度，亦取决于砌缝中砂浆与块材的粘结强度。根据砌体受力方向的不同，粘结强度分为作用力垂直于砌缝时的法向粘结力产生的法向粘结强度和作用力平行于砌缝时的切向粘结力产生的切向粘结强度，粘结强度值与砂浆的标号有关。

按照外力作用于砌体的方向，砌体的轴心受拉、弯曲受拉和受剪情况简述如下。

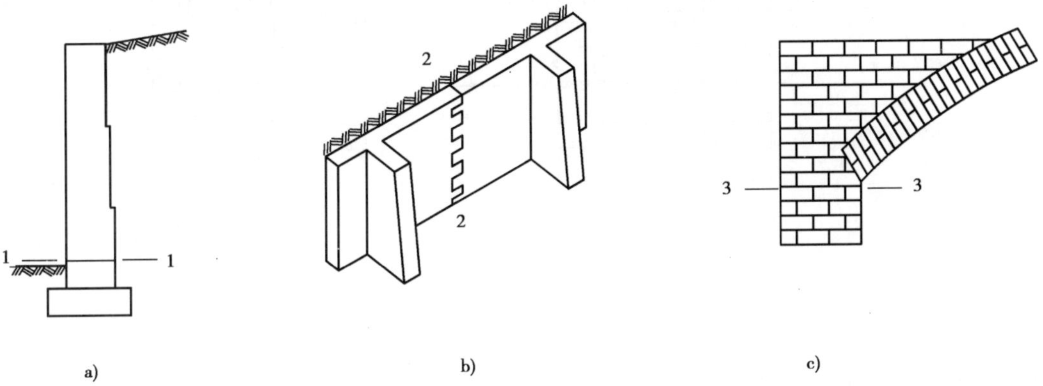

图 10-3　砌体中常见的几种受力情况

1. 轴心受拉

在平行于水平灰缝的轴心拉力作用下，砌体可能沿齿缝截面发生破坏，如图 11-4a），其强度主要取决于灰缝的法向及切向粘结强度。当拉力作用方向与水平灰缝垂直时，砌体可能沿截面发生破坏，如图 11-4b），其强度主要取决于灰缝的法向粘结强度。由于法向粘结强度不易保证，工程中一般不容许采用利用法向粘结强度的轴心受拉构件。

图 11-4　轴心受拉砌体的破坏形式

2. 弯曲受拉

如图 11-3a）所示，砌体可能沿 1-1 通缝截面发生破坏，其强度主要取决于灰缝的法向粘结强度。

如图 11-3b 所示，砌体可能沿 2-2 齿缝截面发生破坏，其强度主要取决于灰缝的切向粘结强度。

3. 受剪

砌体可能发生如图 11-5a)所示的通缝截面受剪破坏,其强度主要取决于灰缝的粘结强度。

砌体在发生如图 11-5b)所示的齿缝截面破坏时,其抗剪强度与块料的抗剪强度以及砂浆的切向粘结强度有关,随砌体种类而不同。片石砌体齿缝抗剪强度采用通缝抗剪强度的两倍(见表 11-5)。规则块材砌体的齿缝抗剪强度,决定于块料的直接抗剪强度,不计灰缝的抗剪强度(见表 11-6)。

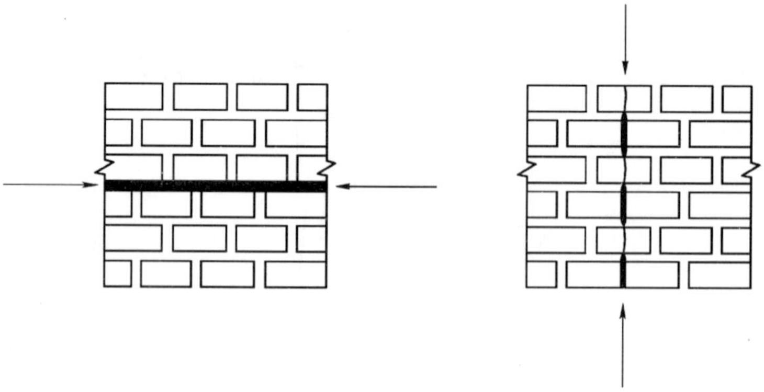

a) b)

图 11-5 剪切破坏位置

试验资料表明,砌体齿缝破坏情况下的抗剪,抗拉及弯曲抗拉强度比通缝破坏时要高,因此,采用错缝砌筑的措施,其目的就是要尽可能避免砌体受拉、受剪时处于不利的通缝破坏情况,从而提高砌体的抗剪和抗拉能力。

《桥规》规定的砖、石及混凝土预制块砌体的直接抗剪 R_j^j、抗拉 R_l^j 及弯曲抗拉 R_{wl}^j 极限强度,片石混凝土砌体的极限强度、规则块材直接抗剪的极限强度以及小石子混凝土砌片石、块石砌体的极限强度和片石混凝土砌体的极限强度分别见表 11-5、11-6、11-7、11-8。

片石及混凝土预制块砌体的极限强度(MPa) 表 11-5

强度类别	截面	砌体种类	砂浆强度等级				
			M12.5	M10	M7.5	M5	M2.5
剪直接抗 R_j^j	通缝	各种砌体	0.36	0.33	0.27	0.24	0.15
	齿缝	片石砌体	0.72	0.66	0.54	0.48	0.30
		规则块材砌体	见注③				
抗拉 R_l^j	齿缝	片石砌体	0.33	0.33	0.27	0.24	0.18
		规则块材砌体	0.48	0.45	0.39	0.36	0.27
弯曲抗拉 R_{wl}^j	通缝	各种砌体	0.54	0.48	0.42	0.33	0.24
	齿缝	片石砌体	0.63	0.60	0.54	0.45	0.36
		规则块材砌体	0.90	0.84	0.75	0.66	0.51

注:①砌体龄期为 28d;

②规则块材砌体包括块石砌体、粗料石砌体、混凝土预制块砌体、砖砌体;

③规则块材砌体在齿缝方向受剪时,系通过块材和灰缝剪破,此时,不计灰缝抗剪作用,由块材抗剪强度承受,计算时不计入灰缝面积。块材直接抗剪极限强度按表 11-6 采用。

规则块材直接抗剪的极限强度(MPa)　　表 11-6

块材标号	≥20	15	10	7.5
直接抗剪 R_j^j	2.64	2.16	1.68	1.44

小石子混凝土砌片石、块石砌体的极限强度(MPa)　　表 11-7

强度类别	砌体种类	石料标号	小石子混凝土强度等级			
			C25	C15	C10	C5
抗压 R_a^j	片石砌体	100	14.4	12.3	10.2	7.5
		80	12.9	11.1	9.3	6.6
		60	8.1	7.5	6.3	4.2
		50	7.2	6.3	5.4	3.9
		40	6.3	5.7	4.8	3.6
		30	5.4	4.8	4.2	3.3
		25	5.1	3.9	3.9	3
	块石砌体	100	20.5	18.5	15.3	11
		80	16.8	14.8	12.3	9
		60	12.3	10.8	9	6.5
		50	10.5	9.3	7.8	5.8
		40	9.3	8.5	7.3	5
		30	7.8	7.3	6.3	4.8
		25	7.3	6.5	5.8	4.5
直接抗剪 R_j^j	片、块石砌体通缝		0.42	0.36	0.3	0.21
	片石砌体齿缝		0.72	0.6	0.48	0.42
弯曲抗拉(齿缝)R_{wl}^j			0.72	0.72	0.72	0.48

注:①砌体龄期为 28d;

②小石子粒径不宜大于 2cm;

③强度等级低的小石子混凝土在配制时应加适量的塑化剂或石灰,以增加和易性和保水性;

④通缝弯曲抗拉极限强度按表 11-4 内相应砂浆标号采用。对于强度等级大于 C10 号的小石子混凝土,按 M12.5 砂浆采用。规则块材砌体齿缝直接抗剪极限强度见表 11-5。

片石混凝土砌体的极限强度(MPa)　　表 11-8

强度类别	混凝土强度等级		
	C10	C15	C20
抗压 R_a^j	7.2	8.4	9.6
直接抗剪 R_j^j	0.60	0.66	0.72
弯曲抗拉 R_{wl}^j	0.54	0.60	0.66

注:①片石混凝土砌体是在混凝土中分层铺入片石,片石含量为砌体体积的 50% ~60%,石块净距为 4 ~6cm;

②如用振捣器振捣时,极限强度可乘以 1.15;

③片石标号不得低于 30 号。

三、砌体的变形

1. 圬工砌体的温度变形

圬工砌体的温度变形在计算超静定结构温度变化所引起的附加内力时应予考虑。温度变形的大小是随砌筑块材与砂浆的不同而不同。设计中，把温度每升高1℃，单位长度砌体的线性伸长称为该砌体的温度膨胀系数，又称线膨胀系数。用水泥砂浆砌筑的圬工砌体的膨胀系数为：

混凝土	1.0×10^{-5}
各种砌体	0.8×10^{-5}
砖砌体	0.7×10^{-5}
混凝土预制块砌体	0.9×10^{-5}

2. 圬工砌体的弹性模量

实验表明，圬工砌体为弹塑性体。圬工砌体在受压时，应力与应变之间的关系不符合虎克定律，砌体的变形模量 $E=\mathrm{d}\sigma/\mathrm{d}\varepsilon$ 是一个变量。工程上为简化计算，设计中砌体弹性模量常用一平均弹性模量值来表示，即用与实用中的砌体受压应力为 $(0.3\sim0.4)R_{\mathrm{a}}$ 相对应的割线弹性模量值 E_{a}，作为圬工砌体的弹性模量 E，其值见表11-9。

混凝土、砖、石及混凝土预制块砌体的弹性模量 E(MPa) 表11-9

<table>
<tr><td rowspan="2">混凝土</td><td>混凝土强度等级</td><td>10</td><td>15</td><td>20</td><td>25</td><td>30</td></tr>
<tr><td>混凝土受压弹性模量</td><td>1.85×10^4</td><td>2.30×10^4</td><td>2.60×10^4</td><td>2.85×10^4</td><td>3.0×10^4</td></tr>
<tr><td rowspan="2">砖、石及混凝土预制块砌体</td><td>砂浆强度等级</td><td>≥5</td><td colspan="3">2.5</td><td>1</td></tr>
<tr><td>砖、石及混凝土预制块砌体受压弹性模量</td><td>$800R_{\mathrm{a}}^{\mathrm{j}}$</td><td colspan="3">$700R_{\mathrm{a}}^{\mathrm{j}}$</td><td>$600R_{\mathrm{a}}^{\mathrm{j}}$</td></tr>
<tr><td>小石子混凝土</td><td>小石子混凝土砌片、块石砌体受压弹性模量</td><td colspan="5">$500R_{\mathrm{a}}^{\mathrm{j}}$</td></tr>
</table>

本章小结

(1)圬工结构的基本概念及特点。

(2)圬工砌体的种类及圬工结构强度指标(抗压强度、抗拉强度、抗弯强度、抗剪强度)和弹性模量的取值。

复习思考题

1. 桥涵结构中所用的石料应满足哪些要求？常用的石料有哪几种？

2. 砌筑砂浆的主要功能有哪些？桥涵工程对砌筑砂浆有哪些要求？常用的砌筑砂浆有哪几种？各适用于什么场合？

3. 常见的圬工砌体有哪几种？各自的特征如何？

4. 砌体的抗压强度为什么低于构成砌体的块材的抗压强度？

5. 影响砌体抗压强度的主要因素有哪些？

6. 试描述砌体通缝和齿缝的受力特征。

第十二章

砖、石及混凝土构件的承载力计算

教学要求

1. 阐明圬工结构的设计原则；
2. 进行圬工结构（主要为受压构件）正截面承载力的计算。

● 第一节　砖、石及混凝土结构的设计原则 ●

在《公路圬工桥涵设计规范》（JTG D61—2005）中，砖、石及混凝土的结构计算，系采用分项安全系数的极限状态设计方法。设计中根据结构的使用要求和工作特征，按承载能力极限状态，把影响安全的因素用结构的重要性系数、荷载安全系数、荷载组合系数及材料安全系数分开表示，并在材料强度与部分荷载取值上采用数理统计方法。但其他安全系数仍是根据经验判断来确定，故该设计法属于半概率半经验极限状态设计法。由于砖、石及混凝土结构本身的特点，其正常使用极限状态的要求一般是由构造措施加以保证，不必要进行计算。

砖、石及混凝土结构的设计原则是：荷载效应不利于组合的设计值小于或等于结构抗力效应的设计值，表示为：

$$S_{\mathrm{d}}(\gamma_{\mathrm{so}}\psi\Sigma\gamma_{\mathrm{sl}}Q)\leqslant R_{\mathrm{d}}\left((\frac{R^{\mathrm{j}}}{\gamma_{\mathrm{m}}},a_{\mathrm{k}})\right) \tag{12-1}$$

式中：S_{d}——荷载效应函数；

Q——荷载在结构上产生的效应；

γ_{so}——结构的重要性系数，当计算跨径 $L<50\mathrm{m}$ 时，$\gamma_{\mathrm{so}}=1.0$；当 $50\mathrm{m}\leqslant L\leqslant 100\mathrm{m}$ 时，$\gamma_{\mathrm{so}}=1.03$；当 $L>100\mathrm{m}$ 时，$\gamma_{\mathrm{so}}=1.05$；这个系数主要是考虑结构自重随跨径增大而增加，而自重荷载安全系数只有 1.2，活载安全系数为 1.4，为了使不同跨径的安全系数大致接近，利用 γ_{so} 来调整；

γ_{sl}——荷载安全系数，对于结构自重，当其产生的效应与汽车（或挂车或履带车）产生的效应同号时，$\gamma_{\mathrm{sl}}=1.2$；异号时，则 $\gamma_{\mathrm{sl}}=0.9$；对于其他荷载 $\gamma_{\mathrm{sl}}=1.4$；

ψ——荷载组合系数，反映了不同荷载组合时对结构承载力安全度的要求；

R_{d}——结构抗力效应函数；

R^{j}——材料或砌体的极限强度，见表 11-4 ~ 表 11-8；

γ_{m}——材料或砌体安全系数，按表 12-1 采用；

a_k——结构的几何尺寸。

材料或砌体安全系数 γ_m　　表 12-1

砌体种类	受力情况	
	压力	受弯、受拉和受剪
石料	1.85	2.31
片石砌体 片石混凝土砌体	2.31	2.31
块石砌体 粗料石砌体 混凝土预制块砌体 砖砌体	1.92	2.31
混凝土	1.54	2.31

●第二节　轴心受压构件正截面承载力计算●

砖石及混凝土受轴心受压构件正截面承载能力按下式计算：

$$N_j \leqslant AR_a^j/\gamma_m \tag{12-2}$$

式中：N_j——按式(12-1)等号左边计算的纵向力；

A——构件的截面面积，对于由强度不同的材料组成的组合截面，则为换算截面积，其值按强度比换算，即 $A = A_0 + \eta_1 A_1 + \eta_2 A_2 + \cdots$，$A_0$ 为标准层截面积，A_1、A_2…为其他层截面积，$\eta_1 = \dfrac{R_{a1}^j}{R_{a0}^j}$、$\eta_2 = \dfrac{R_{a2}^j}{R_{a0}^j}$、…，$R_{a0}^j$ 为标准层截面强度，R_{a1}^j、R_{a2}^j 为其他层截面强度；

R_a^j——材料的抗压极限强度，对于组合截面为标准层的极限强度；

γ_m——材料安全系数，按表 12-1 采用，对于组合截面，$\gamma_m = \dfrac{\gamma_{m1}A_1 + \gamma_{m2}A_2 + L}{A_1 + A_2 + L}$，$\gamma_{mi}$为底 i 层材料的安全系数，A_i 为第 i 层截面面积。

对于轴心受压组合截面，由于塑性变形的影响，只有当各层材料均达到极限强度时，才达到它的极限承载能力。因此组合截面必须保证有足够的整体性，各部分材料的强度应尽量接近，相互间粘结要牢固可靠，使用砂浆作胶结材料其强度等级不宜低于 M10。此外，当需计算组合截面的惯性矩 I、回转半径 r、截面在弯曲平面内的回转半径时，应按强度换算的截面进行计算。

式(12-2)实际上是轴心受压短柱的强度计算式，对于轴心受压长柱往往由于侧向变形增大而产生纵向弯曲破坏。由于构件实际轴线的偏位、材料的不均匀性、荷载作用力的实际作用点偏离截面的物理几何重心轴等原因，在长细比较大的受压构件中，会在截面内产生相当大的附加内力（由附加偏心距引起），使构件承载力大大降低。此外，在砌体中，水平砂浆缝削弱了砌体的整体性，故纵向弯曲现象较钢筋混凝土构件更为明显，因此，必须进行稳定性验算。稳定性验算可按下式计算：

$$N_d \leqslant \varphi A R_a^j / \gamma_m \tag{12-3}$$

式中：φ——受压构件的纵向弯曲系数，根据构件的长细比按表 12-2 采用；其中构件的计算长度按表 12-3 采用。

砌体中心受压构件纵向弯曲系数 φ 表 12-2

$\frac{l_0}{h_w}$或$\frac{l_0}{h}$	$\frac{l_0}{r}$或$\frac{l_0}{r_w}$	混凝土构件	砌体砂浆强度等级		
			≥5	2.5	1
≤3	≤10	1.0	1.0	0.0	1.0
4	14	0.99	0.99	0.99	0.98
6	21	0.96	0.96	0.96	0.93
8	28	0.93	0.91	0.91	0.86
10	35	0.88	0.85	0.85	0.78
12	42	0.82	0.79	0.79	0.70
14	49	0.76	0.72	0.72	0.62
16	56	0.71	0.66	0.66	0.55
18	63	0.65	0.65	0.60	0.48
20	70	0.60	0.60	0.54	0.42
22	76	0.54	0.54	0.49	0.37
24	83	0.50	0.50	0.44	0.33
26	90	0.46	0.46	0.40	0.30
28	97	0.42	0.42	0.36	0.20
30	104	0.38	0.38	0.33	0.14

注：h——轴心受压构件矩形截面短边边长；
r——轴心受压构件任意形状的回旋半径；
r_w——弯曲平面内的回旋半径。

构件纵向弯曲计算长度 表 12-3

构件及其两端结合情况		计算长度 l_0
直杆	两端固结	$0.5l$
	一端固结，一端为不移动的铰	$0.7l$
	两端均为不移动的铰	$1.0l$
	一端固定，一端自由	$2.0l$
拱	三铰拱	$0.58s$
	两铰拱	$0.54s$
	无铰拱	$0.36s$

注：l——构件支点间长度；
s——拱轴线长。

【例 12-1】 已知一截面为 37cm×49cm 的轴心受压构件，采用 10 号标准粘土砖、M5 水泥砂浆砌筑，柱高 5m，两端铰支，该柱承受计算纵向力 $N_j = 210\text{kN}$。试验算其承载力。

解：根据砖和砂浆强度等级查表 11-4 得 $R_a^j = 2.8\text{MPa}$，查表 12-1 得 $r_m = 1.92$。由表 12-3 得 $l_0 = 1.0 \times 5 = 5\text{m}$，$l_0/h = 500/37 = 13.5135$，查表 12-2 得 $\varphi = 0.8054$，由式(12-3)得：

$$N_d = \varphi A R_a^j / \gamma_m = 0.8054 \times 37 \times 49 \times 2.8/1.92 = 212944.4\text{N} \approx 212.9\text{kN} > N_j = 210\text{kN}$$

故承载力满足要求。

●第三节　偏心受压构件正截面承载力计算●

一、承载力计算

对于承受纵向力 N 的偏心受压构件，随着纵向力偏心距的变化，截面上的应力将不断变化。

当纵向力偏心距增大到一定数值时，由于砌体构件材料的弹性性质，截面中的应力呈现曲线分布。当纵向力偏心距继续增大时，远离纵向力的截面边缘由受压逐渐变为受拉，一旦拉应力超过混凝土的抗拉强度或者砌体沿通缝的抗拉强度时，将出现水平裂缝，开裂部分的截面退出工作，从而使实际受力面积减少，且减小后的实际受压截面具有局部受压性质，其极限强度较轴心受压时有所提高。随着实际受力截面的减小，纵向力的偏心距也逐渐变小。在不断增加且偏心距减小了的纵向力作用下，减小的受力截面又将产生拉应力，导致新的裂缝，截面进一步减小，压应力继续增大，直至剩余截面面积减小到一定程度时，构件受压边出现竖向裂缝，最后导致构件破坏。

由于上述的一系列特点，按材料力学公式计算偏心受压构件是不适合的，它不能反映构件实际受力情况和材料特点。大量实验证明，按材料力学公式计算的偏心受压构件的承载能力远低于试验结果，特别是偏心距较大时更是如此。因此，偏心受压构件的承载能力必须考虑纵向力偏心距的影响，可按下述公式计算：

$$N_j \leqslant \alpha A R_a^j / \gamma_m \tag{12-4}$$

式中：α——纵向力的偏心影响系数；

其他符号意义同式(12-2)。

纵向力的偏心影响系数 α 按下式计算：

$$\alpha = \frac{1 - (e_0/y)^m}{1 + (e_0/r_w)^2} \tag{12-5}$$

式中：e_0——纵向力的偏心距，对于组合截面为纵向力到换算截面重心轴的距离，其值不得超过表 12-4 的规定；

y——截面或换算截面重心至偏心方向截面边缘的距离；

r_w——弯曲平面内（或换算截面）的回旋半径 $r_w = \sqrt{\frac{I}{A}}$；

m——截面形状系数，根据不同形状截面的构件试验资料分析对比，建议对圆形截面取 2.5；对 T 形或双曲拱截面取 3.5；对箱形或矩形截面取 8。

公式(12-6)是一个半理论半经验公式，它满足轴心受压和偏心受压两个受力边界条件，即当 $e_0/y=0$ 时，$e_0=0$，则 $\alpha=1$ 构件为轴心受压，承载力不受偏心距的影响。

二、稳定验算

1. 弯曲平面内的稳定验算

长柱在承受偏心压力作用时，因纵向弯曲而产生侧向变形，而侧向变形又形成一个附加偏心距,使得荷载偏心距增大,这样的相互作用加剧了柱的破坏。为此,必须进行稳定性验算,可用附加偏心距来考虑其对偏心受压长柱承载能力的影响。偏心受压构件弯曲平面内的稳定按下式计算:

$$N_j \leqslant \alpha\varphi AR_a^j/\gamma_m \tag{12-6}$$

式中:φ——纵向弯曲系数;

其他符号意义同式(12-2)。

弯曲平面内的纵向弯曲系数 φ 按下式计算:

$$\varphi = \frac{1}{1+\alpha\beta(\beta-3)\left[1+1.33\left(\frac{e_0}{r_w}\right)^2\right]} \tag{12-7}$$

式中:α——与砂浆强度有关的系数,对 5、2.5、1 号砂浆分别采用 0.002、0.0025、0.004,对混凝土采用 0.002。

$$\beta = l_0/h_w \tag{12-8}$$

式中:l_0——构件计算长度,按表 12-3 采用;

h_w——偏心压力构件矩形截面在弯曲平面类的高度;对非矩形截面可根据 l_0/r_w 从表 12-2 查得相应的 l_0/h_w 值代入式(12-7)。

按式(12-7)确定的纵向弯曲系数 φ,当 $e_0=0$ 时,其结果与表 12-2 轴心受压构件的值一致,这样就将轴心受压和偏心受压的 φ 值统一起来。

2. 非弯曲平面内的稳定验算

偏心受压构件除按公式(12-6)验算弯曲平面内的稳定外,尚应按轴心受压构件验算非弯曲平面内的稳定。

三、偏心距的验算

当荷载的偏心距 e_0 过大时,导致构件截面水平裂缝增大,使受压区面积减小,截面刚度相应的削弱,加上纵向弯曲影响增加,造成构件承载能力显著减小,使得构件材料不能充分利用,结构既不安全,又不经济。为了控制裂缝的出现和开展,也为了保证截面的稳定性,这样就应对偏心距有如表 12-4 的限制。

容 许 偏 心 距 e_0 表 12-4

荷载组合	结构名称	容许偏心距
组合 I	中、小跨径拱圈 其他结构	$\leqslant 0.6y$ $\leqslant 0.5y$
组合 II、III、IV	中、小跨径拱圈 其他结构	$\leqslant 0.7y$ $\leqslant 0.6y$
组合 V		$\leqslant 0.7y$

注:①当混凝土结构截面受拉一边布设有截面面积 0.05% 的纵向钢筋时,表内规定值可增加 $0.1y$;

②当截面配筋率符合表 12-5 规定时,按钢筋混凝土计算,偏心距不受限制;

③当荷载组合 I 中考虑了水的浮力或基础变位影响力时,容许偏心距按荷载组合 II 采用。

纵向受拉钢筋最小配筋率(%)　　表 12-5

钢筋种类	混凝土强度等级		
	≤20	20~40	50~60
Ⅰ级钢筋	0.15	0.20	0.25
Ⅱ、Ⅲ级钢筋及5号钢筋	0.10	0.15	0.20

但当偏心距 e_0 超过表 12-4 的限值时,应按抗裂要求进行验算,若验算结果不满足公式(12-9)的要求(即要求结构截面的最大拉应力必须不大于受拉边边层的弯曲抗拉极限强度),必须重新确定截面尺寸,但这样确定的截面尺寸偏大而不经济。

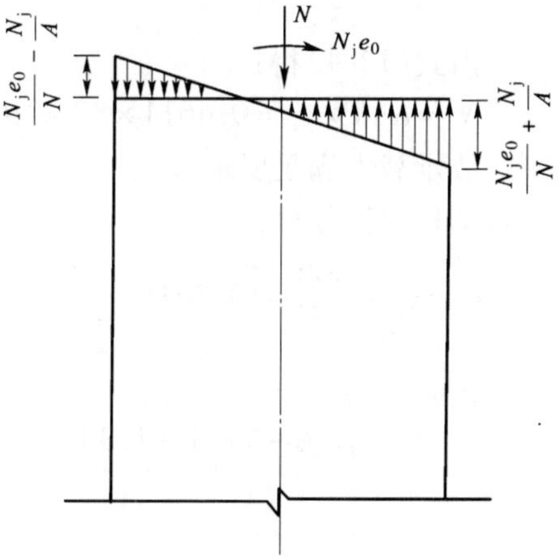

图 12-1　构件截面的应力分布

由图 12-1 可得:

$$\frac{N_j e_0}{W} - \frac{N_j}{A} \leqslant \frac{R_{wl}^j}{\gamma_m}$$

$$\frac{N_j}{A}\left(\frac{Ae_0}{W} - 1\right) \leqslant \frac{R_{wl}^j}{\gamma_m}$$

即:

$$N_j \leqslant \frac{AR_{wl}^j}{\left(\frac{Ae_0}{W} - 1\right)\gamma_m} \tag{12-9}$$

式中:N_j——按式(12-1)左边计算的纵向力:

γ_m——材料受拉安全系数,按表 12-1 采用,对于组合截面 $\gamma_m = \frac{\gamma_{m1}A_1 + \gamma_{m2}A_2 + L}{A_1 + A_2 + L}$,$\gamma_m$ 为第 m 层材料的安全系数,A_i 为第 i 层截面面积;

W——截面受拉边缘的弹性抵抗矩,对于组合截面应按弹性模量比换算截面计算;

A——构件的截面面积,对于由不同的材料组成的组合截面,则为换算截面积,其值按弹性模量比算,即 $A = A_0 + \eta_1 A_1 + \eta_2 A_2 + \cdots$,$A_0$ 为标准层截面积,$\eta_1 = E_1/E_0$、$\eta_2 = E_2/E_0 \cdots$,E_0 为标准层弹性模量;A_i、E_i 为组合截面各层的截面积和弹性模量;

R_{wl}^j——截面受拉边边层的弯曲抗拉极限强度。

实际上,公式(12-9)是对受压构件偏心距 e_0 的控制,它与前述公式(12-4)、公式(12-6)的强度控制结合在一起构成了所谓砖、石及混凝土受压构件设计的“双控制”。

【例 12-2】　已知某砖砌体截面尺寸 $b \times h = 37\text{cm} \times 49\text{cm}$,采用 10 号标准粘土砖、M5 水泥砂浆砌筑,构件计算长度 $l_0 = 5\text{m}$,承受计算纵向力 $N_j = 72\text{kN}$,计算弯矩 $M_j = 10.8\text{kN} \cdot \text{m}$,容许偏心距 $[e_0] = 0.5y$。试复核柱的强度、稳定性和偏心距。

解:(1)弯曲平面内强度、稳定性和偏心距验算。

①承载力复核:

由表 11-4、表 12-1 可得:

$$R_a^j = 2.8\text{MPa}, \gamma_m = 1.92$$

$$e_0 = \frac{M_j}{N_j} = \frac{10.8}{72} \approx 0.15\text{m} = 15\text{cm}$$

$$\gamma_w=\sqrt{\frac{I}{A}}=\sqrt{\frac{\frac{1}{12}bh^3}{bh}}=\frac{h}{\sqrt{12}}=\frac{49}{\sqrt{12}}\approx 14.145\text{cm}$$

$$\alpha=\frac{1-(e_0/y)^8}{1+(e_0/r_w)^2}=\frac{1-\left(\frac{15}{49/2}\right)^8}{1+\left(\frac{15}{14.145}\right)^2}=0.4614$$

由式(12-4)得：

$N_d=\alpha AR_a^j/\gamma_m=0.4614\times37\times49\times10^2\times2.8/1.92=121992\text{N}\approx122\text{kN}>N_j=72\text{kN}$

故承载力满足要求 。

②稳定性复核：

$\beta=\frac{l_0}{h_w}=\frac{500}{49}\approx10.2041$　　　$\alpha=0.002$(M1.5 砂浆)

$$\varphi=\frac{1}{1+\alpha\beta(\beta-3)\left[1+1.33\left(\frac{e_0}{r_w}\right)^2\right]}$$

$$=\frac{1}{1+0.002\times10.2041(10.2041-3)\left[1+1.33\left(\frac{15}{14.145}\right)^2\right]}$$

$=0.7318$

由式(12-3)得：

$$N_u=\varphi\alpha AR_a^j/\gamma_m=0.7318\times0.4614\times37\times49\times10^2\times2.8/1.92$$
$$=89274\text{N}\approx89.27\text{kN}>N_j=72\text{kN}$$

故稳定性满足要求。

③偏心距验算：

$$\frac{e_0}{y}=\frac{15}{\frac{49}{2}}\approx0.6122>0.5$$

不符合偏心距限值要求，应按式(12-3)重新确定尺寸。

$$N_j\leqslant\frac{AR_{wl}^j}{\left(\frac{Ae_0}{W}-1\right)\gamma_m}$$

因为矩形截面

$A=bh, W=\frac{1}{6}bh^2$，且由表 11-5、12-1，$R_{wl}^j=0.33\text{MPa}, \gamma_m=2.31$

上式可简化为　　　$\alpha h^2+h-6e_0=0$

其中　　　$\alpha=\frac{R_{wl}^j b}{N_j\gamma_m}$

设　　　$b=37\text{cm}$

则　　　$\alpha=\frac{0.33\times37\times10}{72000\times2.31}=7.3143\times10^{-4}$

将各参数代入一元二次方程为

$$7.3413\times10^{-4}h^2+h-900=0$$

解得　$h=61.9\text{cm}$

取整　$A=37\text{cm}\times62\text{cm}$

此时　$\frac{e_0}{y}=\frac{15}{\frac{62}{2}}=0.4839<0.5$

按构件截面为 37cm ×62cm 复核，满足设计规范要求。

(2)非弯曲平面内的稳定验算。

$$\frac{l_0}{b}=\frac{500}{37}=13.5135$$

查表 12-2 得　$\varphi=0.7746$(M5 砂浆)

由式(12-3)得：

$N_d=\varphi AR_a^j/\gamma_m=0.7746\times37\times62\times10^2\times2.8/1.92=25136\text{N}\approx259.14\text{N}>N_j=72\text{kN}$

计算表明，选用 37cm ×62cm 截面是合适的。

第四节　受弯、受剪和局部承压构件的承载力计算

一、受弯构件

圬工砌体在弯矩的作用下，可能沿通缝和齿缝截面产生弯曲受拉而破坏。故对上述受弯构件的正截面强度，要求截面的受拉边缘最大计算拉应力必须小于弯曲抗拉极限强度。考虑到材料的安全系数，即要求：

$$\sigma_{wl}=\frac{M}{W}\leqslant\frac{R_{wl}^j}{\gamma_m}$$

故得

$$M_j\leqslant WR_{wl}^j/\gamma_m \tag{12-10}$$

式中：M_j——按式(12-10)左边计算的弯矩；

其他符号意义同式(12-9)。

二、直接受剪构件

如图 12-2 所示的拱脚处，在拱脚的水平推力作用下，桥台截面受剪。当拱脚处采用砖或砌块砌体，可能产生沿水平缝截面的受剪破坏；当拱脚处采用片石砌体，则可能产生沿齿缝截面的受剪破坏。在受剪构件中，除水平剪力外，还作用有垂直压力。砌体构件的受剪实验表明，砌体沿水平缝的抗剪承载能力为砌体沿通缝的抗剪承载能力及作用在截面上的垂直压力所产生的摩擦力之和。因为随着剪力的加大，砂浆产生很大的剪切变形，一层砌体对另一层砌体产生相对移动，当有压力时，内摩擦力将参与抵抗滑移。因此，构件截面直接受剪时，其强度计算可按下式进行：

$$Q\leqslant A\frac{R_j^j}{\gamma_m}+\mu N_j \tag{12-11}$$

式中：Q——按式(12-1)左边计算的剪力；

A——受剪截面面积；

R_j^j——砌体截面的抗剪极限强度；

μ——摩擦系数，对实心砖砌体$\mu=0.7$ 。

【例 12-3】 已知石砌悬链线板拱的拱脚处水平力 $Q_j=15224\text{kN}$，桥台台口受剪截面积 $A=103\text{cm}^2$，在其上承受垂直压力 $N_j=14882\text{kN}$；桥台采用 M5 砂浆砌 30 号片石，$R_j^j=0.24\text{MPa}$，$\gamma_m=2.31$，$\mu=0.7$，求台口的抗剪强度。

解：由式(12-11)得：
$$Q_d=A\frac{R_j^j}{\gamma_m}+\mu N_j$$
$$=\frac{103\times240}{2.31}+0.7\times14882$$
$$=21118.7\text{kN}>Q_j=15224\text{kN}$$

故抗剪强度满足要求。

三、局部承压构件强度计算

1. 局部承压构件的破坏机理

所谓局部承压，就是指整个构件截面上仅有一部分面积承受压力，如后张预应力混凝土构件的锚下混凝土、桥梁支座底面与墩台顶面的接触面及与拱肋抵接的拱座斜面等就属于这种情况。

近年来，国内外对局部承压的开裂和破坏机理作了探讨，提出了以剪切破坏为标志的局部承压——剪切破坏机理。该理论认为，在局部荷载作用下，构件端部的受力特性可比拟为一个带多根拉杆的拱机构，如图 12-2a)。紧靠承压板下的核心混凝土在拱顶部位承受着纵向局部荷载和拱顶的侧向压力，距承压板较深部位拱拉杆处承受横向拉力，当局部承压荷载到达开裂荷载时，相当于部分拱拉杆的混凝土到达抗拉强度，从而产生纵向局部裂缝，如图 12-2b)。当荷载继续增加时，裂缝延伸，拱机构中更多的拉杆破坏，内力进一步调整，拉杆合力中心至拱顶压力中心的力臂 k_1h 在加大，拱顶侧向压力 T 与局部荷载 N_c 的比值有所下降，承压板下核心混凝土所受的三轴应力也随之变化，当 N_c 与 T 的比值达到某一数值时，核心混凝土逐步形成剪切破坏的楔形体，拱机构最终破坏(图 12-3)。上述楔形体的形成过程和破坏机理，都能在测试中得到证实。

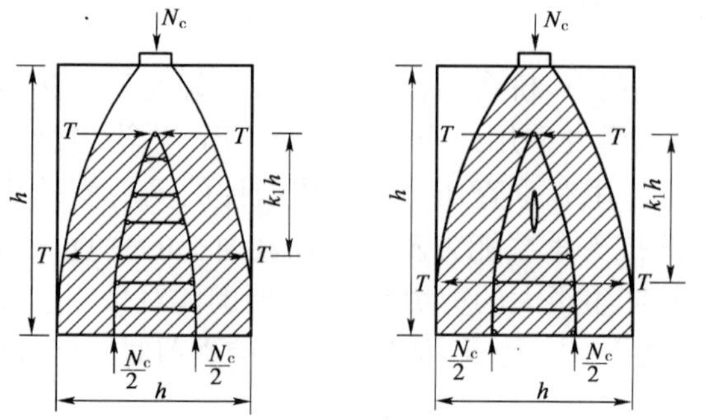

图 12-2 拱机构示意图

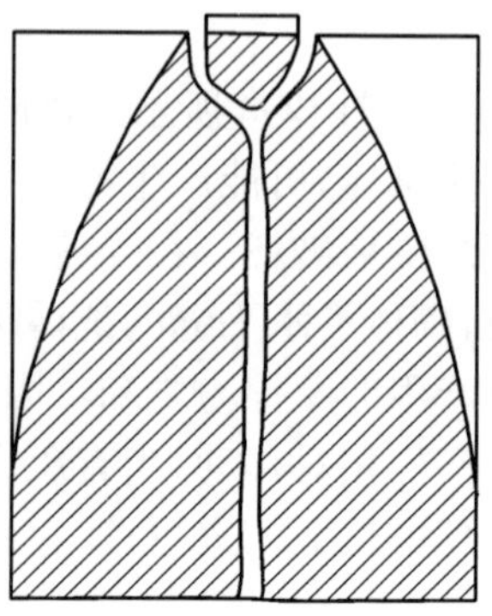

图 12-3 拱机构破坏示意图

2. 局部承压构件的强度计算

由构件局部承压“剪切破坏机理”得知，当砌体局部受压时，直接受压的局部范围内的砌体抗压强度有较大程度的提高，但局部受压面积往往很小，如果结构的局部破坏，其整体性受到削弱，甚至在工程中造成重大质量事故。因此，在对受压构件进行计算时，除了按全截面验算构件受压强度外，还必须进行构件局部承压强度的验算。构件局部承压时，其强度计算按下式进行：

$$N_c \leqslant \beta A_c R_a^j / \gamma_m \tag{12-12}$$

式中：γ_m——材料安全系数，按表 12-1 中受压安全系数采用；

N_c——局部承压时，按式(12-1)计算的纵向力；

A_c——局部承压面积，当有孔道时，应扣除孔道面积；

β——局部承压时极限强度的提高系数，按下式采用 $\beta=\sqrt{A_d/A_c}$；

A_d——局部承压时的计算底面积，如图 12-4，当有孔道时，应扣除孔道面积。

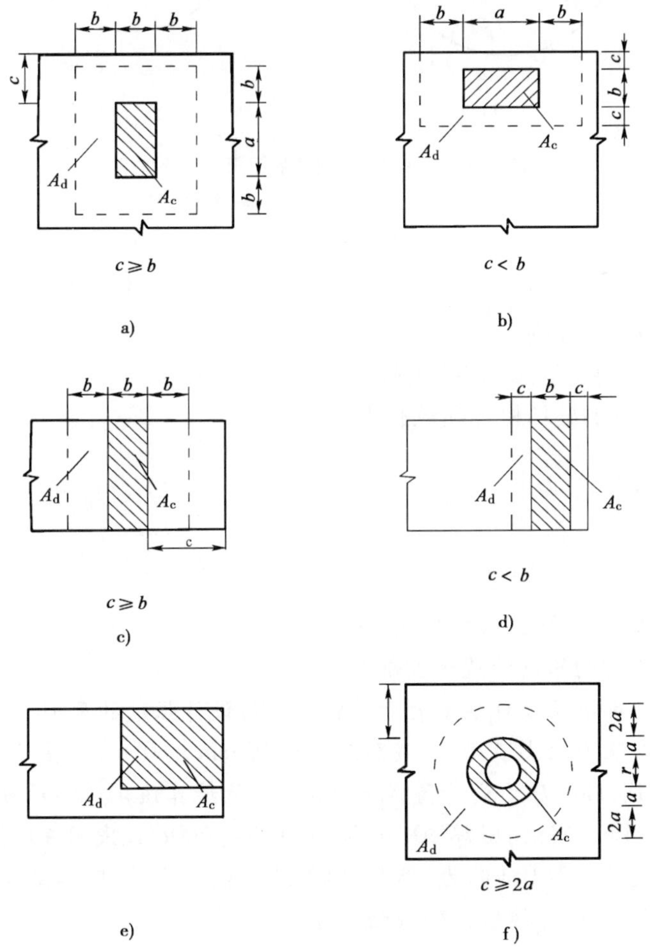

图　12-4

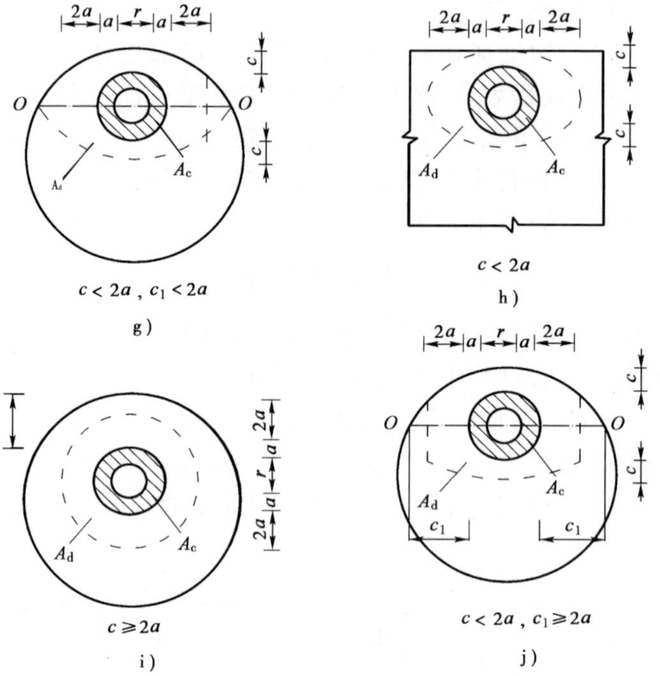

图 12-4 局部承压时计算底面积 A_d 的示意图

本章小结

(1)圬工结构的设计原则。

(2)圬工结构(主要为受压构件)正截面承载力的计算。

(3)局部承压构件的破坏机理和承载力计算。

复习思考题

1. 砖石及混凝土结构的设计原则是什么?

2. 为什么说圬工结构的设计是双控制?

3. 试述砌体的局部抗压设计强度大于其轴心抗压设计强度的原因。

4. 某一承受轴心压力的块石砌体,截面尺寸为 100cm×80cm,计算长度 $l_0 = 3.2$m,采用 80 号块石、5 号砂浆砌筑,轴心压力设计值 $N_j = 3900$kN,试计算该砌体的承载能力。

5. 某桥墩,墩高 4m,顺桥向墩厚 80cm,横桥向墩宽 600cm,采用 40 号粗料石、M7.5 砂浆砌筑,通缝开裂,荷载效应 N_j(轴向力) = 1125kN、M_j(顺桥向弯矩) = 229.5kN·m,桥墩承受的荷载组合为组合 I,试验算该桥墩的截面强度。

参考文献

1 中华人民共和国行业标准．公路钢筋混凝土及预应力混凝土桥涵设计规范(JTG D 62—2004)．北京:人民交通出版社,2004

2 中华人民共和国行业标准．公路桥涵设计通用规范(JTG D 60—2004)．北京:人民交通出版社,2004

3 中华人民共和国国家标准．公路工程结构可靠度设计统一标准(GB/T 50283—1999)．北京:中国计划出版社,1999

4 叶见曙．结构设计原理．北京:人民交通出版社,2000

5 张树仁,郑绍青,黄侨,鲍卫刚．钢筋混凝土及预应力混凝土桥梁结构设计原理．北京:人民交通出版社,2004

6 孙元桃．结构设计原理．北京:人民交通出版社,2002

7 邵容光．结构设计原理．北京:人民交通出版社,1987

8 胡师康．桥梁工程(上册)．北京:人民交通出版社,1997

9 袁国干．配筋混凝土结构设计原理．上海:同济大学出版社,1990

10 高杰．混凝土结构．北京:科学出版社,2004